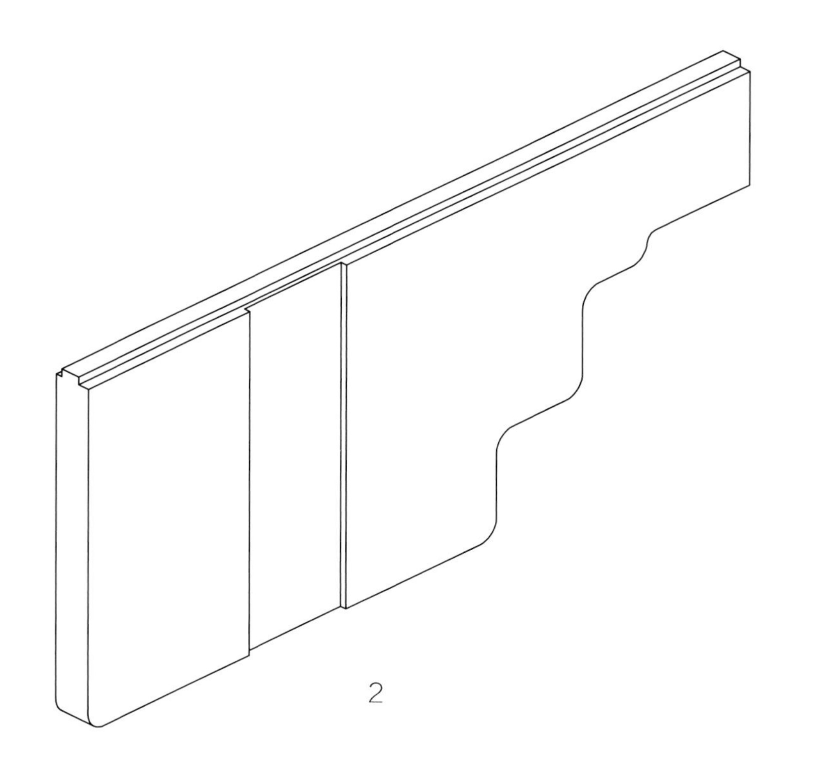

比例：1:4

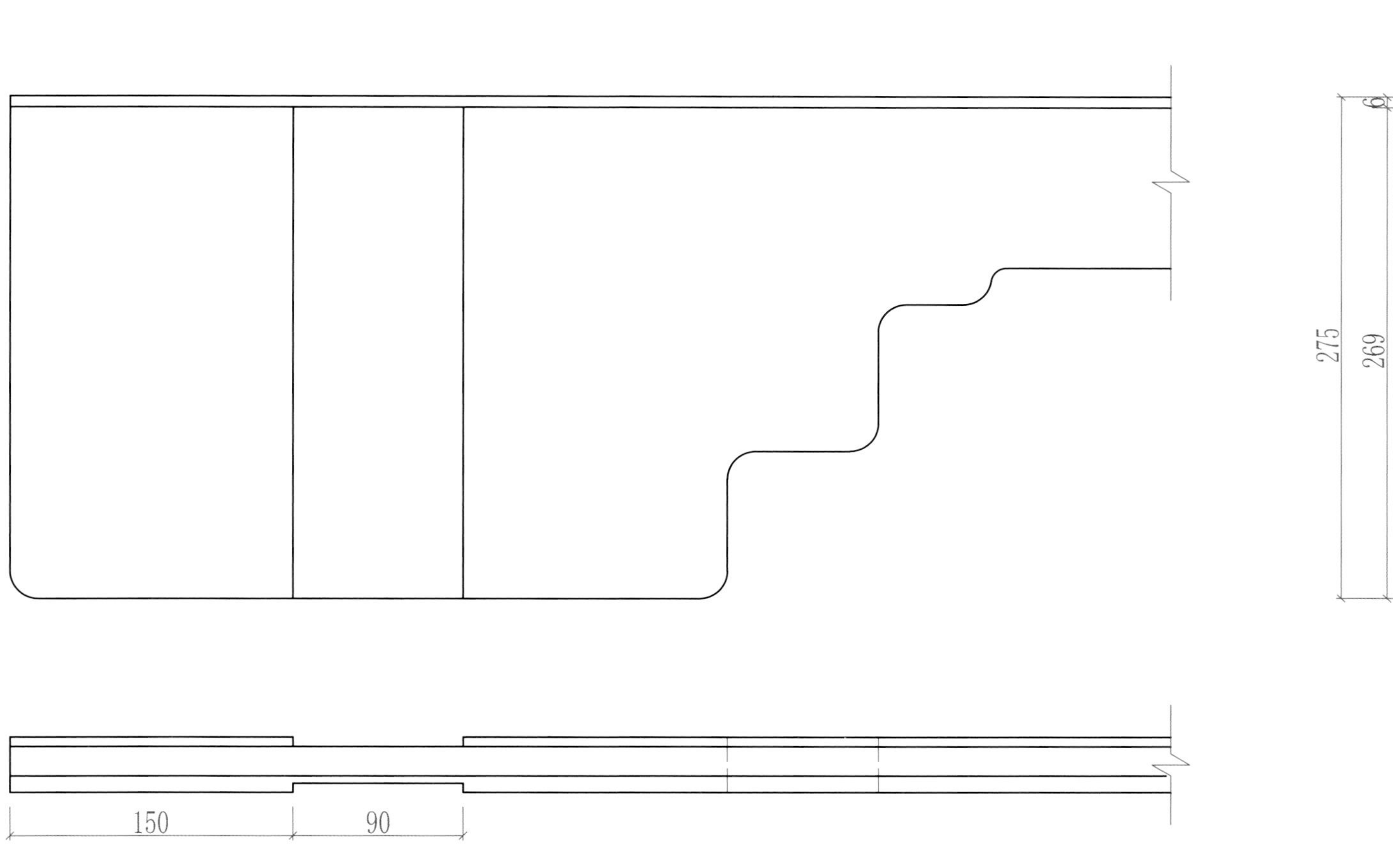


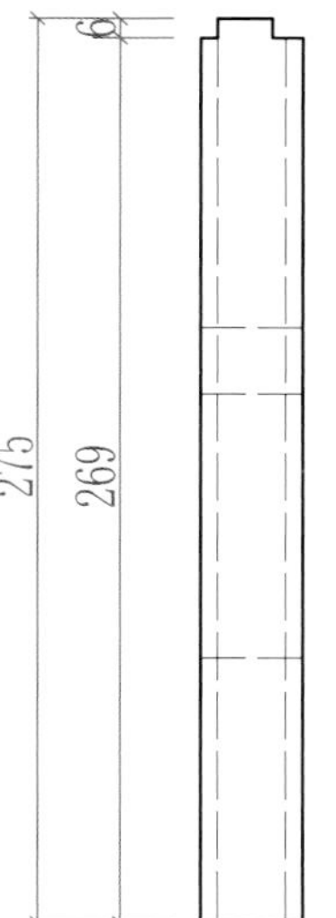

# 五十一、插肩榫结构

插肩榫是夹头榫结构的一种，夹头榫牙板和牙头裁口的一面朝里，插肩榫牙板是两面裁口，并且和腿足格八字肩相交，线条优美，属于明式家具的经典榫卯结构之一。此结构牙板是一块木板料，也有牙板和牙头是由分体的两块木板制成的。

**应用部位：用于桌案类腿、牙板和桌案面的接合。**

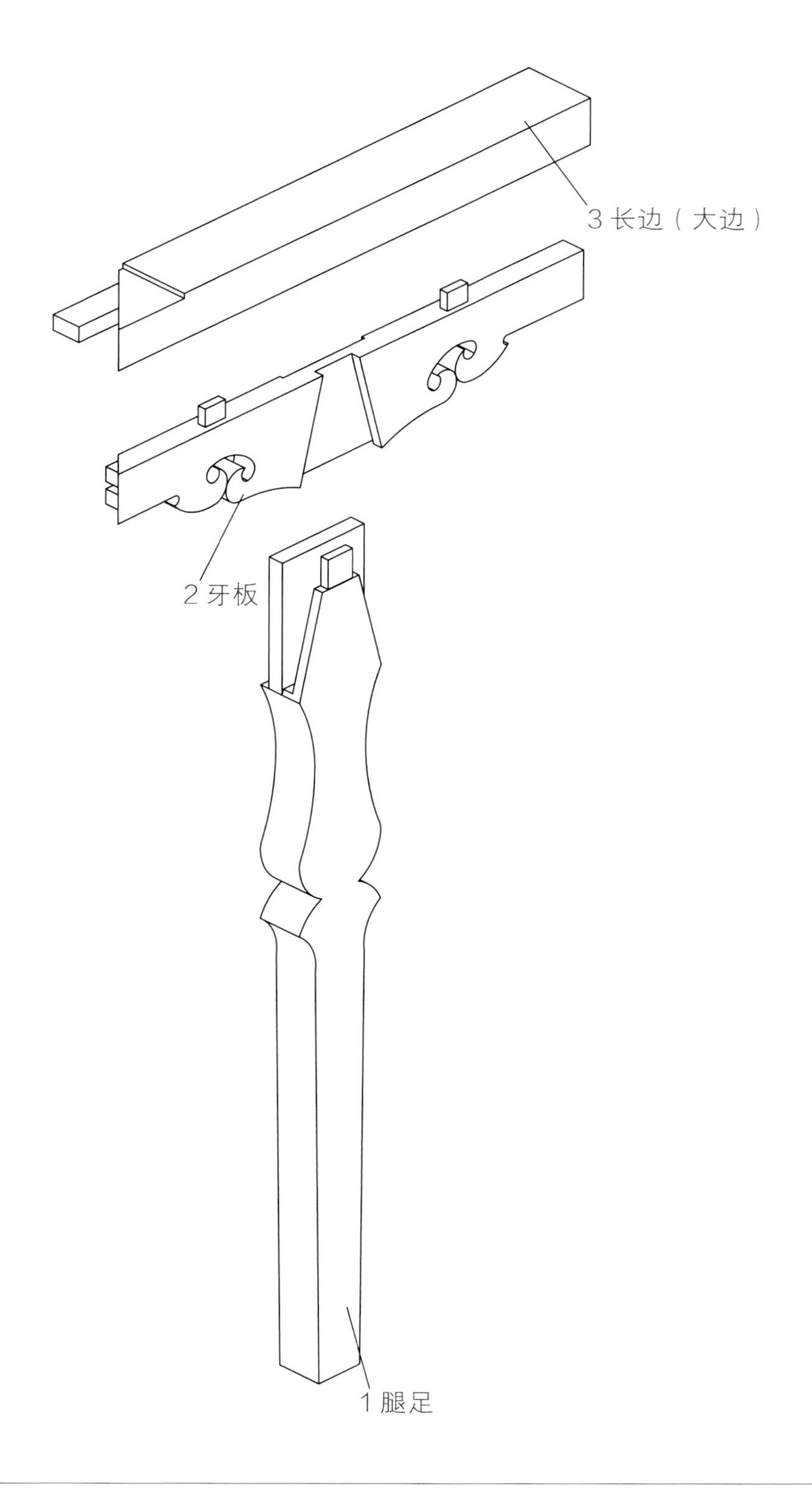


**◆ 制作注意事项：** 插肩榫是由夹头榫演变而来的，基本结构与夹头榫一致，之所以这样做，是为了腿部和牙板出造型而设计的。在制作中考虑到牙板和腿子的八字肩可能由于腿子的缩水而出现缝隙，在格肩时有意把八字肩做成上边虚下边实，也就是上边有点缝下边没有缝，而且牙板要高于腿子肩 1~2 毫米，这样做日后八字肩会更严（因为北方冬天的居室很干燥，大部分木材会缩水，南方就不用考虑这些了，如果能把木材处理得很稳定，木材不缩水，也可不考虑这些细节）。另外，牙板下部舌夹的微小格肩是为了防止角部容易掉“肉”，如果不是做“活拆”家具，这个微小的格肩可以不要。无论做“活拆”家具还是上胶水，格肩的尖角处都应做虚些，这样“掉肉”现象会减轻。

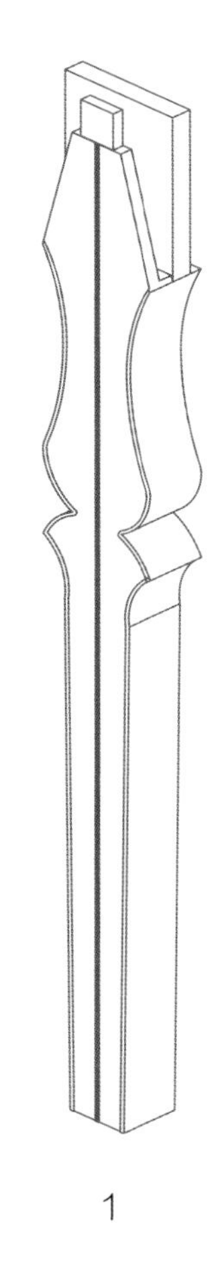

1

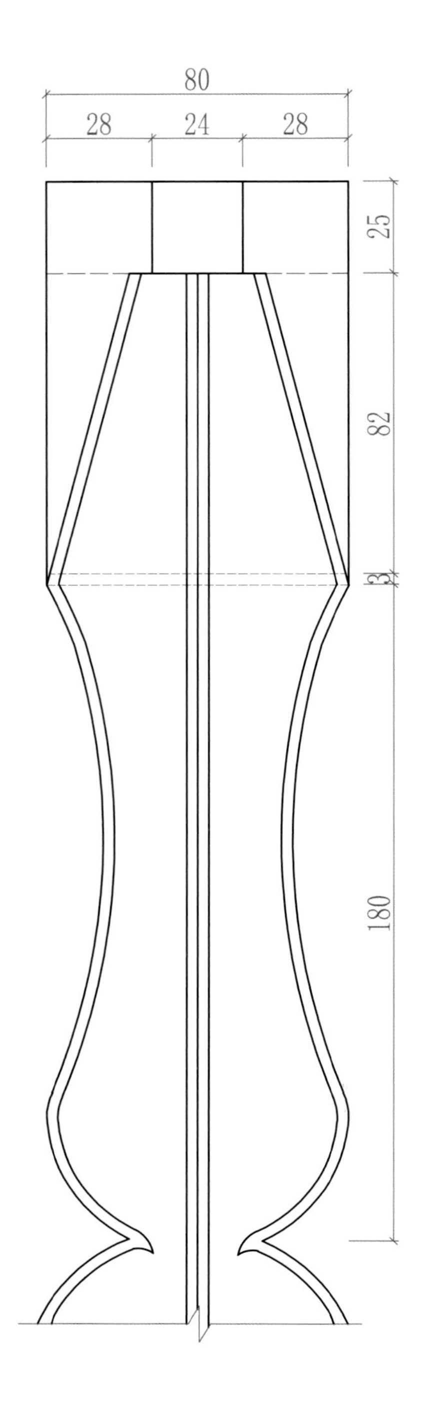


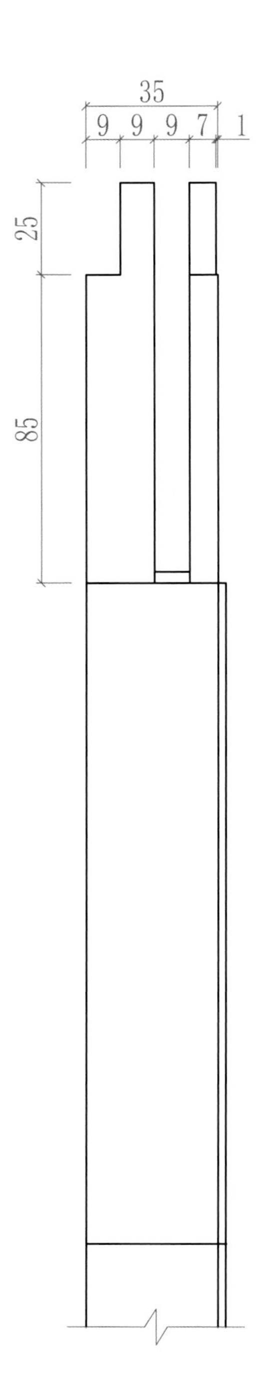


正视图 左视图

俯视图

比例：1:2

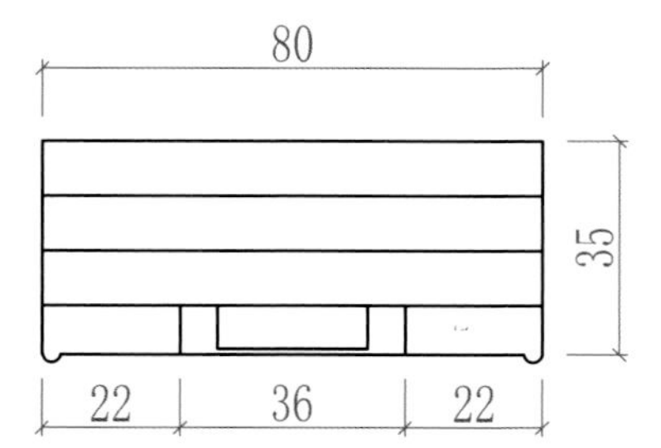

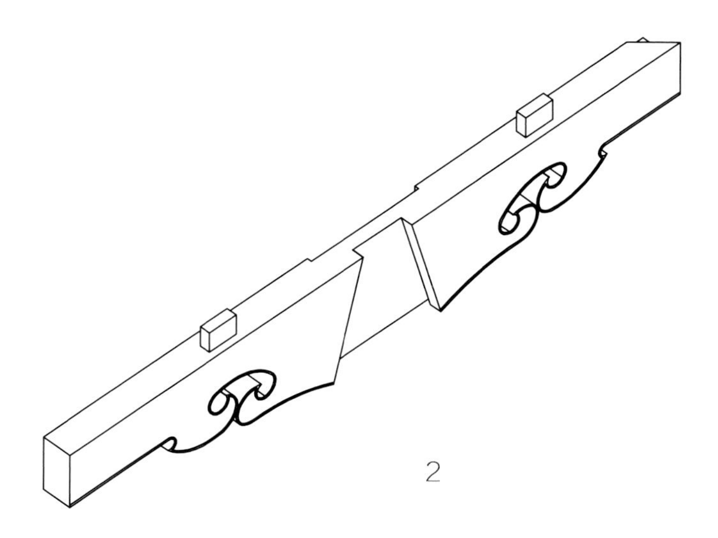
2

正视图
左视图
俯视图

比例：1:4

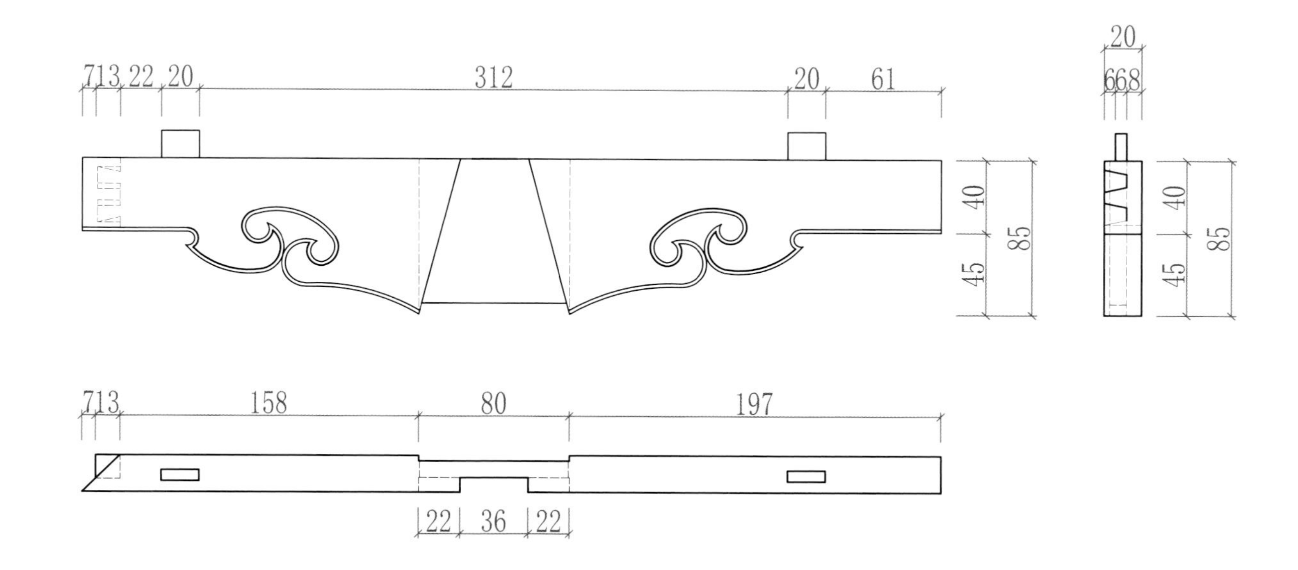
7
13
22
20
312
20
61
40
45
85
20
6
6
8
40
45
85
7
13
158
80
197
22
36
22

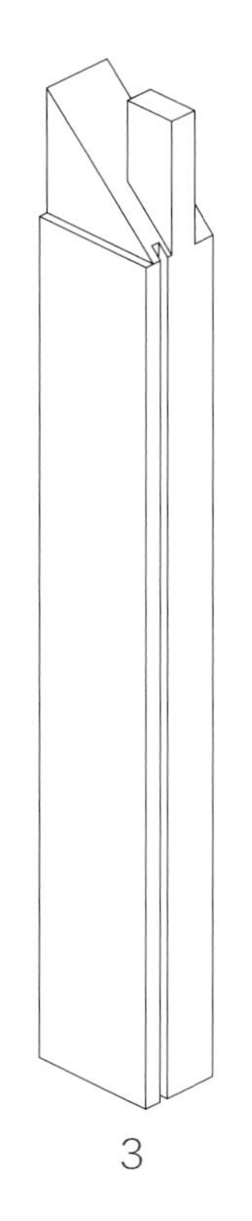


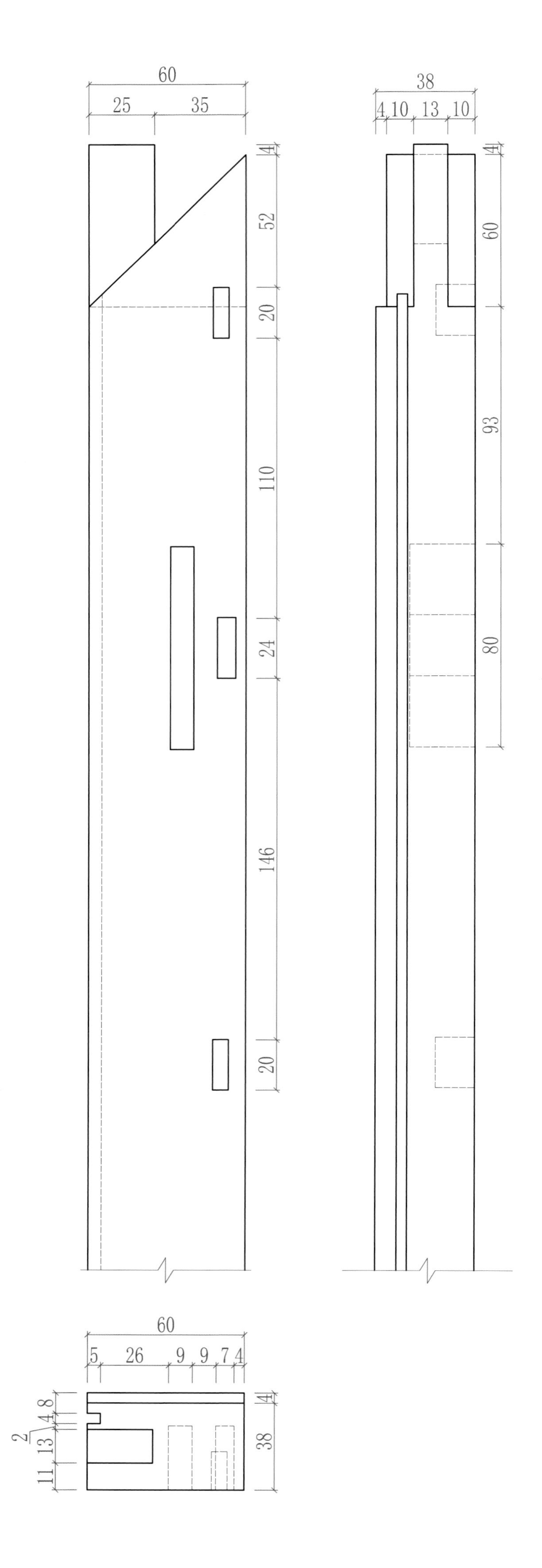


| 正视图 | 左视图 |
|---|---|
| 俯视图 | |

比例：1:2

# 五十二、粽角榫 1（三碰肩结构）

粽子是民间食品，粽角榫因其外形似粽子角而得名。粽角榫是三根料相交的一种结构，在任何一个角度都看不到料的横截面，这种结构形状的榫卯都叫粽角榫，三根料截面大小不同，粽角榫结构形式也不同，这种榫卯结构在红木家具制作中应用广泛。

**应用部位：应用于框架类结构。**

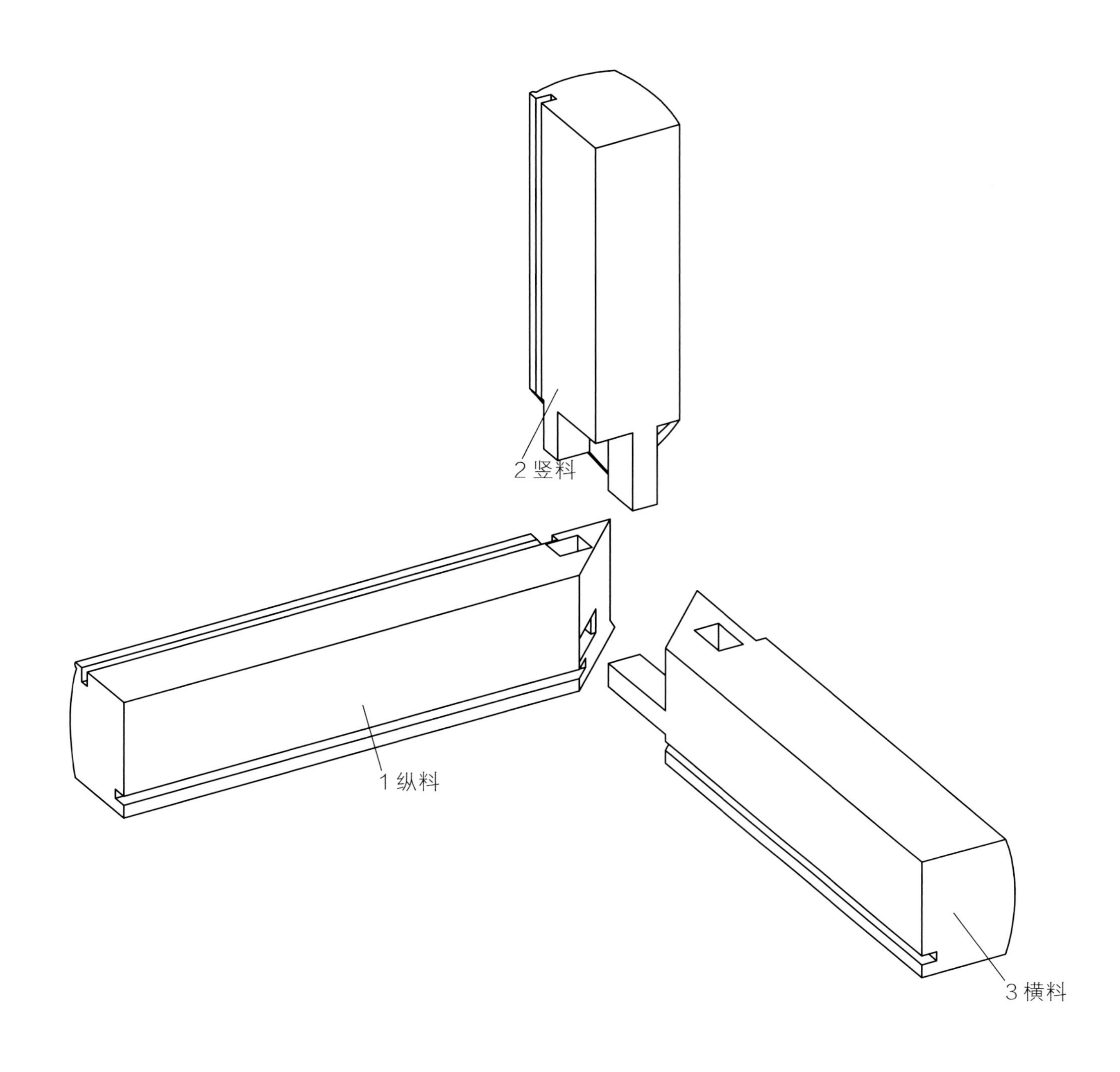


◆ **制作注意事项：** 在做此结构时，如果粽角榫结构中边框的表面带有弧度，格肩时一定要小心，容易格错，要把边框倒圆的厚度考虑进去，不然的话三根料格肩缝碰不到一个点上。再有粽角榫结构对材料的平直度要求很高。相较于两根料丁字相交和三根料丁字相交，榫头榫眼要更要做正做严，榫头、榫眼和格肩做不准的结果就是三碰肩的三条格肩缝不密，影响美观。还应特别注意的是：边框上的打槽一定不要伤着榫头，槽口的厚度、榫头的大小和位置要统一考虑，如果打槽伤到榫头，虽然家具组装后外表看不出来，但降低了家具的牢固程度。

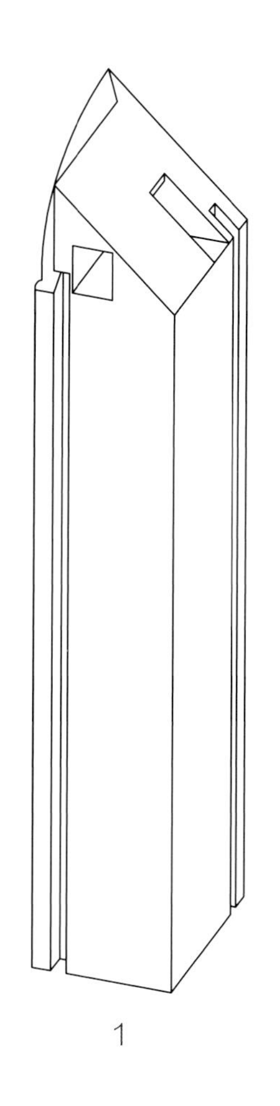


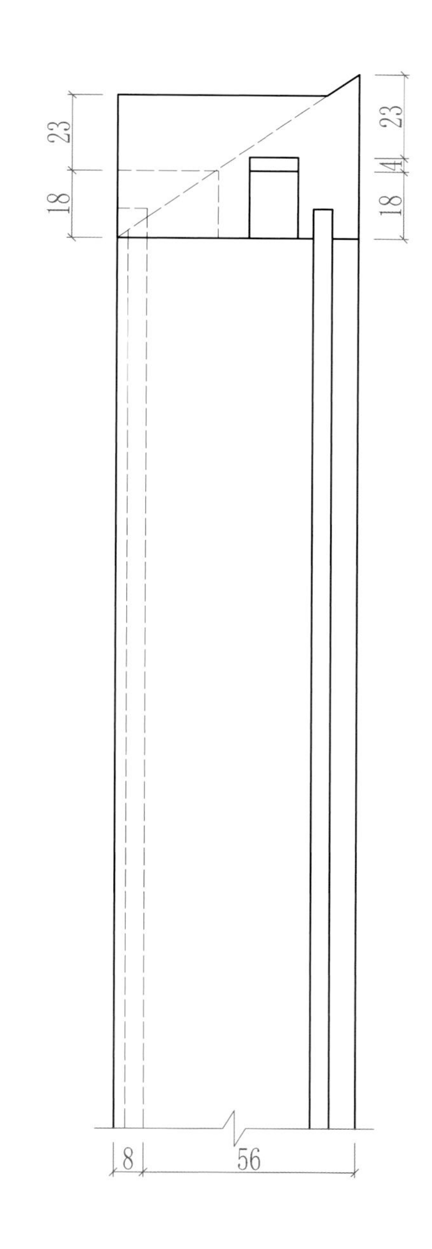


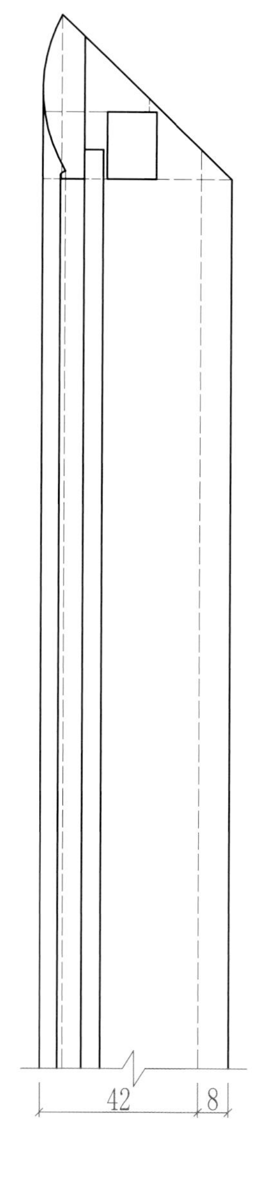

比例：1:2

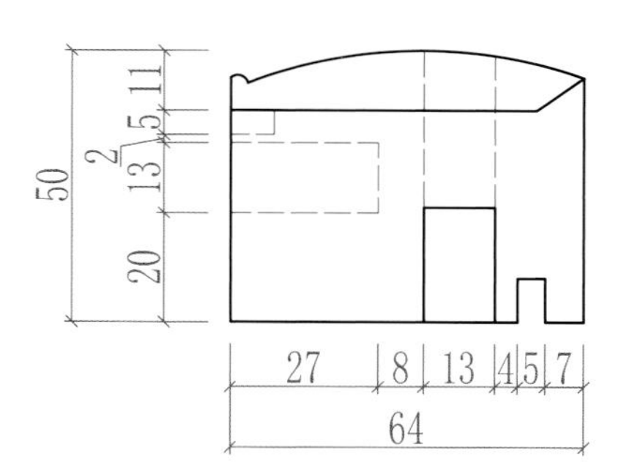

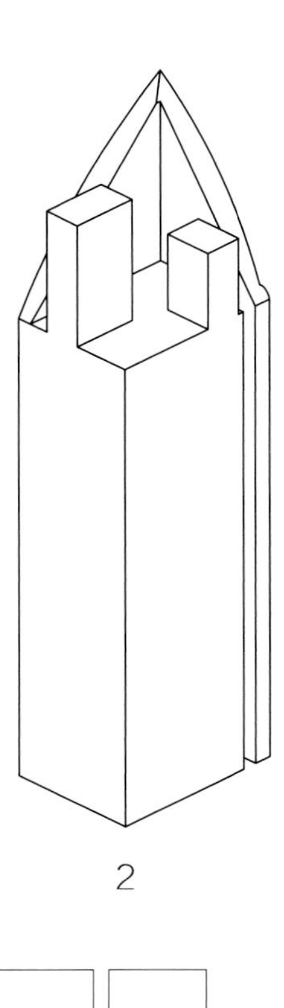

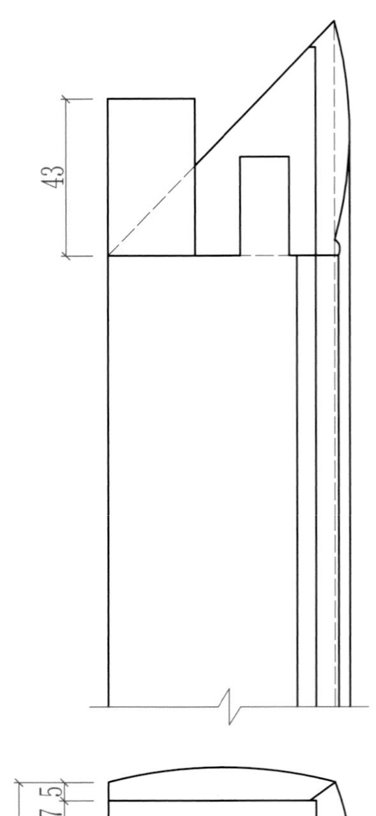
43

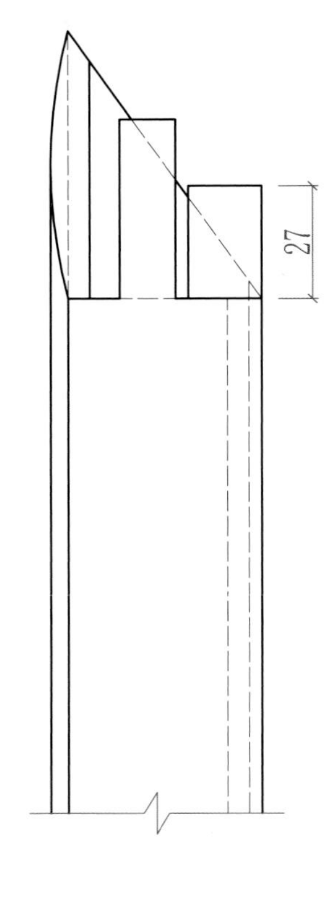
27

2

正视图
左视图
俯视图

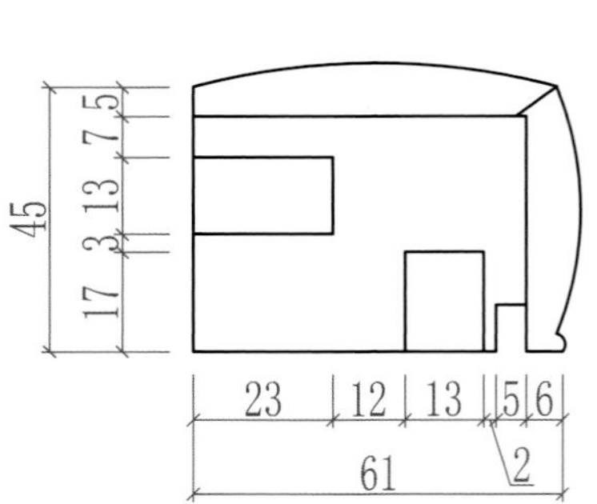
45
7.5
13
3
17
23
12
13
5
6
61
2

比例：1:2

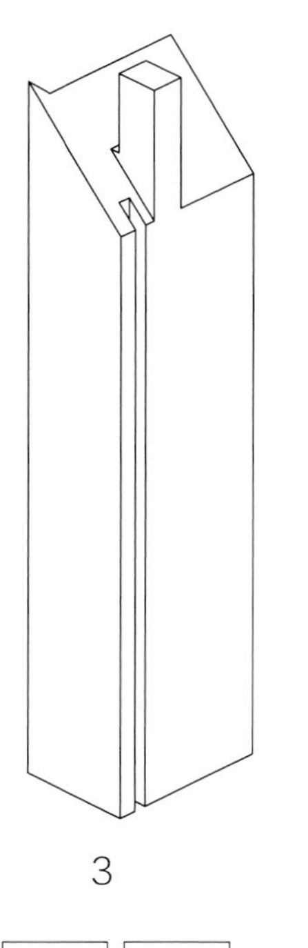

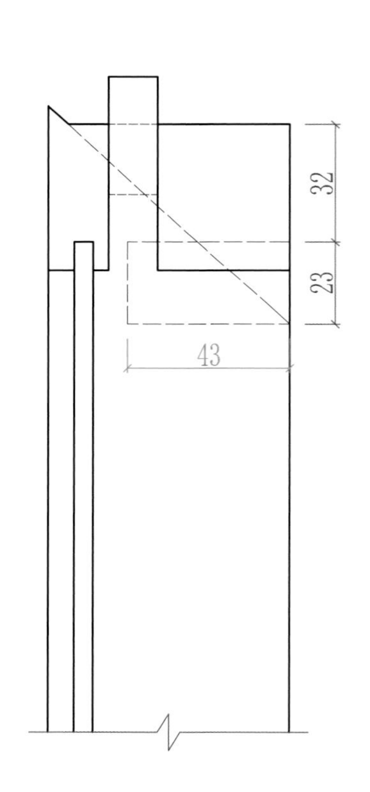
32
23
43

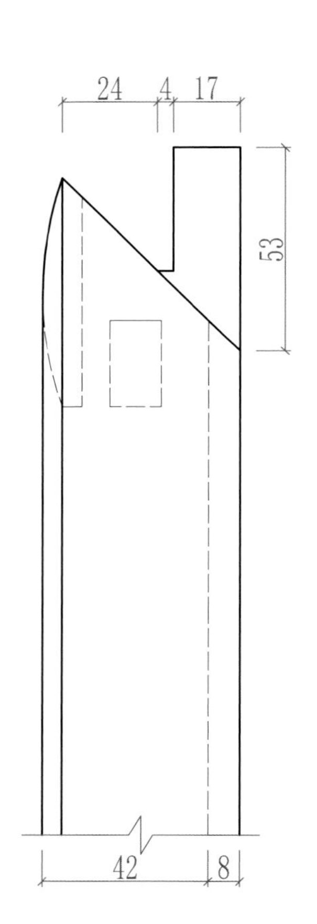
24
4
17
53
42
8

3

正视图
左视图
俯视图

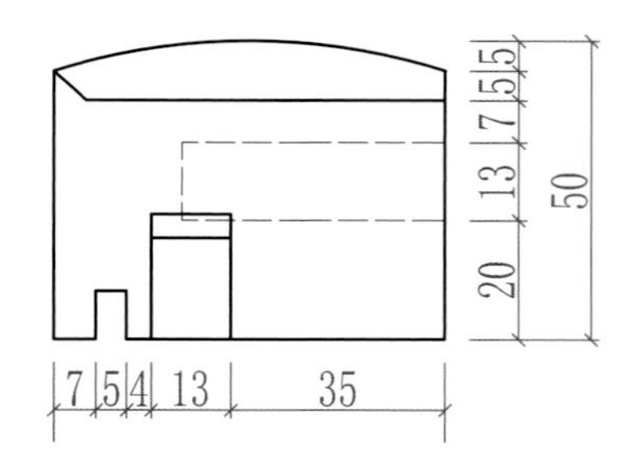
5
5
7
13
20
50
7
5
4
13
35

比例：1:2

# 五十三、粽角榫2（三碰肩结构）

有时家具横竖料上需要起通体的造型线，那么在一个平面上的料就要等宽，以便线条交圈，打洼线条粽角榫就是这种情况，两面的装饰线宽窄不一样，粽角榫内部结构就和上一款粽角榫有所不同。

**应用部位：用于柜架类的结构。**

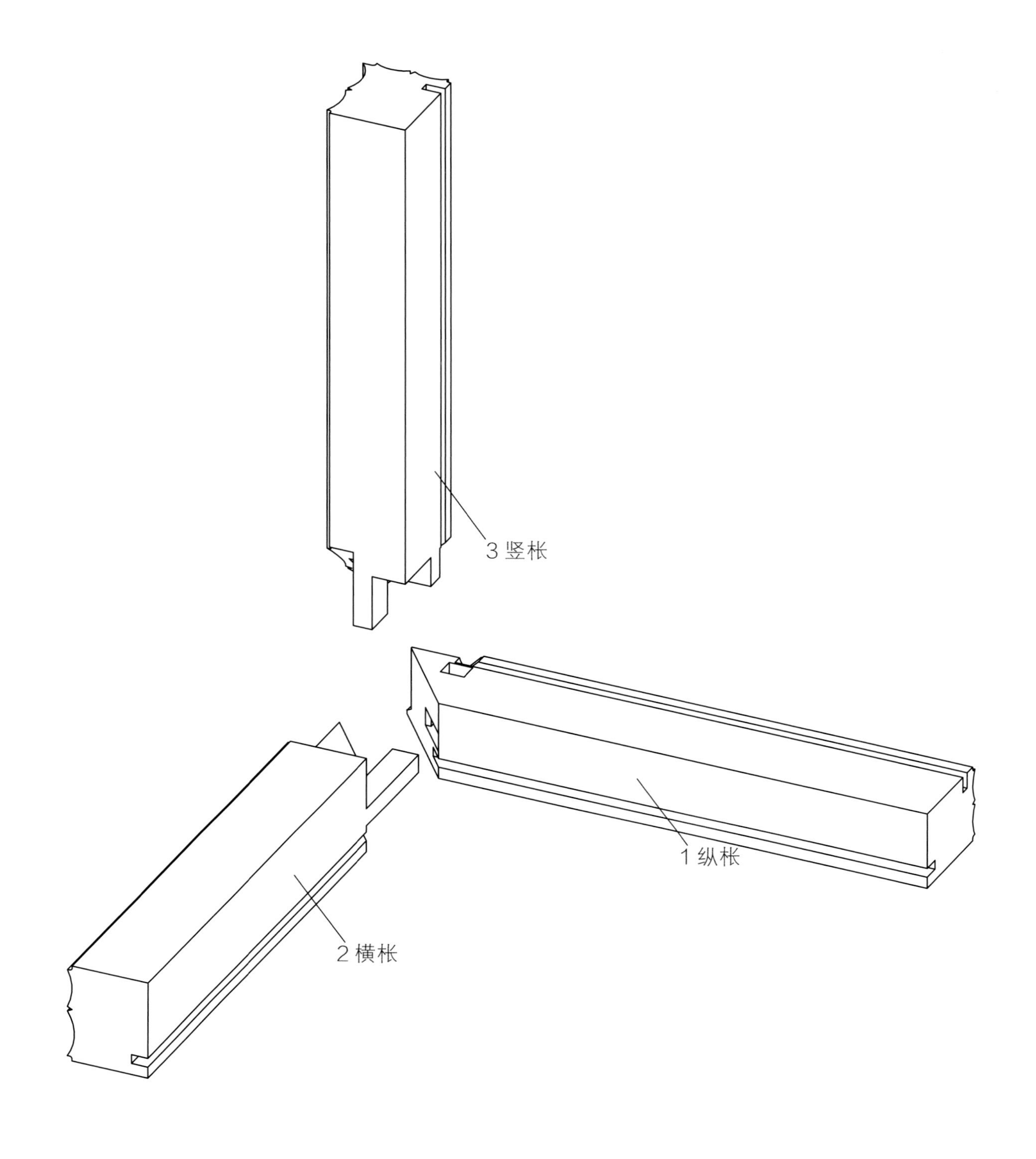


◆ **制作注意事项：** 此结构和上一章结构大部分都一样，略有不同的是，在本章结构中结构 2 横枨这根料比结构 1 纵枨高，也就是两根料厚度不一样，那么结构 3 竖枨两条格肩斜线的长度就不一样，要格外注意这点。

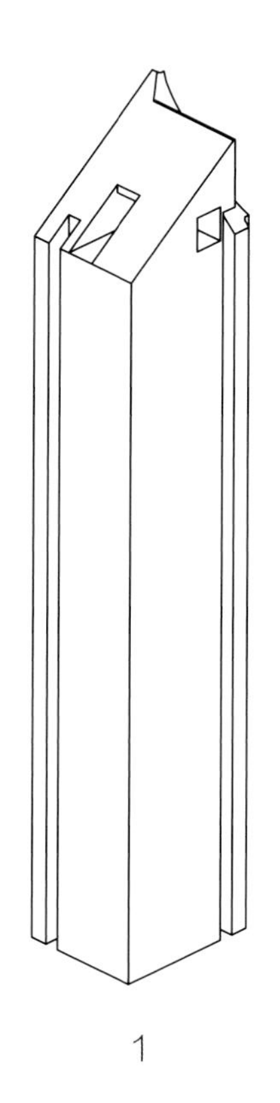


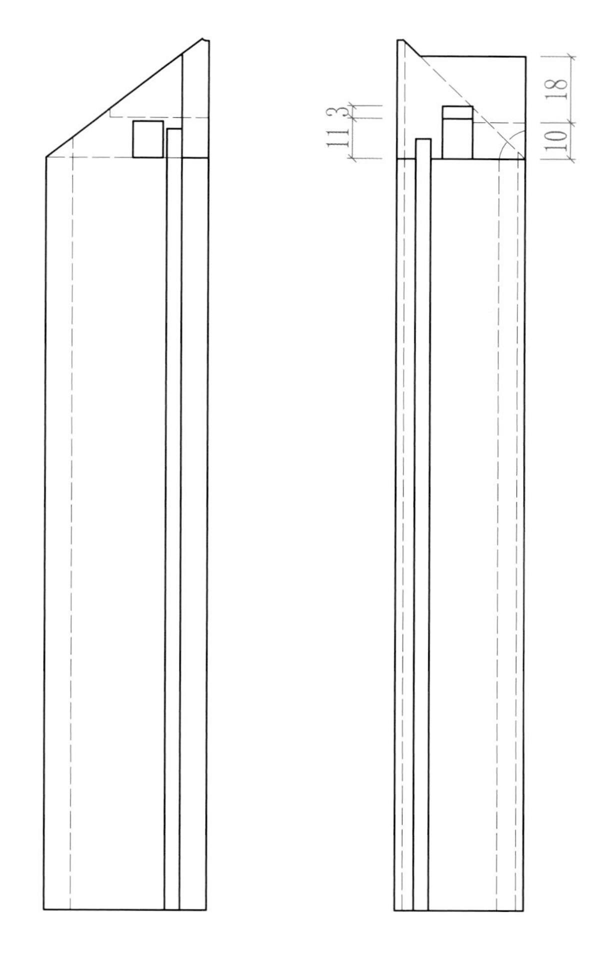


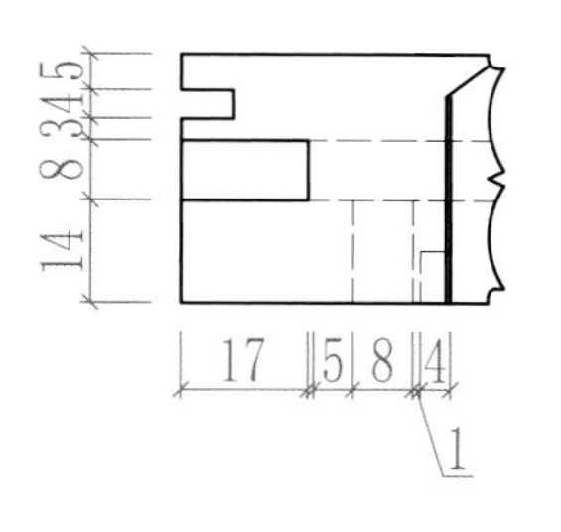


| 正视图 | 左视图 |
|---|---|
| 俯视图 | |

比例：1:2

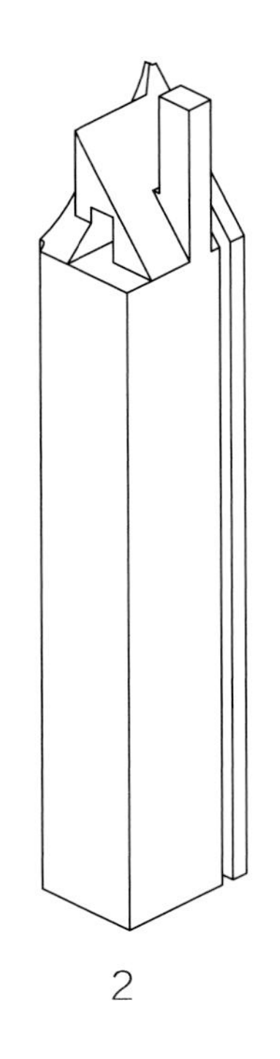

2

| 正视图 | 左视图 |
|---|---|
| 俯视图 | |

比例：1:2

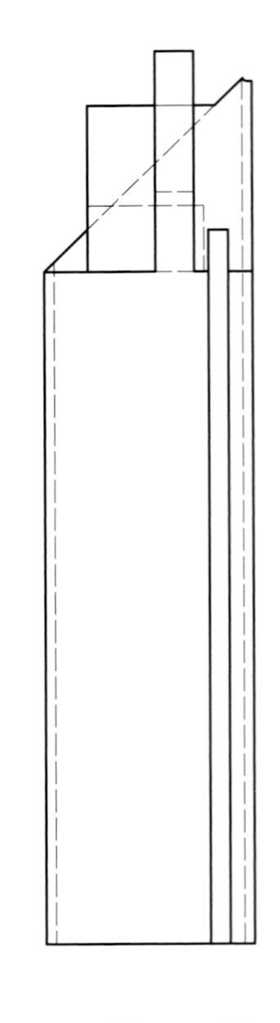

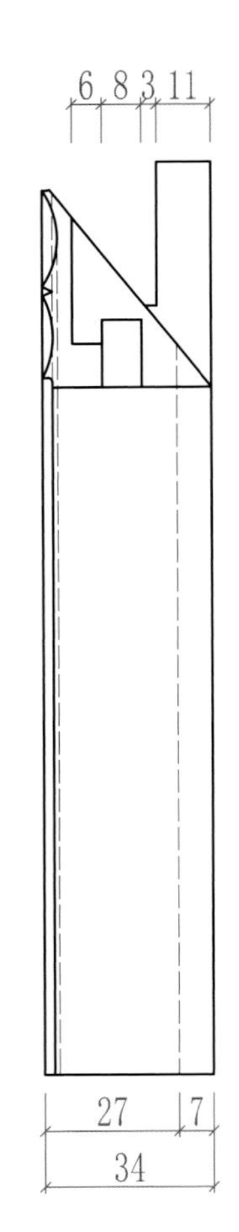


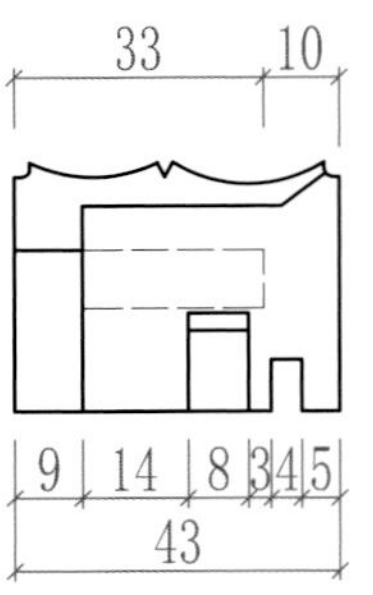


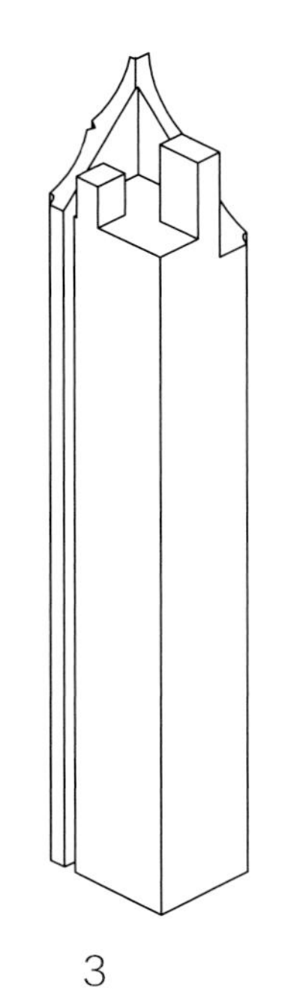

3

| 正视图 | 左视图 |
|---|---|
| 俯视图 | |

比例：1:2

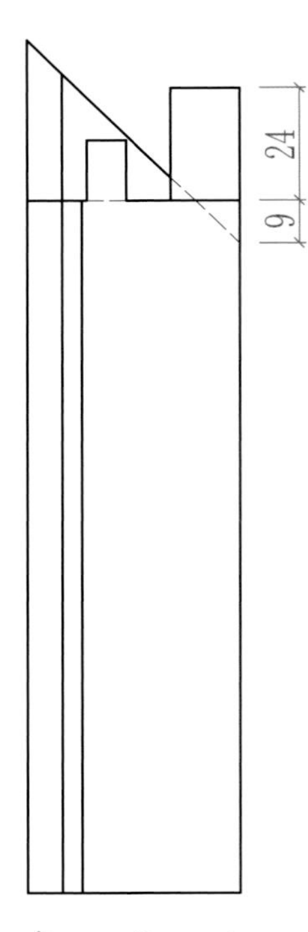


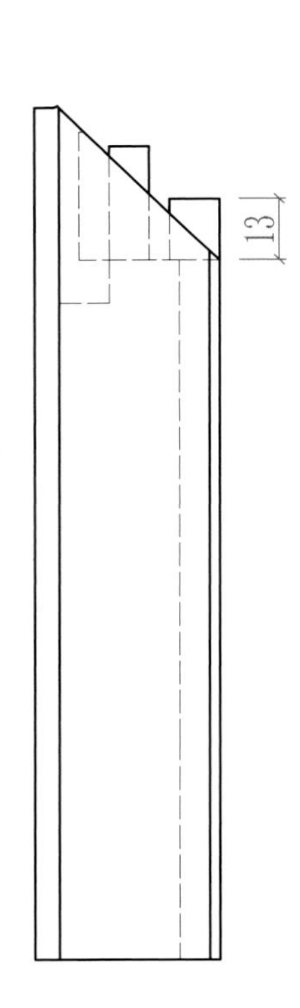


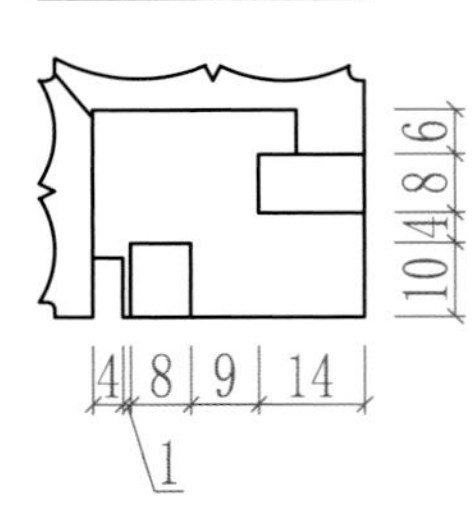

# 五十四、粽角榫3（三碰肩结构）

有时为了满足设计需要，三根料的外看面宽窄悬殊大，粽角榫的内部结构也发生了很大的变化。

应用部位：柜类框架。

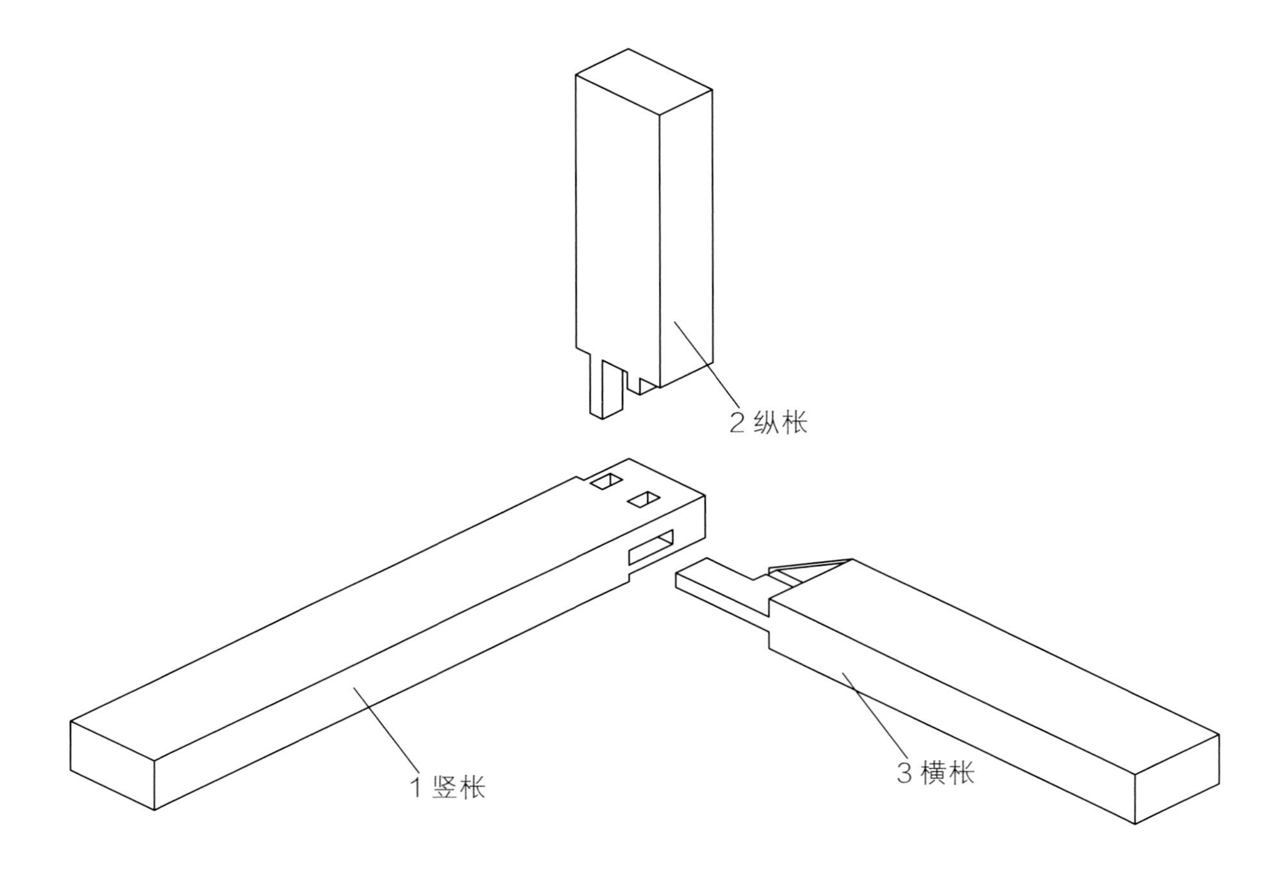


◆ **制作注意事项：** 粽角榫有很多形状，只要三个外露面看不到横茬，接合点牢固，看到的是三条格肩相交的线的榫卯结构，都叫粽角榫。此结构的做法是根据三十九章［格角攒边榫 3（闷榫）］的制作方法演变而来的。

正视图 左视图

俯视图

比例：1:2

2

正视图 左视图

俯视图

比例：1:2

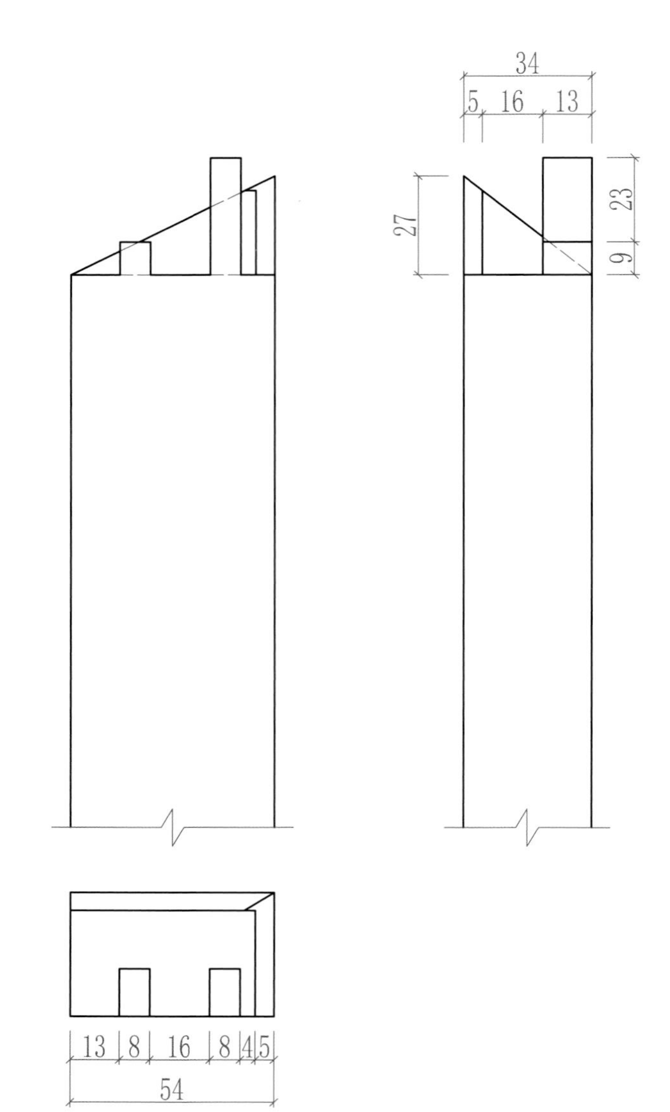


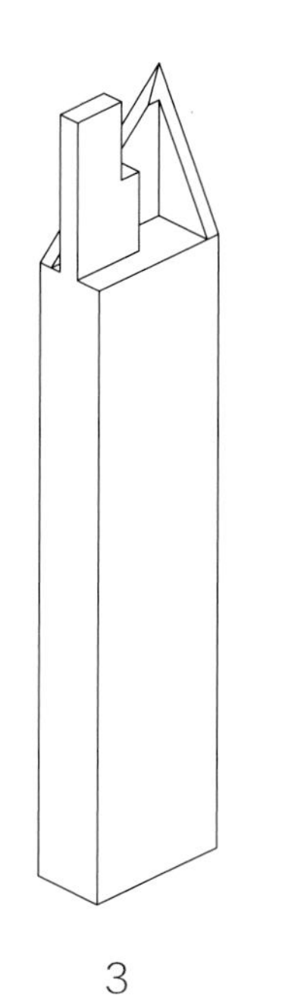

3

正视图 左视图

俯视图

比例：1:2

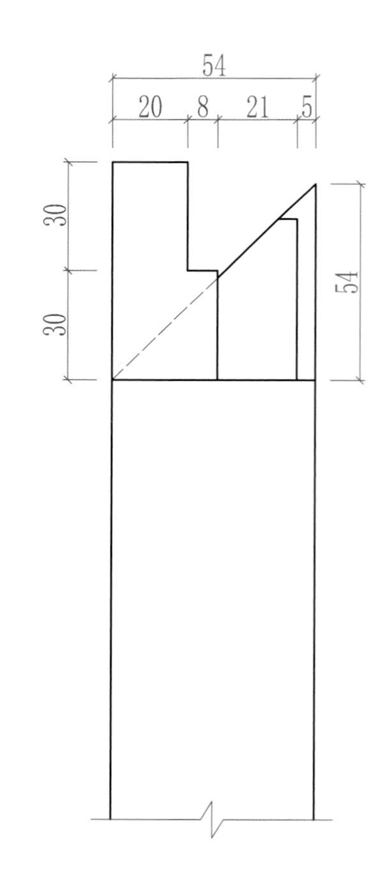

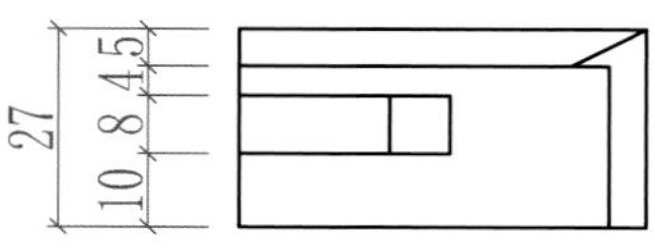

# 五十五、霸王枨结构（勾挂榫）

霸王枨是对一根料形状的形容，霸王枨一端带有燕尾榫插入腿中，另一端开槽口和桌面的穿带咬合，用木销锁紧。使用霸王枨结构的家具牢固程度还是主要靠围板，围板需要有一定的厚度和宽度。霸王枨对腿子的稳固起一定的作用，对传导桌面的重量不大，霸王枨的设计主要是取代了桌子两腿之间的拉枨，这样既增加了桌面下的空间，又增加了美感。

**应用部位：椅子、桌子的腿足与桌面之间。**

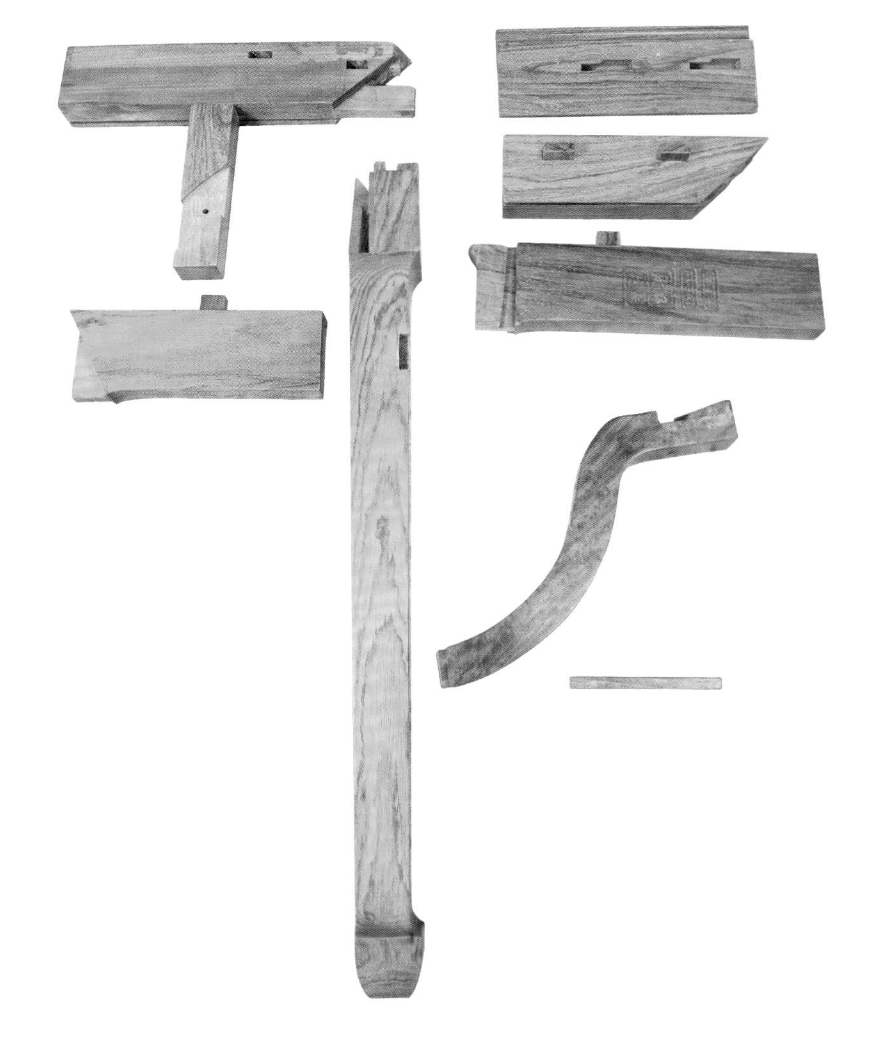

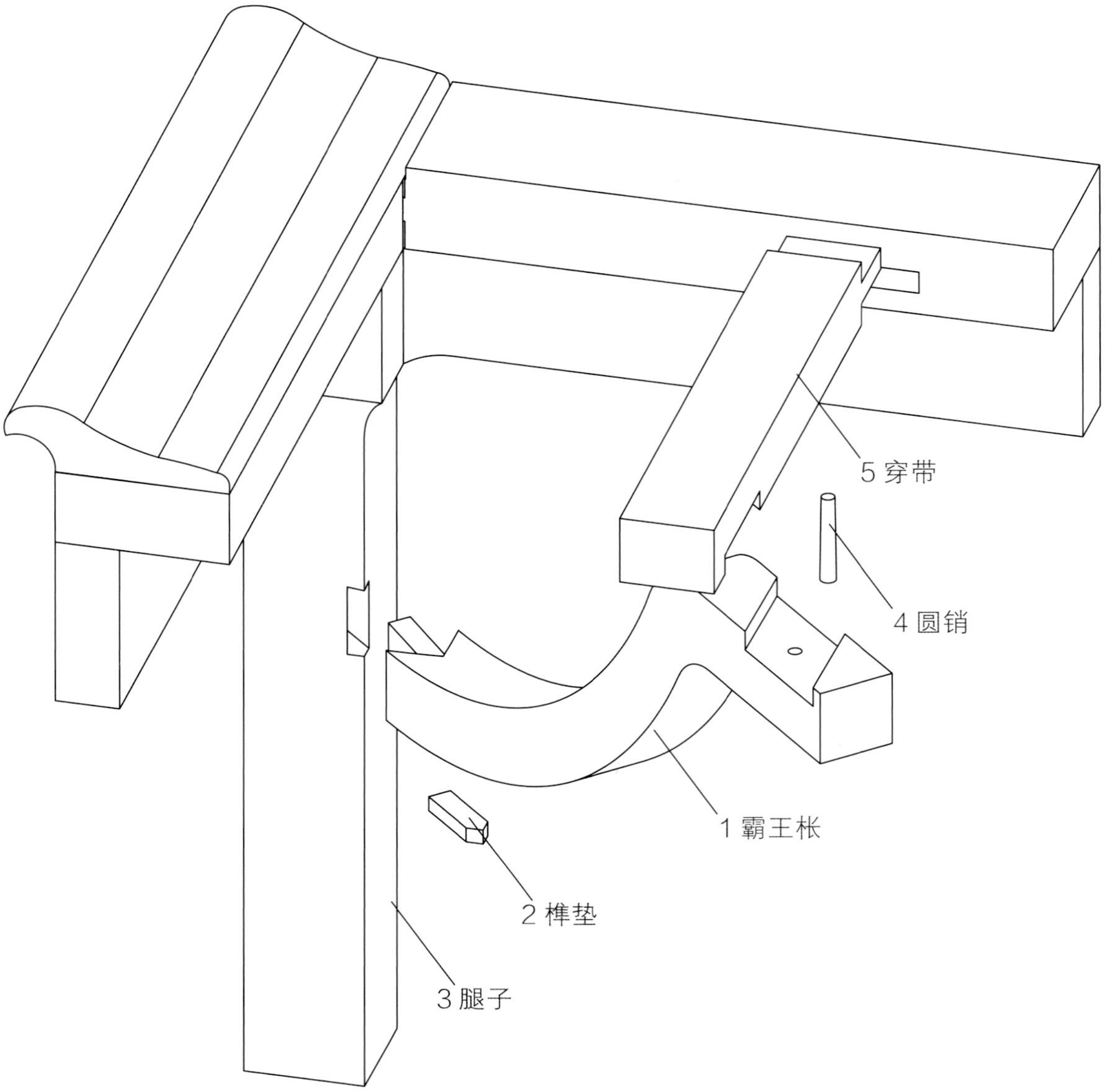

5 穿带
4 圆销
1 霸王枨
2 榫垫
3 腿子

**◆ 制作注意事项：** 霸王枨榫头的制作并不难，应注意的是：一是对霸王枨位置和形状的把握，先确定霸王枨在腿和桌面穿带上的位置，再把形状样板制好。等把霸王枨的榫头都做好后，试装霸王枨样板，霸王枨和榫槽自然吻合，没有翘曲的现象，那么霸王枨的形状合格。二是选料时要仔细，确保选材料时木料的木纹尽量和霸王枨形状相符，斜茬越少越好，这样霸王枨不容易断。有时霸王枨一端的燕尾榫做三个面带有斜度的燕尾榫，这样接合会更牢固，但燕尾榫下的榫垫必须要增大，只是有点不美观而已。

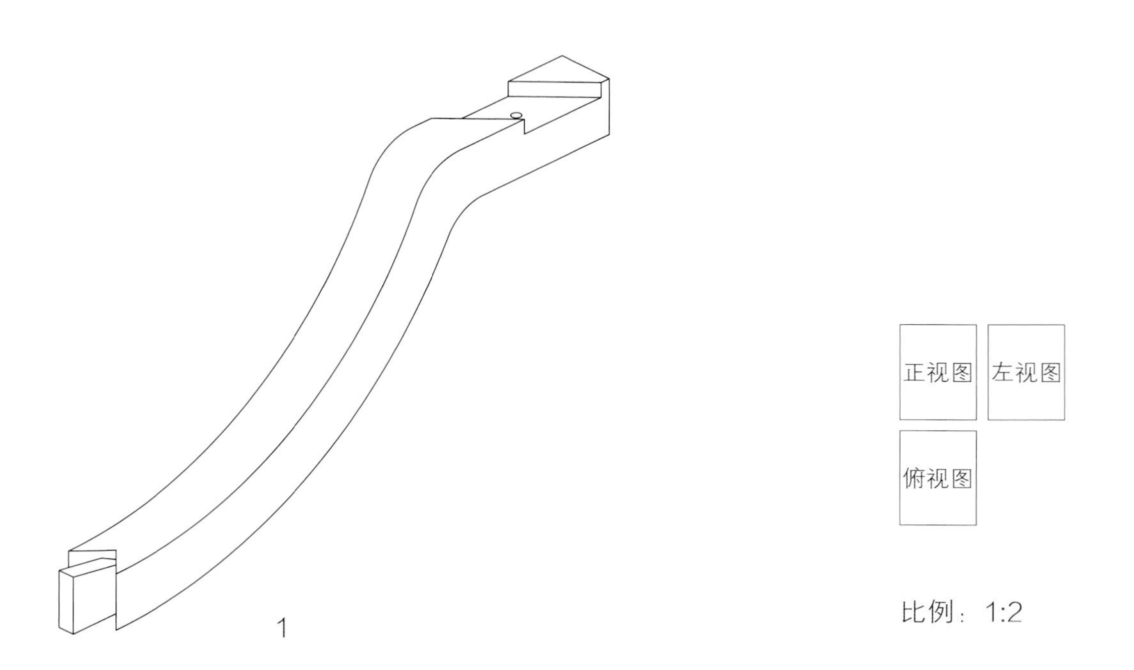


正视图 左视图

俯视图

比例：1:2

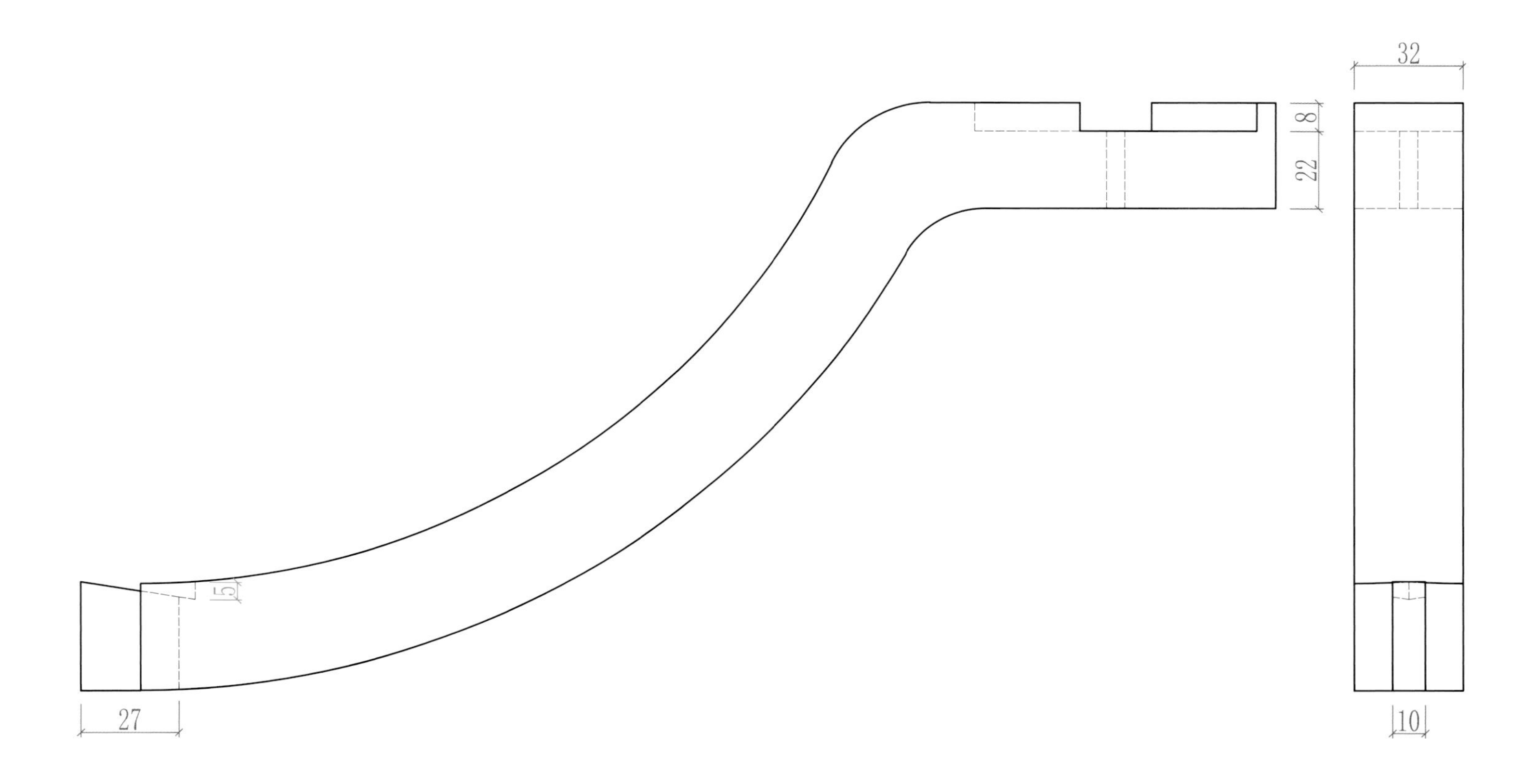


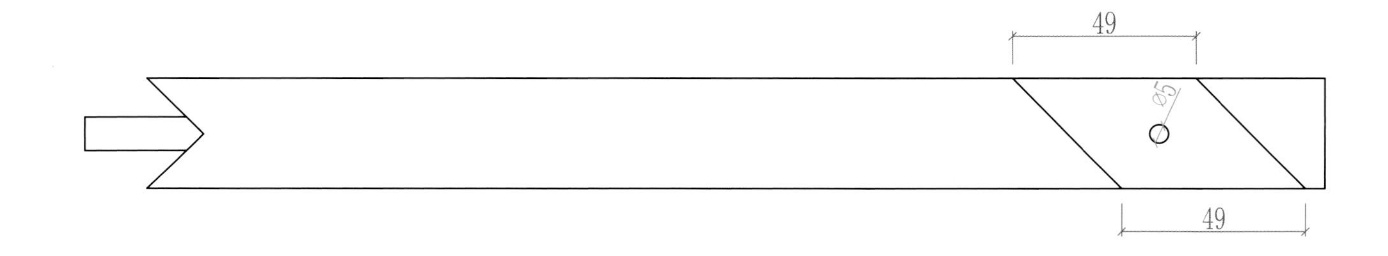

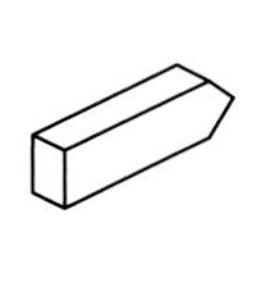

2

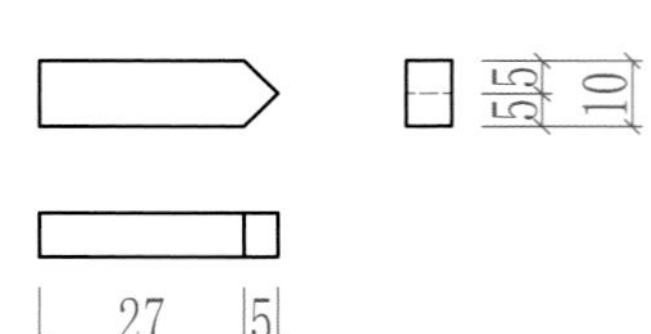


正视图 左视图

俯视图

比例：1:2

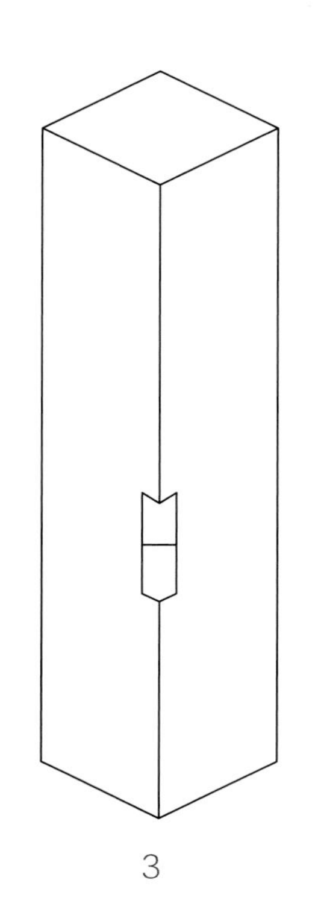

3

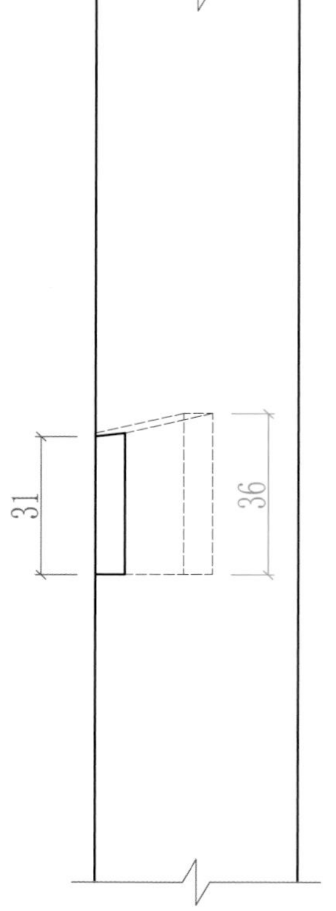


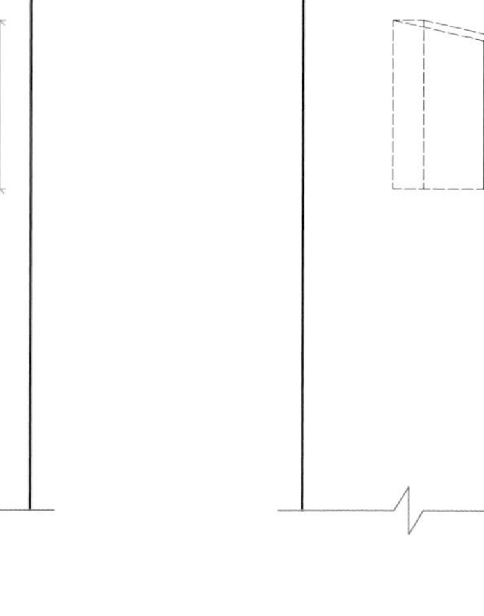

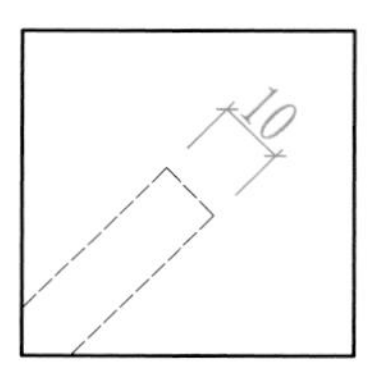


正视图 左视图

俯视图

比例：1:2

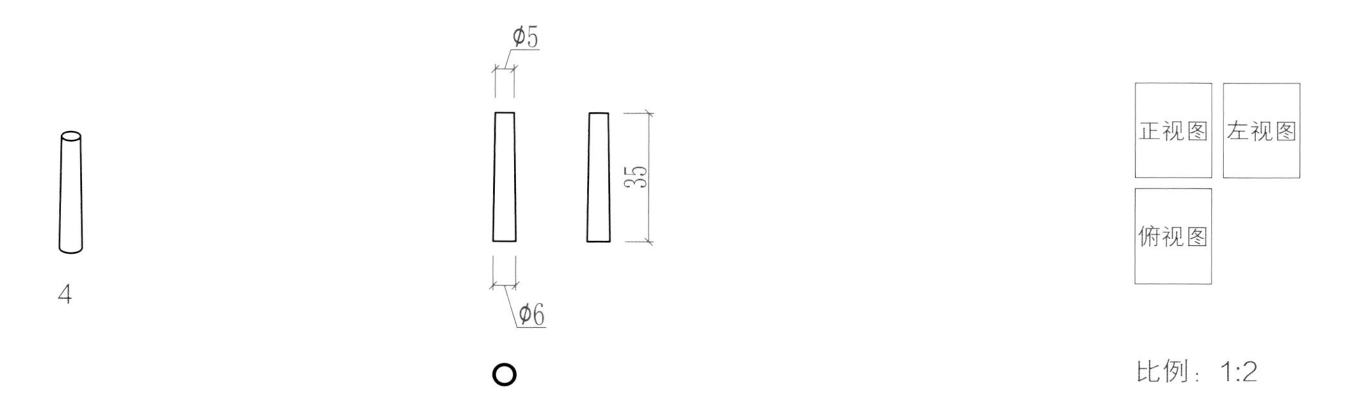
4
φ5
35
φ6
正视图
左视图
俯视图
比例：1:2

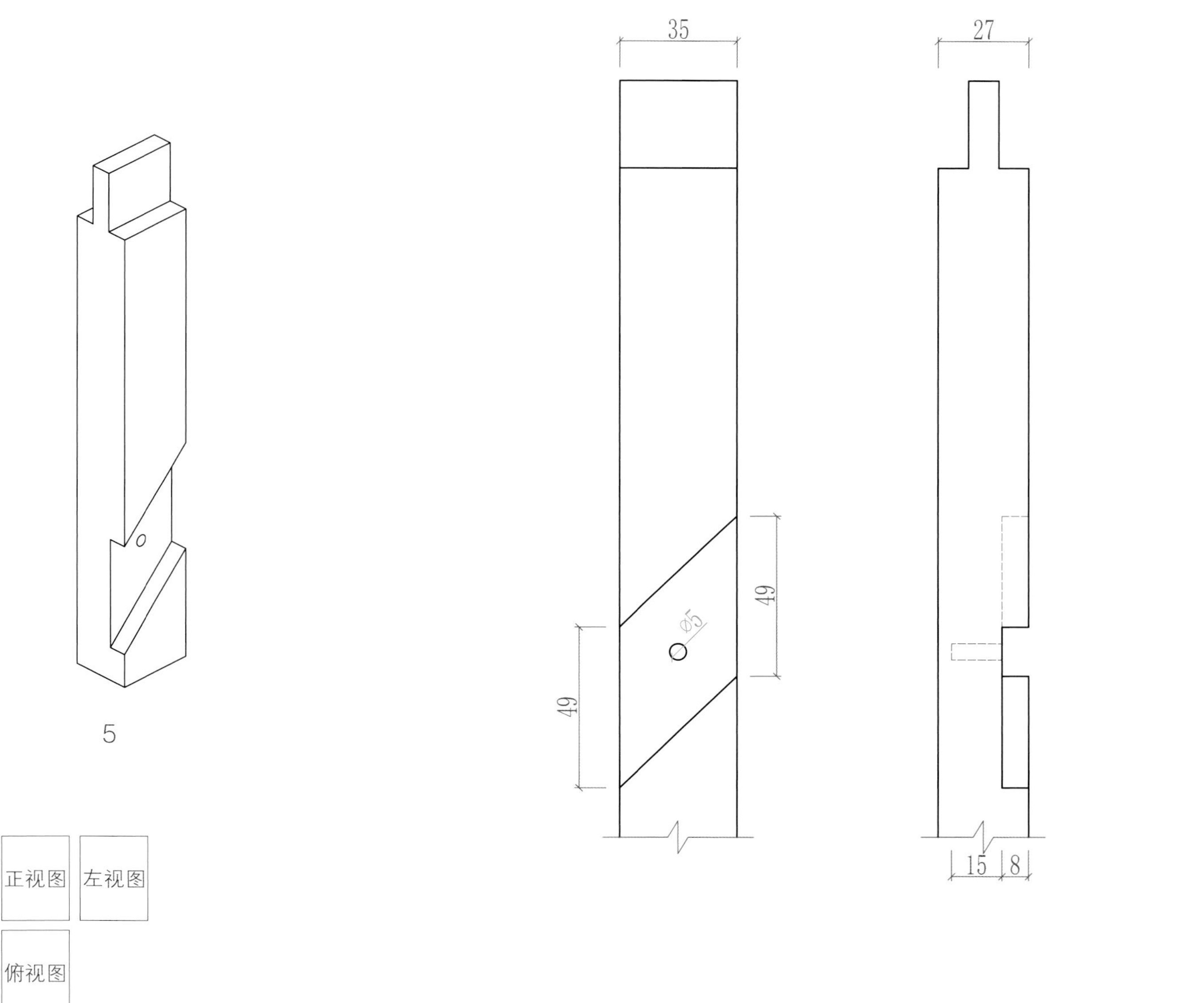
5
35
27
49
φ5
49
15
8
正视图
左视图
俯视图

比例：1:2

# 五十六、有束腰带托泥圈椅座面和腿足的接合 1

这个榫卯结构是有束腰带托泥圈椅上下腿足和座面相交处的一种接合结构，腿足以椅子座面分为上下腿，上下腿接头藏在座面边框内，组装后让人有通腿的感觉。现在红木家具市场上有束腰带托泥圈椅比较流行，又称为“皇宫圈椅”或“宝座圈椅”，大部分是两截腿结构，做法也有差异，器型比普通明式圈椅夸张，但从力学结构上讲不如普通明式圈椅合理。

**应用部位：有束腰带托泥圈椅上下腿足和座面相交处。**

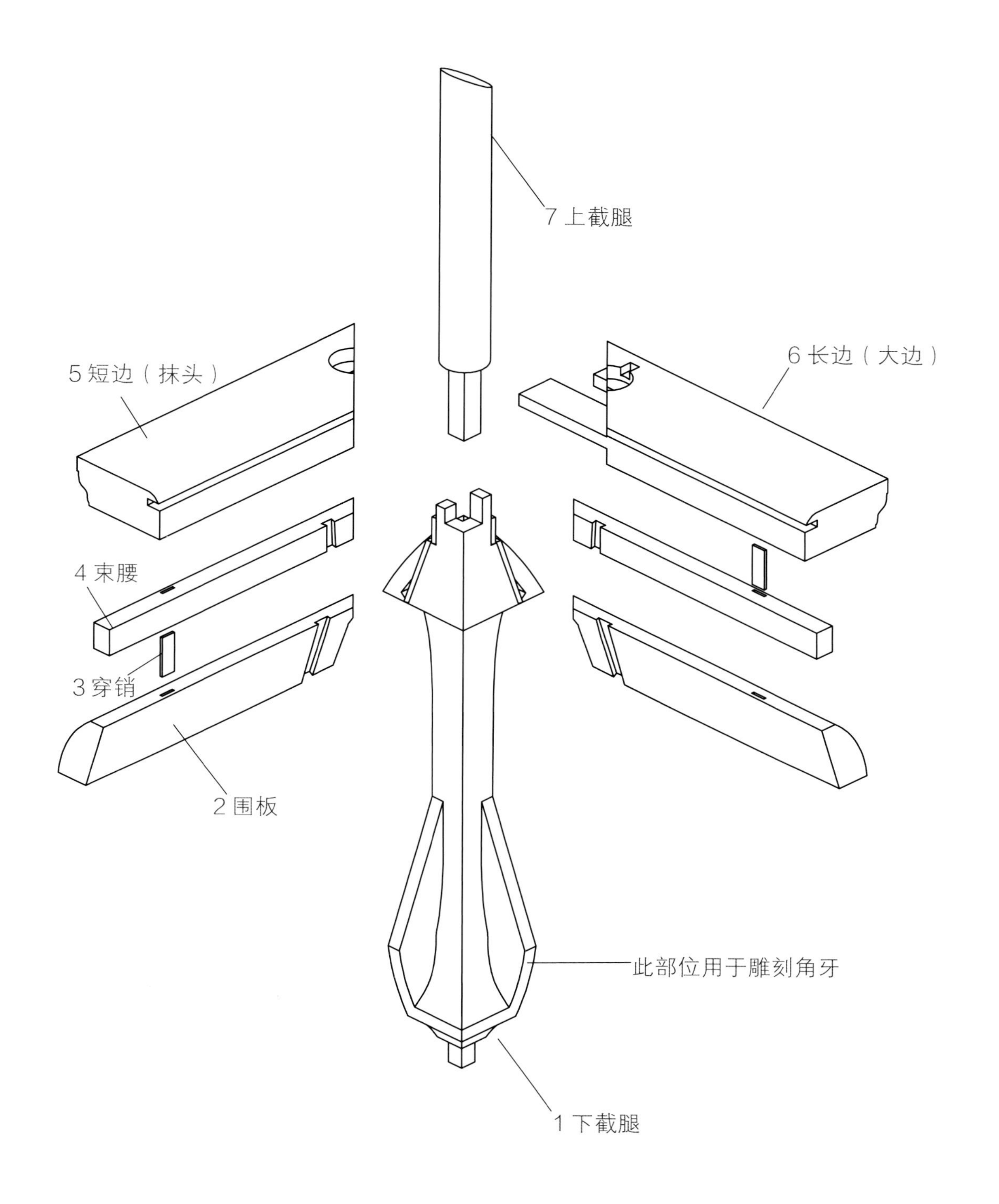


◆ **制作注意事项：** 这个榫卯结构比较复杂，从力学角度看这个结构不太好，力的传递容易断，但是省料，在使用过程中椅子的上截腿有杠杆的作用，会撬动座面边，一旦座面边榫卯松动，椅子的上部就会散架，所以这个结构既要把榫卯做严紧，还要在组装时上胶水，这个结构不能做“活拆”家具。还有束腰的做法也可以不用栽榫接合，而采用裁口打槽上下接合。

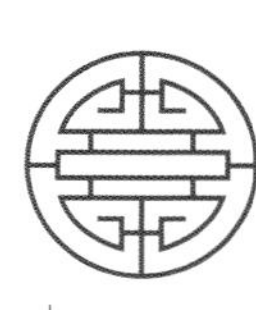

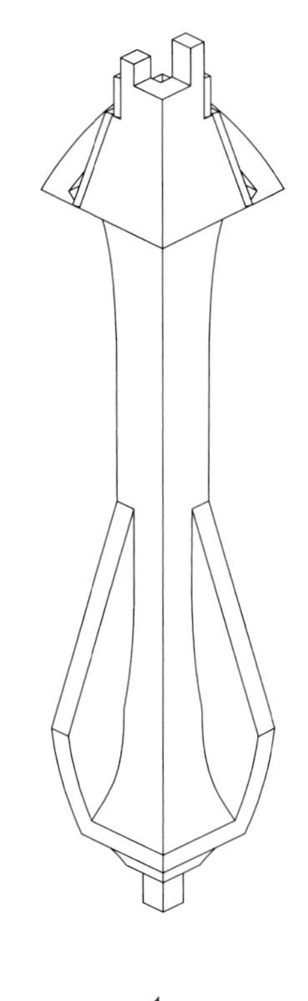

1

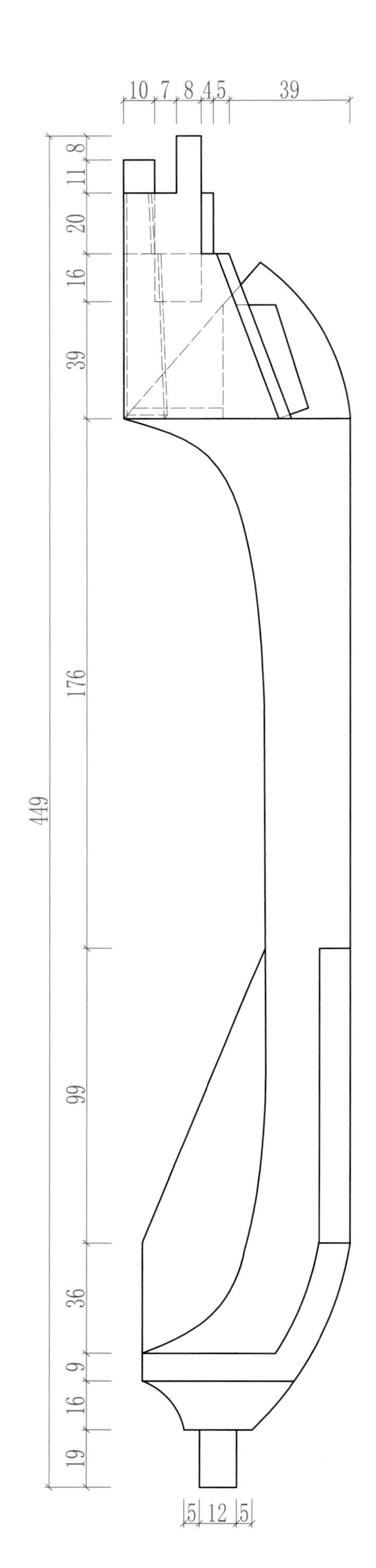


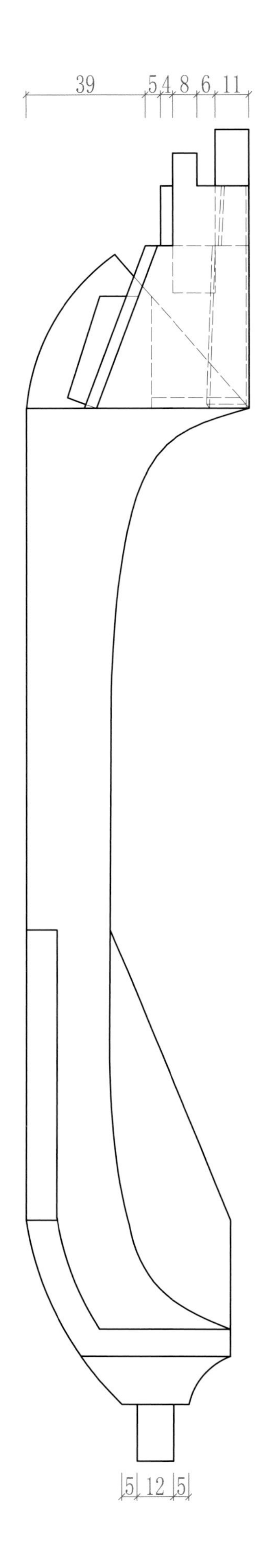


| 正视图 | 左视图 |
|---|---|

比例：1:2

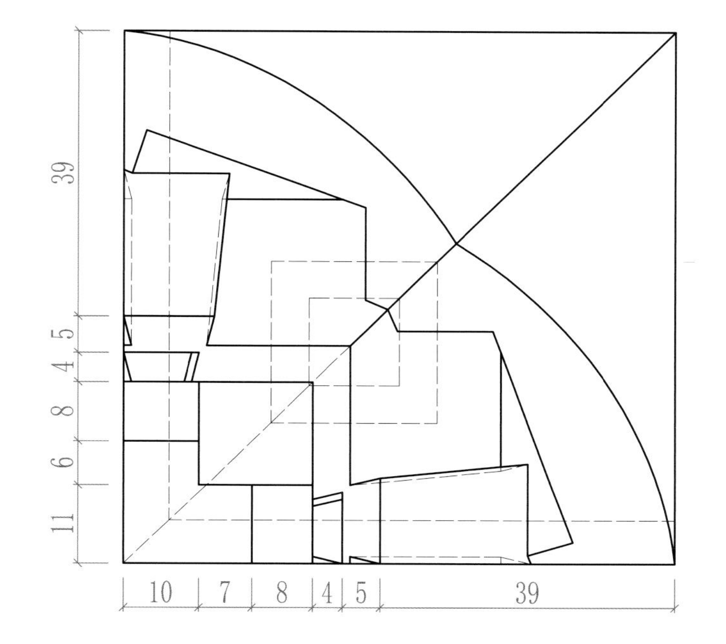


1

俯视图

大样图比例：1:1

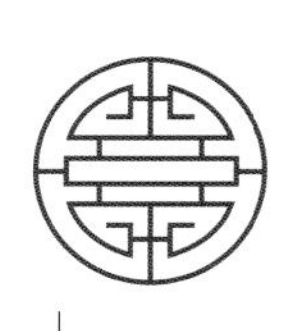

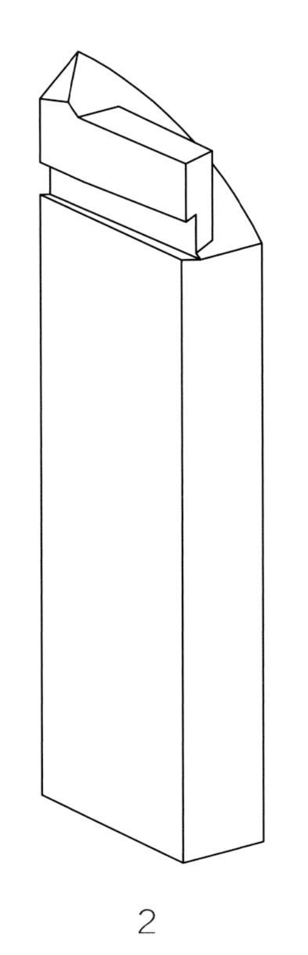

2

比例：1:2

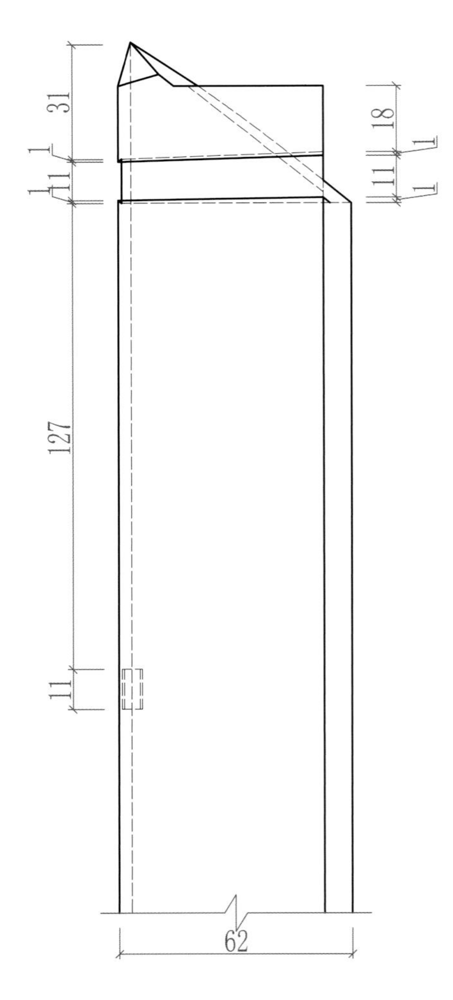


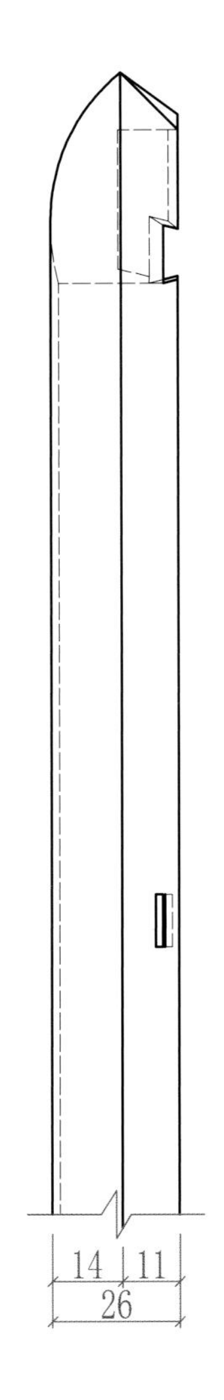


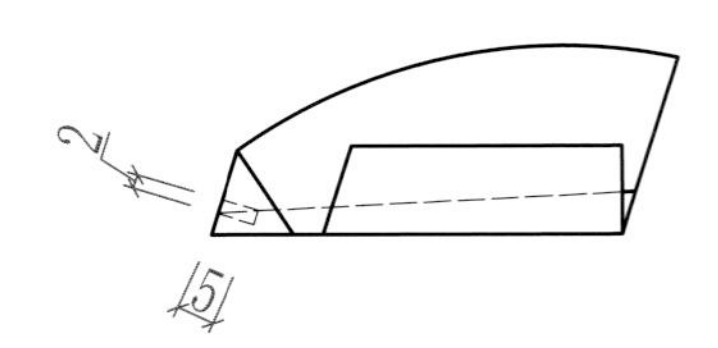

3

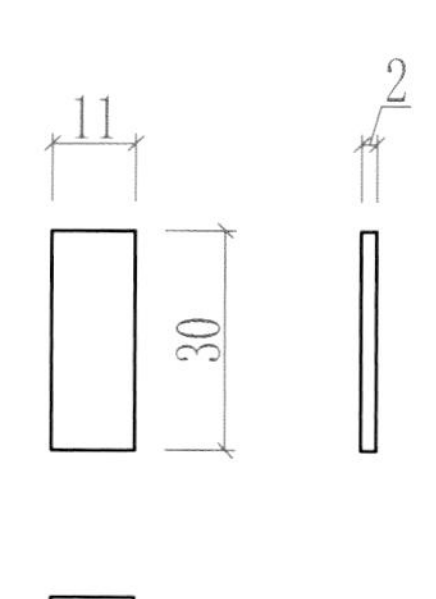

11
2
30

正视图
左视图
俯视图


比例：1:2

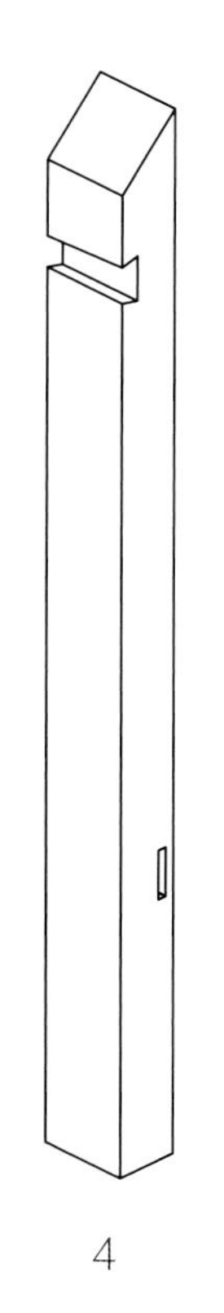

4

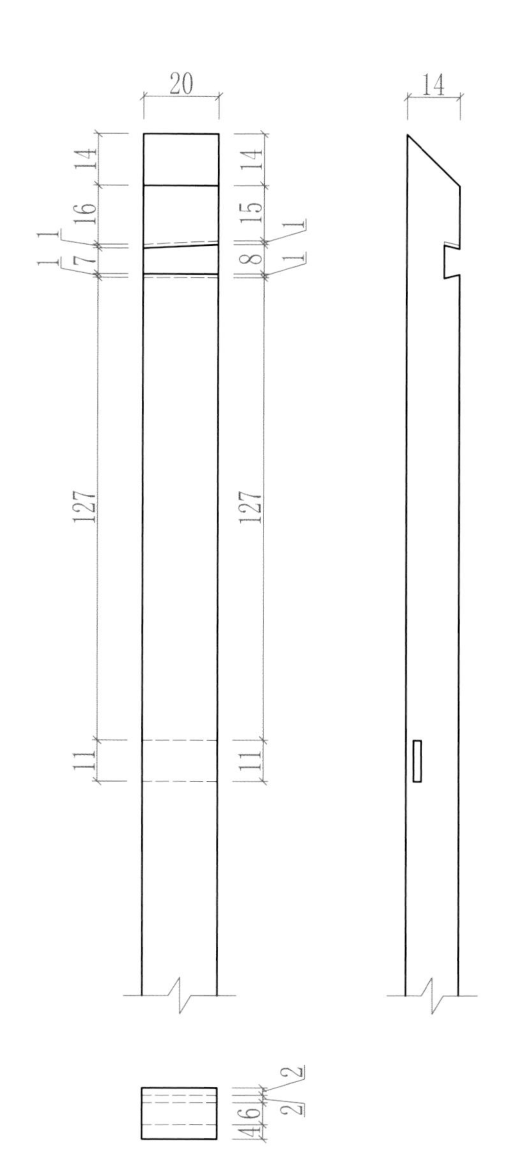

20
14
14
14
16
15
1
1
7
8
1
1
1
1
127
127
11
11
2
2
4
6

正视图
左视图
俯视图


比例：1:2

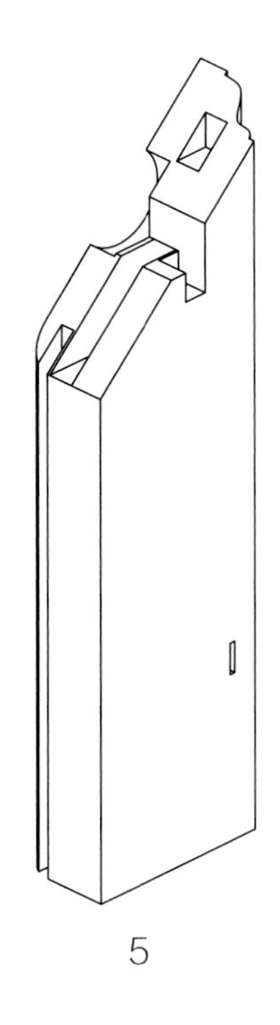

5

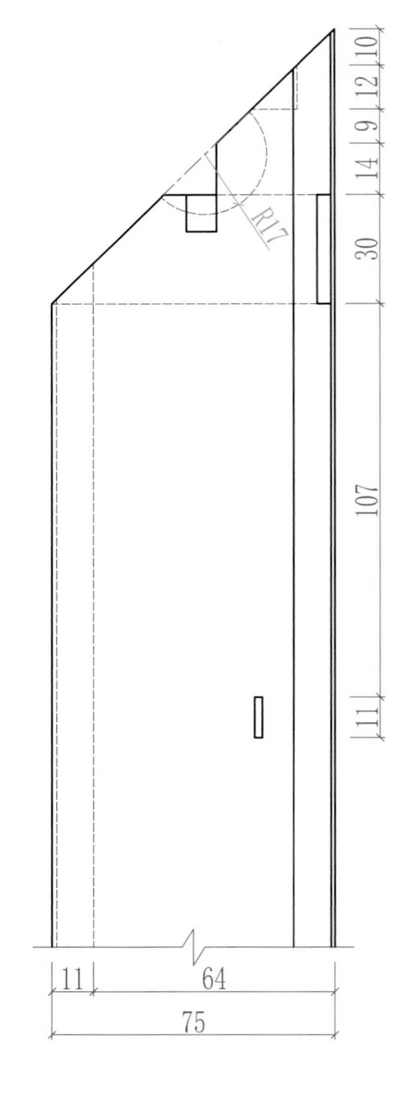
10
12
9
14
30
R17
107
11
11
64
75

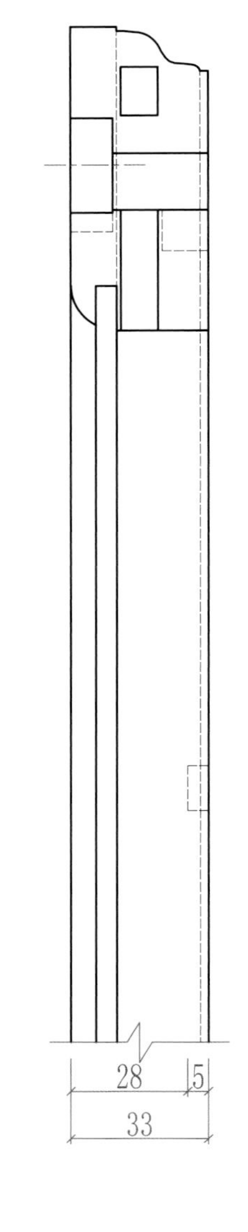
28
5
33

正视图
左视图
俯视图

比例：1:2

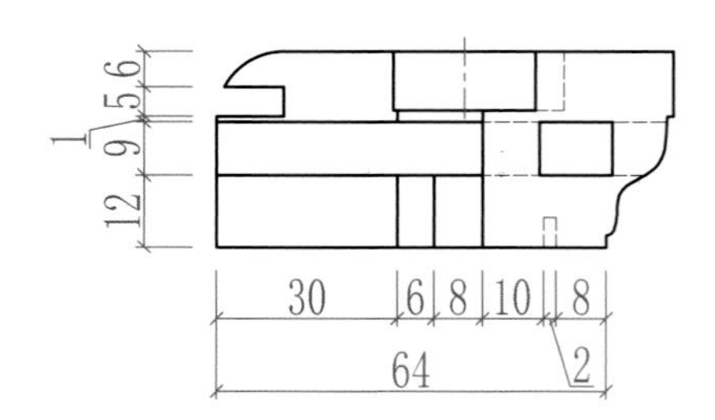
5.6
1
9
12
30
6
8
10
8
2
64

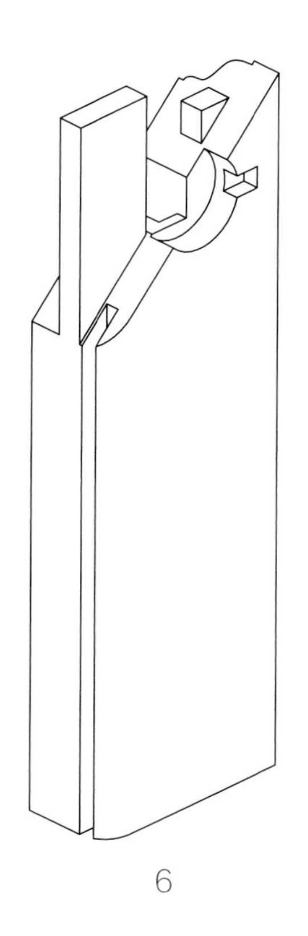

6

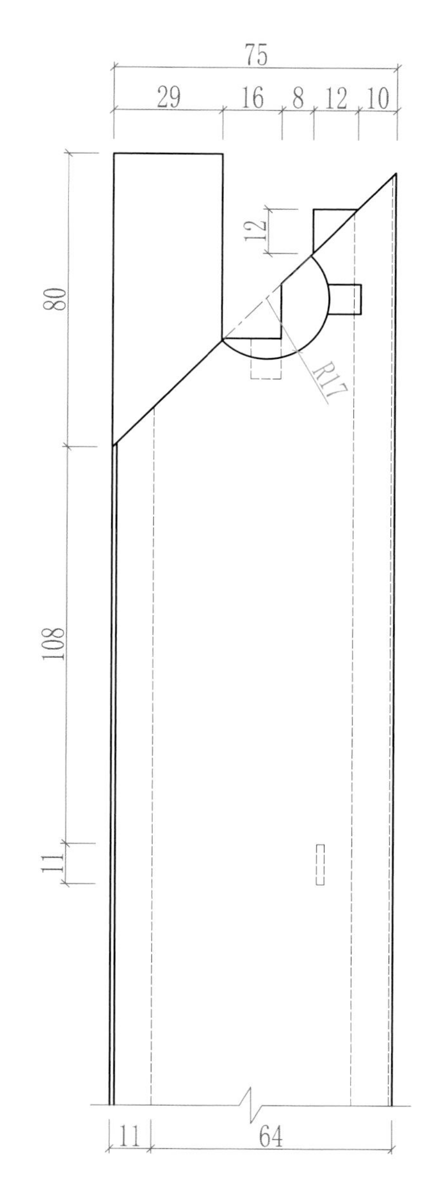
75
29
16
8
12
10
12
80
R17
108
11
11
64

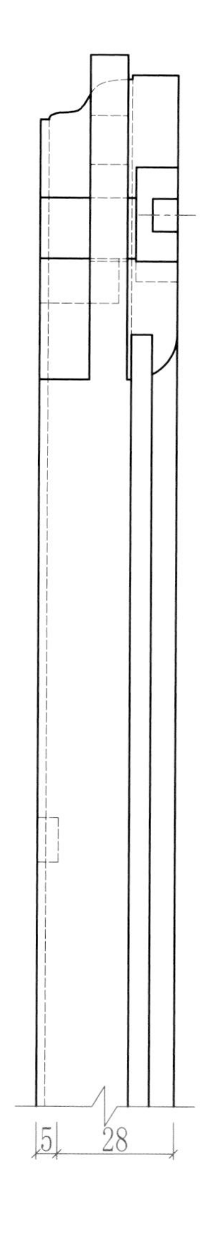
5
28

正视图
左视图
俯视图

比例：1:2

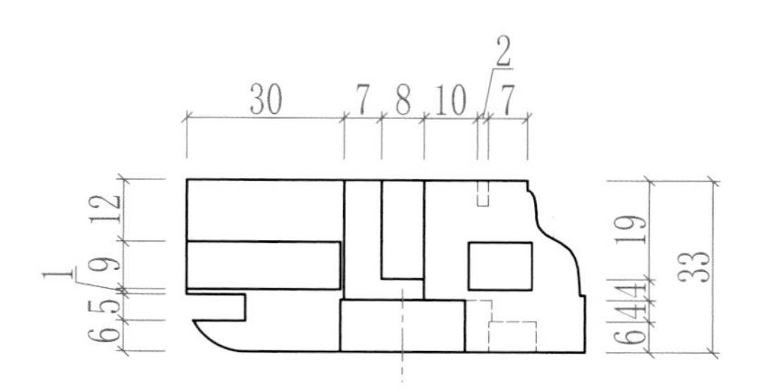
30
7
8
10
2
7
12
1
9
6.5
19
33
4
4
6

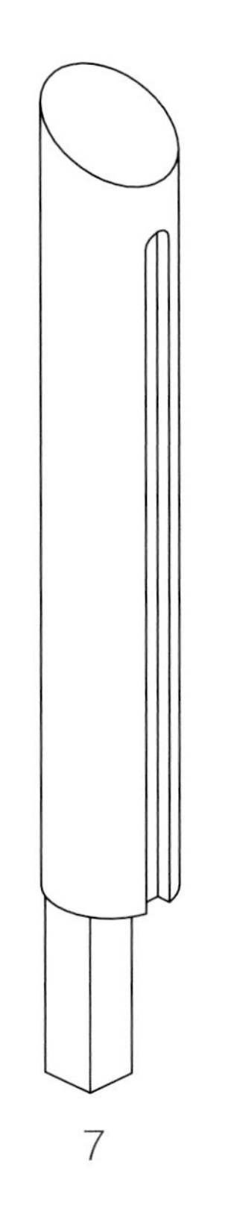

7

比例：1:2

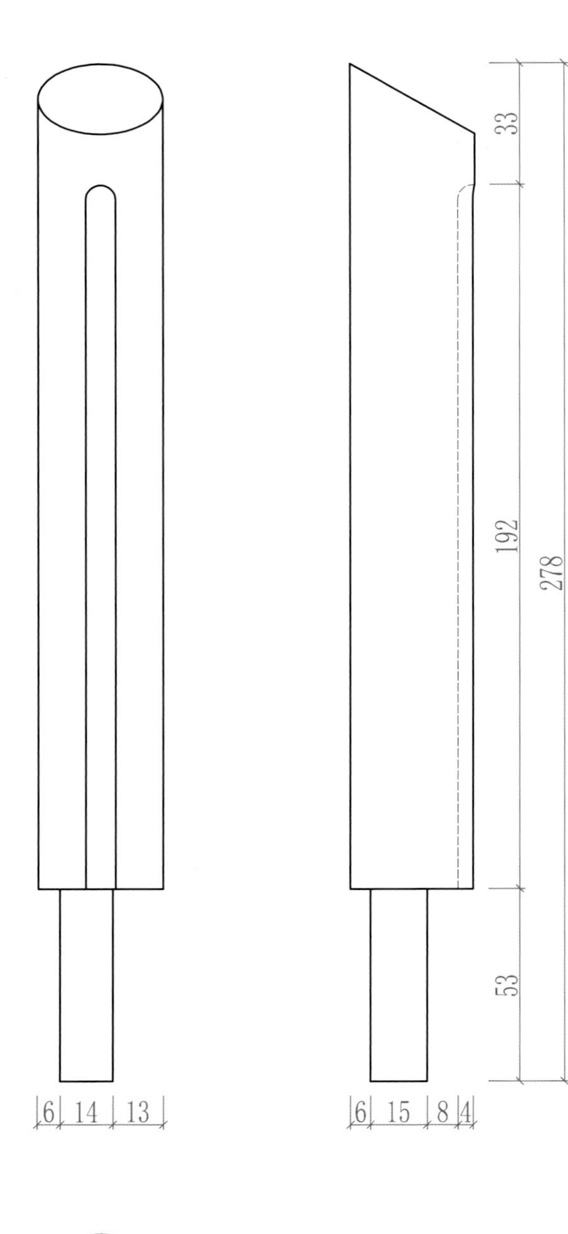


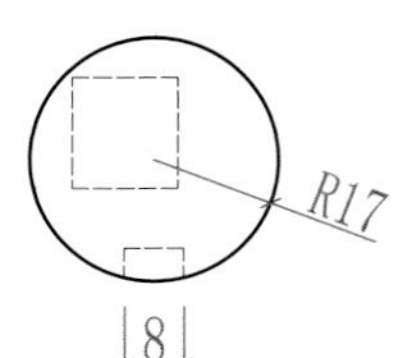

# 五十七、有束腰带托泥圈椅座面和腿足的接合 2

这个榫卯结构和上一章的榫卯结构是同一个款式，不同的是这个结构中腿足是一木连做的，也叫通腿。在当今的红木家具行业里几乎没有人这样做，因为此种做法加工难度大、费料，组装后和上下两截腿的做法从外表上看没什么区别。有时任何一种榫卯结构都有一种以上近似的表现形式。

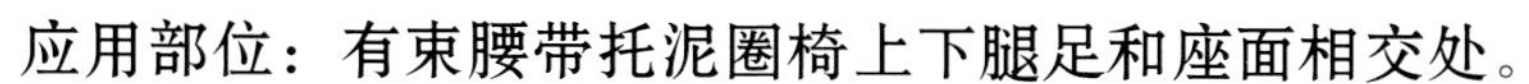

**应用部位：有束腰带托泥圈椅上下腿足和座面相交处。**

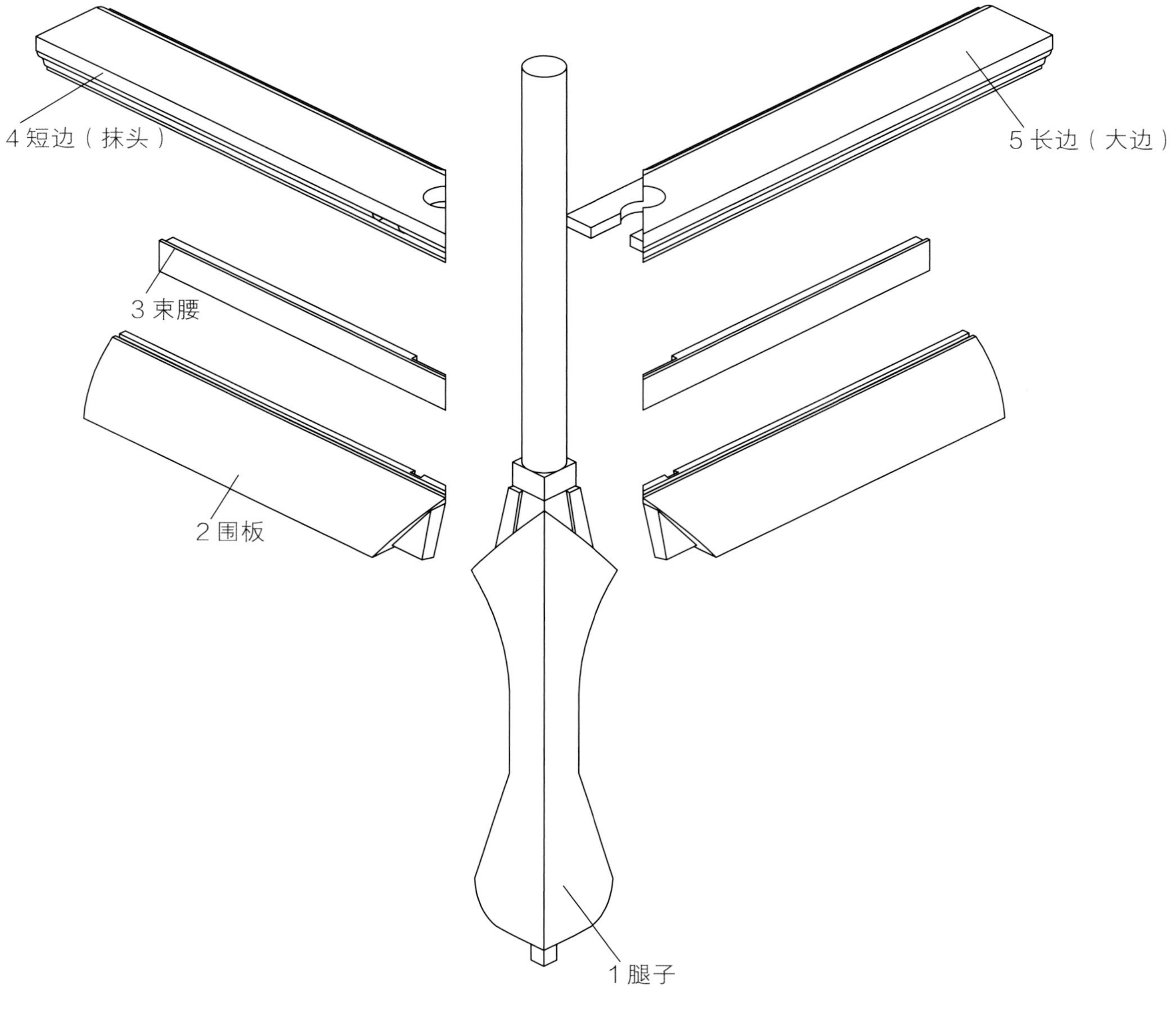

4 短边（抹头）

5 长边（大边）

3 束腰

2 围板

1 腿子

**◆ 制作注意事项：** 这个结构对尺寸和角度的精确度要求特别高，在组装时要先试装，要比上一章的组装难度大。

* 在这里讲一下座面边的榫头，按常理讲椅腿穿过座面边不应该伤到榫头，这里榫头出现圆弧缺有两个原因，一是不想通过增大座面边宽度来达到座面边的榫头免受到腿子伤害的目的，因为那样做感觉座面边会太宽，有笨拙的感觉。二是座面边榫头有圆弧缺也有一个好处，当椅子组装后，椅腿起到了一个圆销的作用，即使座面边不上胶水，椅腿也能把座面边的榫卯锁住。

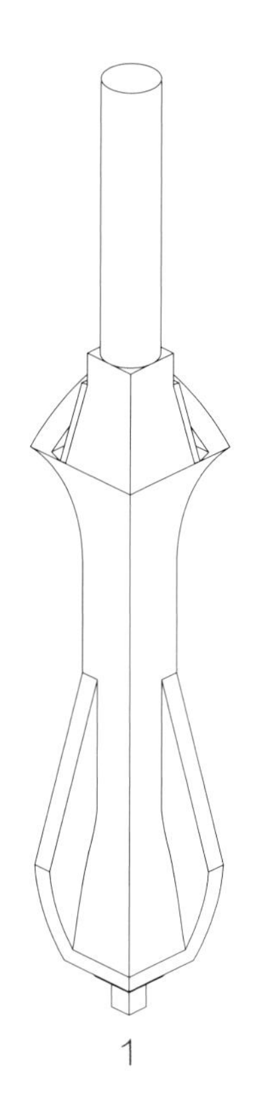


正视图 左视图

比例：1:2

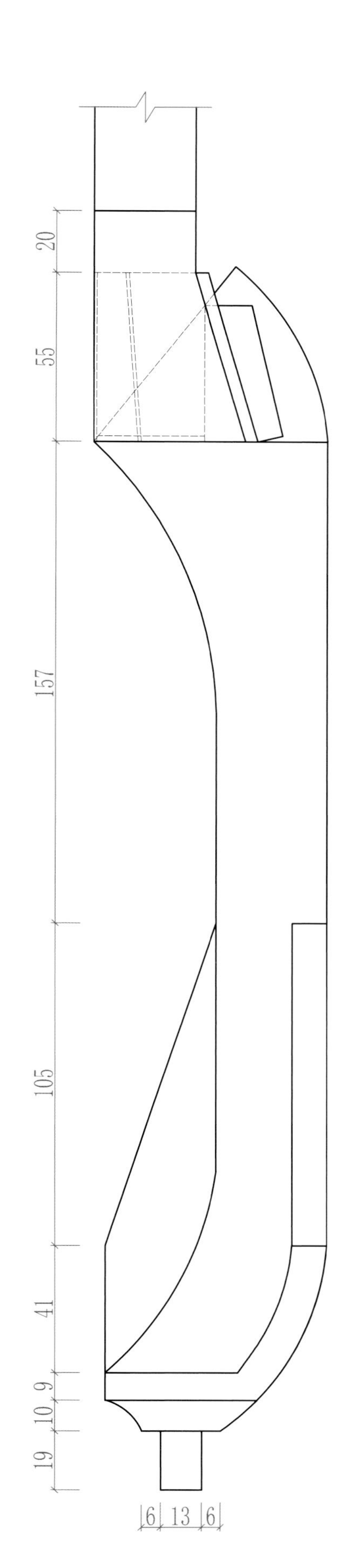


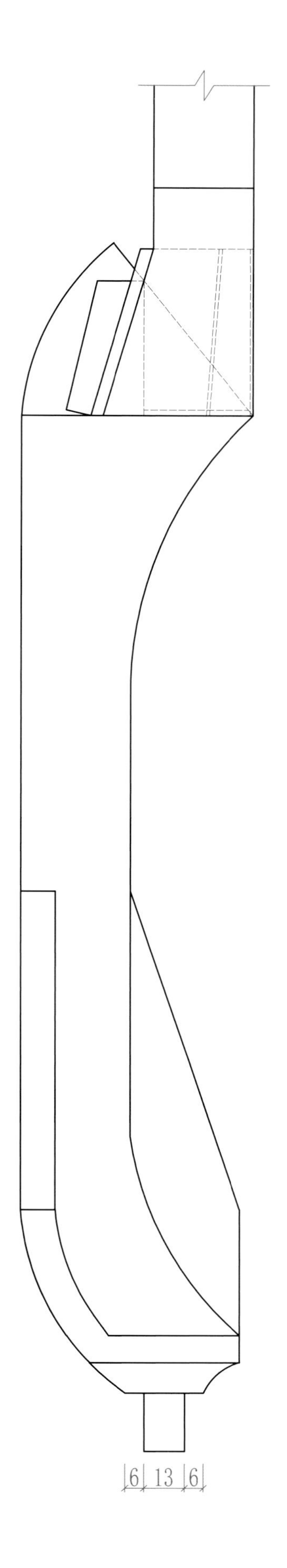

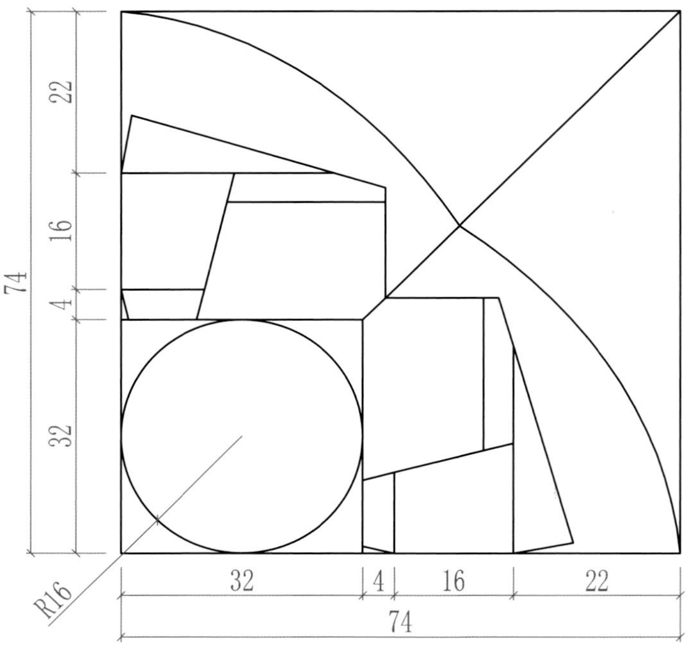

22

16

4

32

74

R16

32

4

16

22

74

1

俯视图

大样图比例：1:1

2

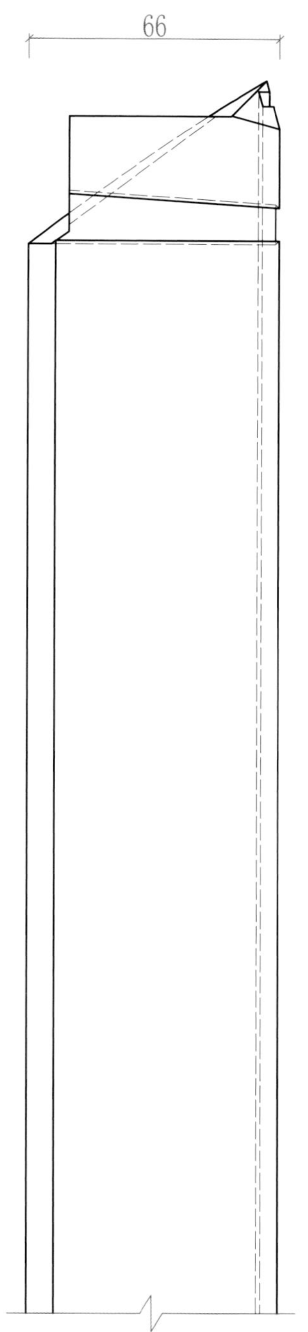


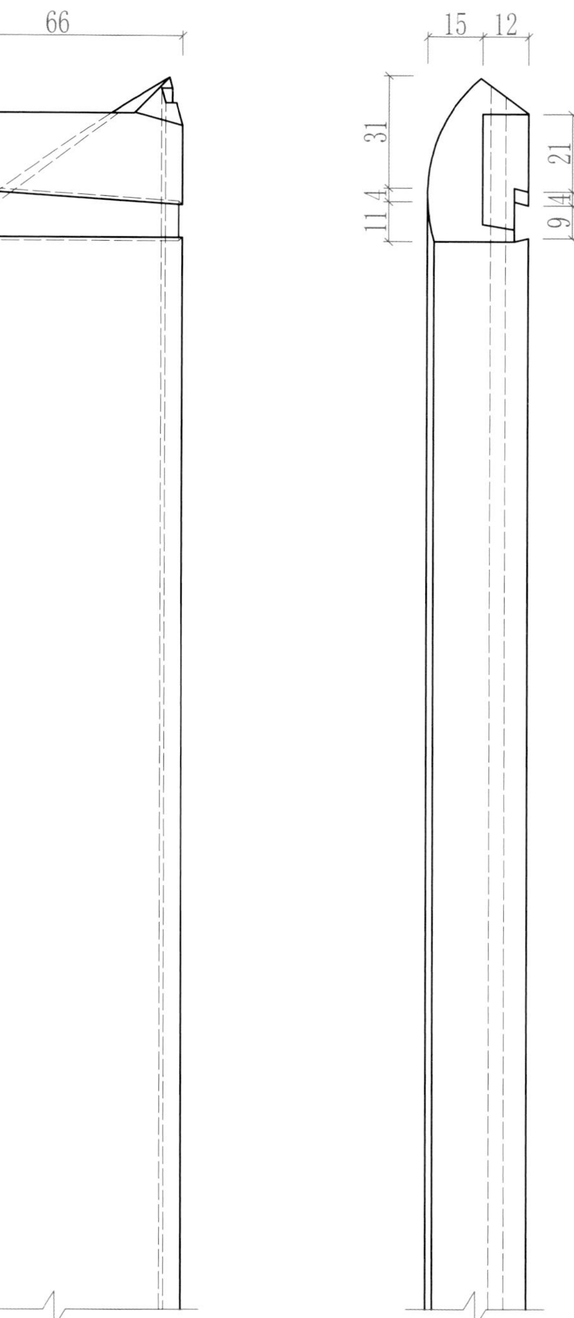


| 正视图 | 左视图 |
| --- | --- |
| 俯视图 | |

比例：1:2

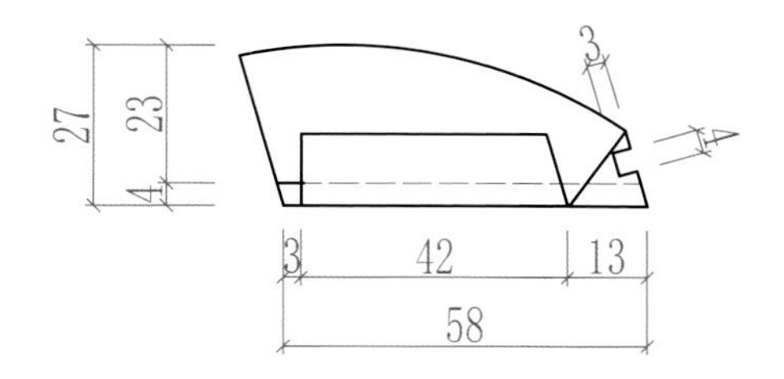

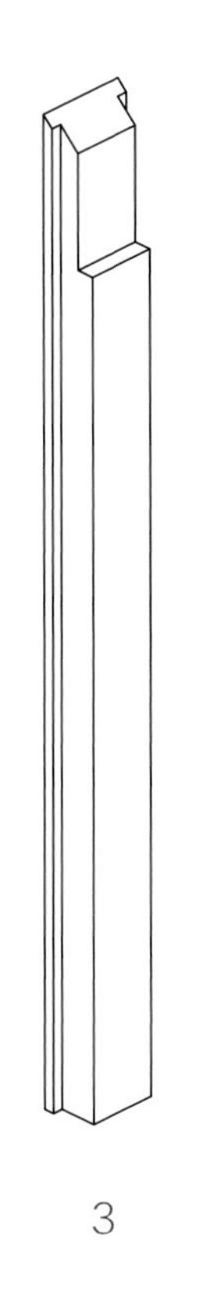

3

正视图 左视图

俯视图

比例：1:2

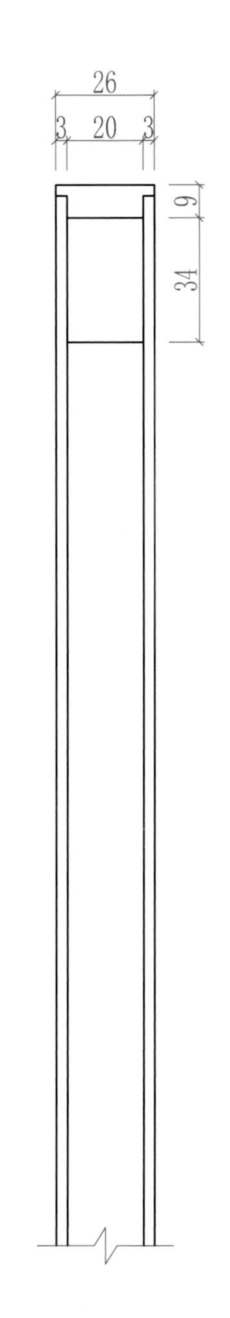


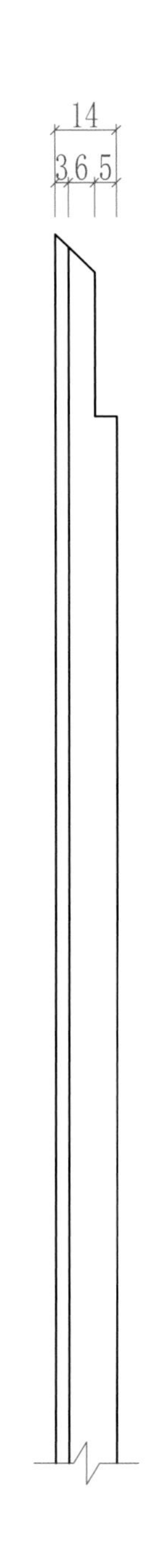


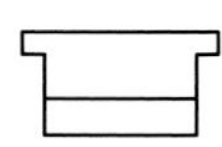

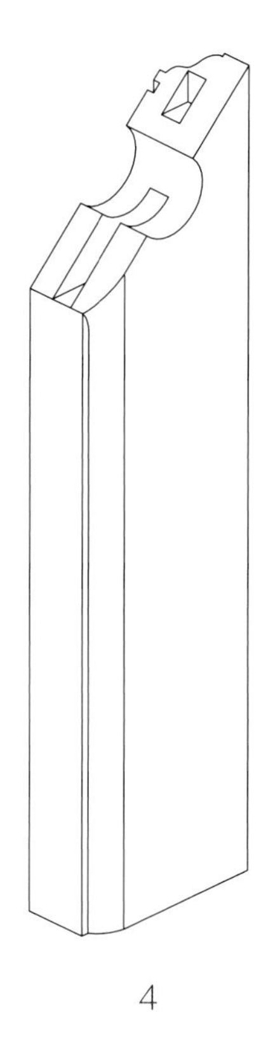

4

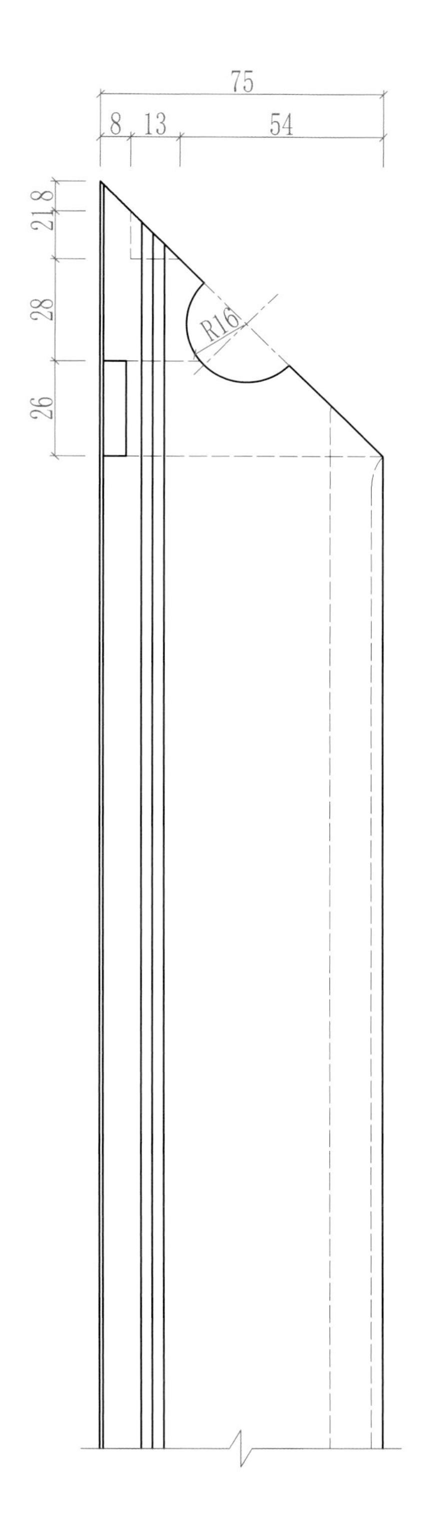


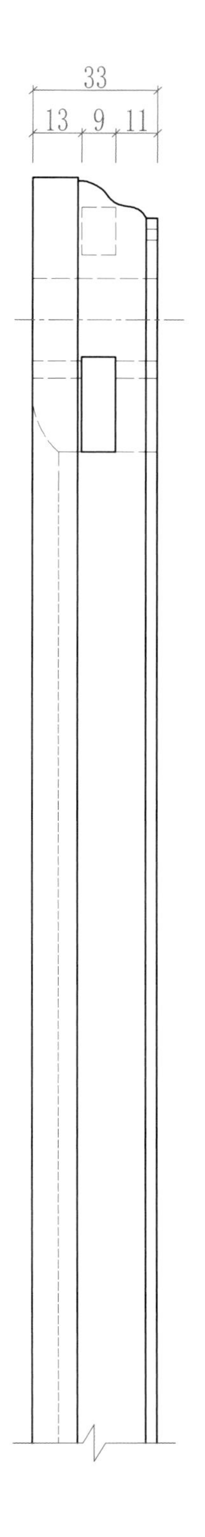


正视图 左视图

俯视图

比例：1:2

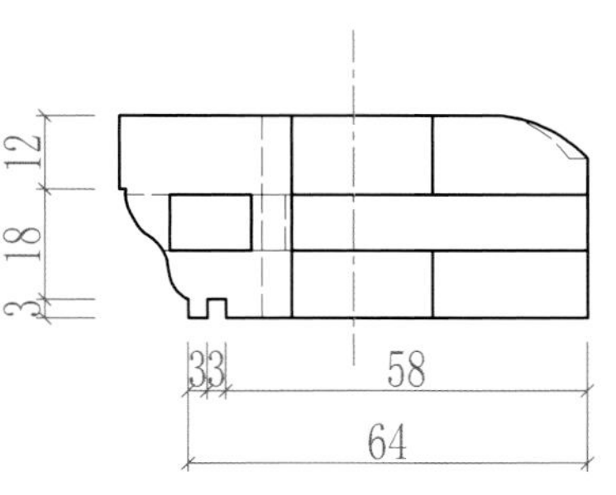

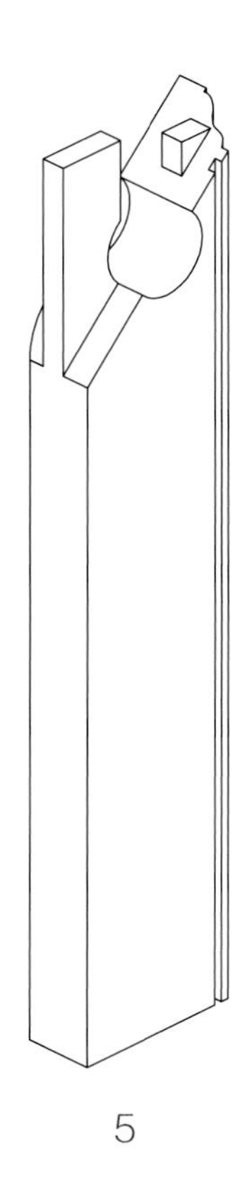
5

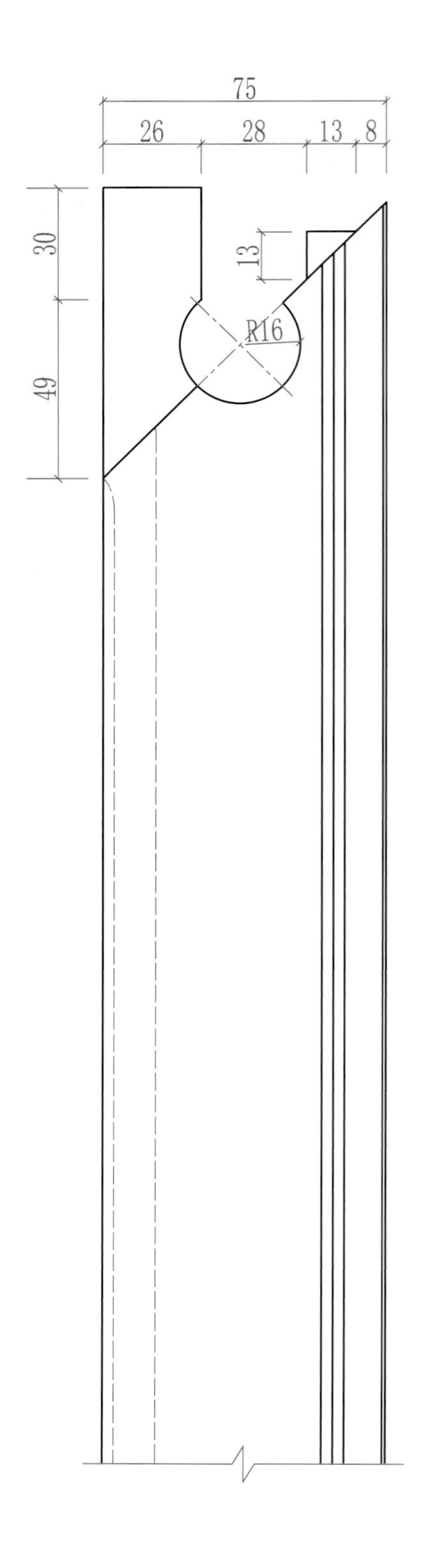


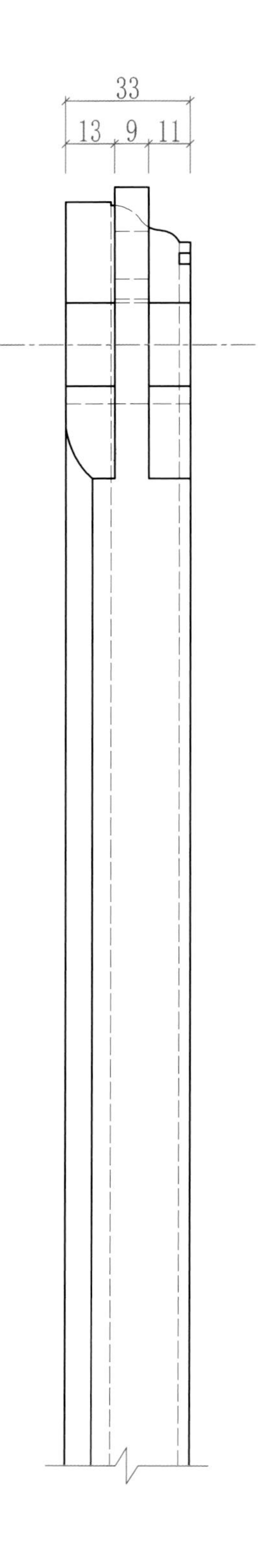

比例：1:2

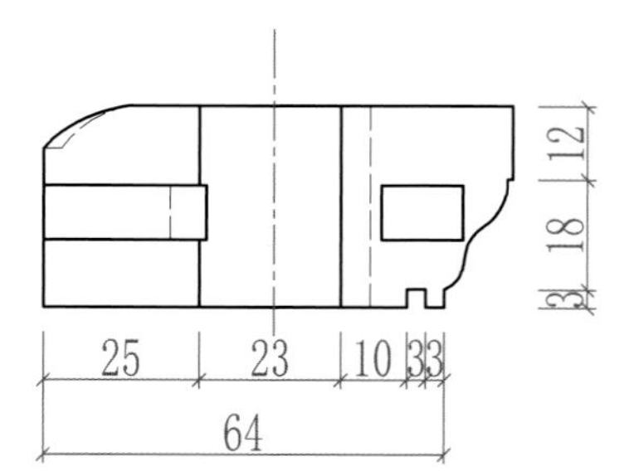

# 五十八、椅面和腿刻口接合

当做比较大的椅子时，椅腿一般会随比例加粗，椅腿和座面接合可采用此方法；当椅子腿很细时不宜采用此法，腿足容易在座面处断掉（观察传统家具中发现）。这种榫卯结构出现的年代比较近，一般都是清代后期的造法。

**应用部位：较粗的椅腿与座面接合处。**

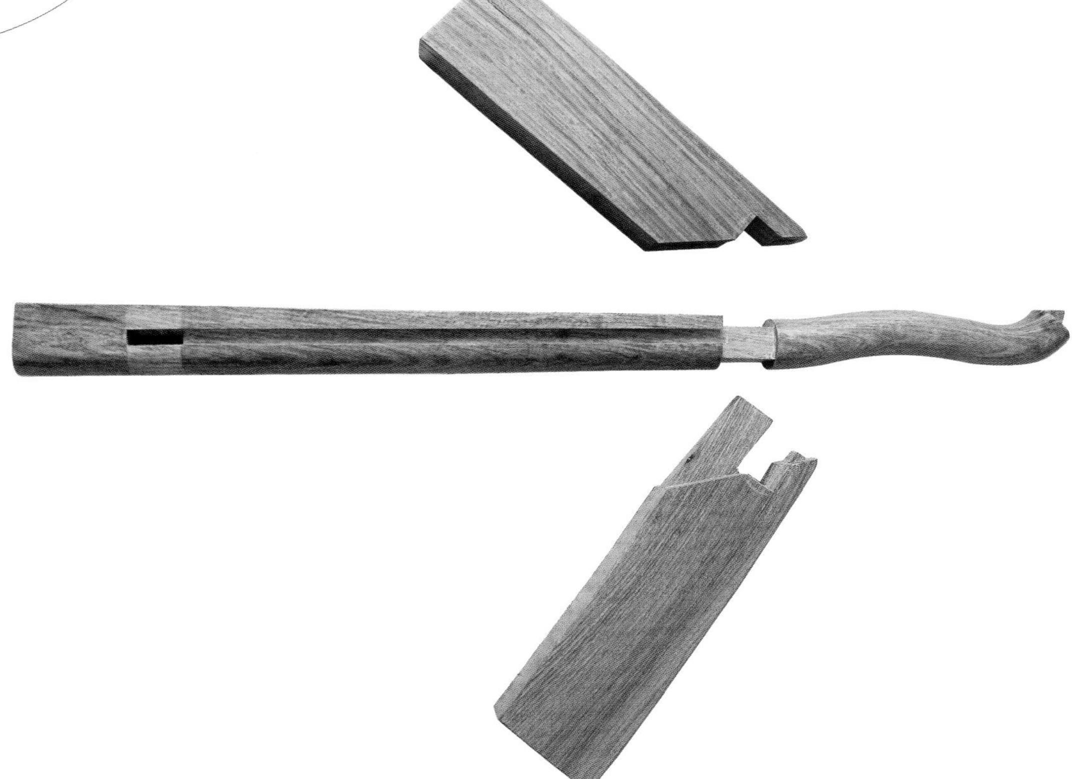

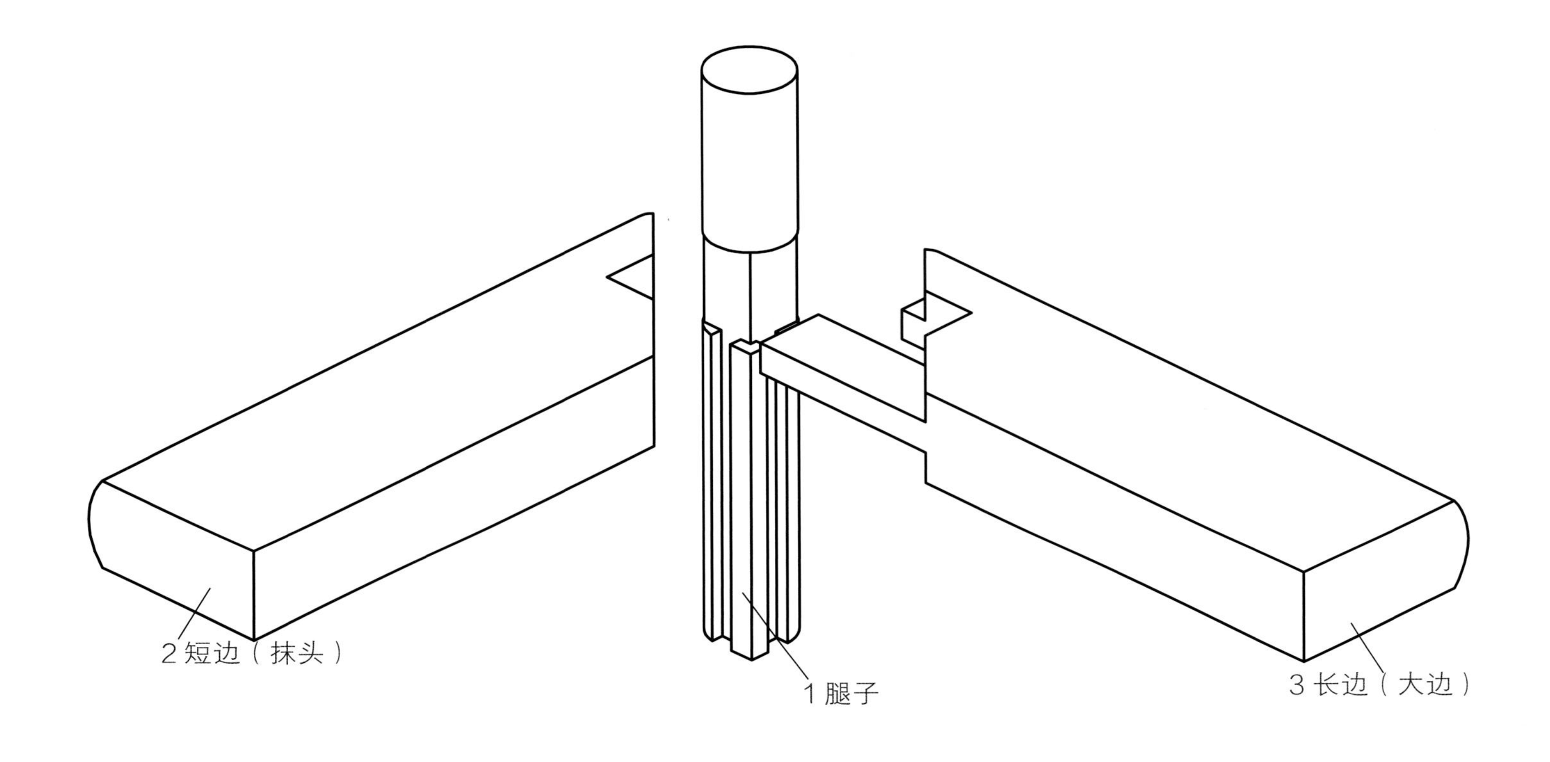


**◆ 注意事项：** 在利用这种榫卯结构制做椅子时，座面和腿的接合处、椅腿的方形截面要尽量做大，这样椅子会更牢固。这种结构椅子的座面边框应宽一些。

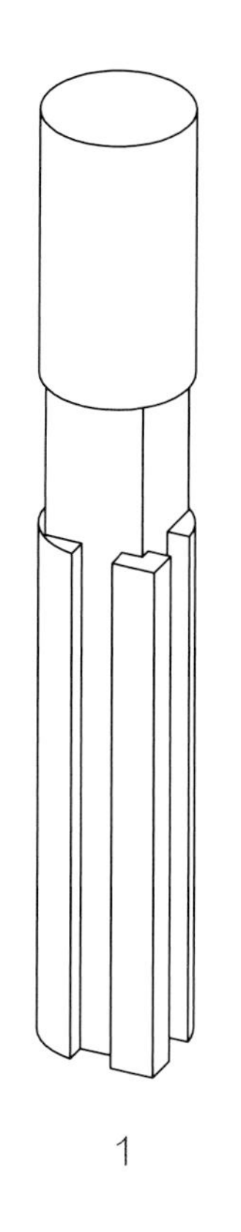

1

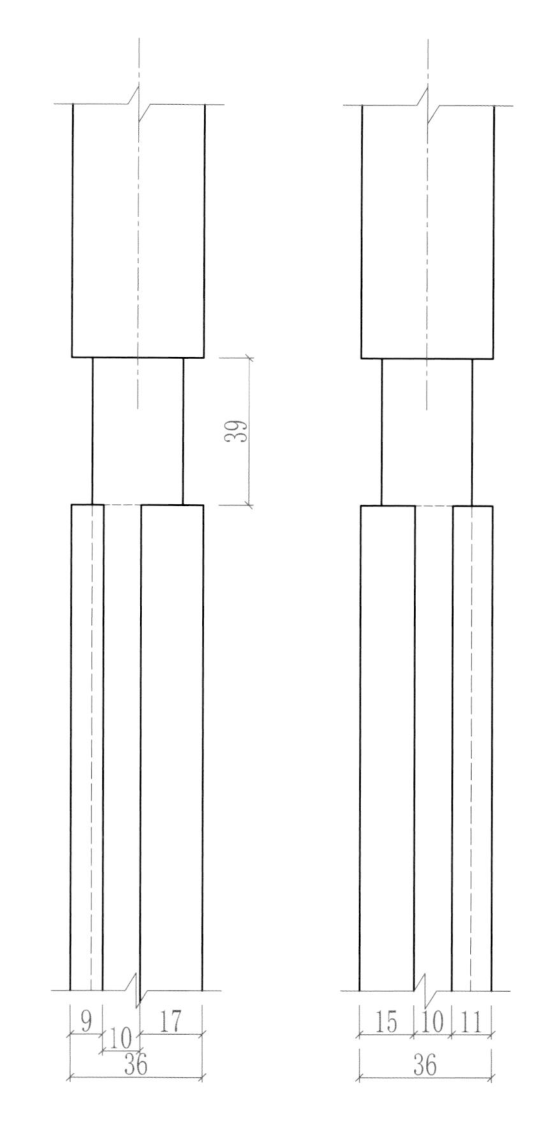


| 正视图 | 左视图 |
|---|---|
| 俯视图 | |

比例：1:2

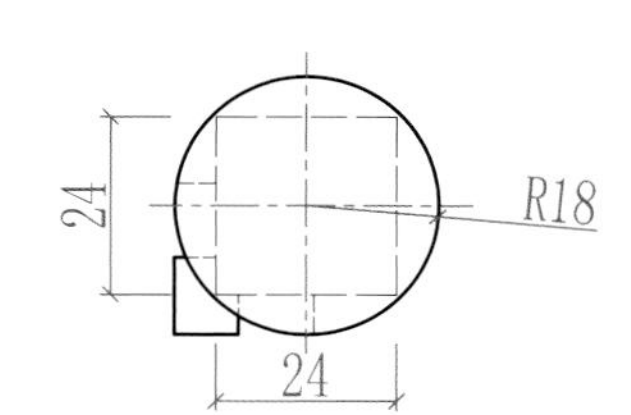

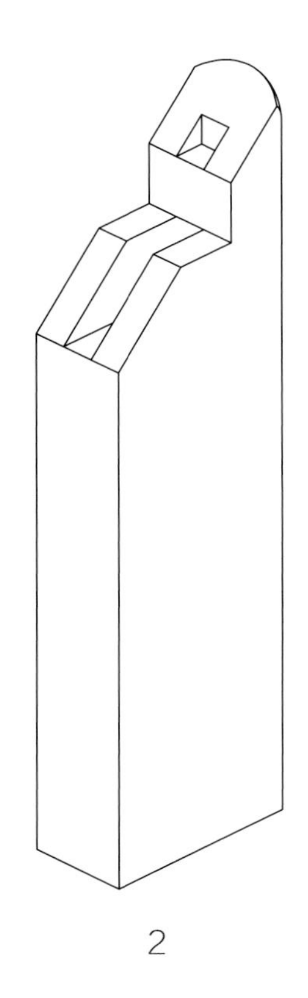

2

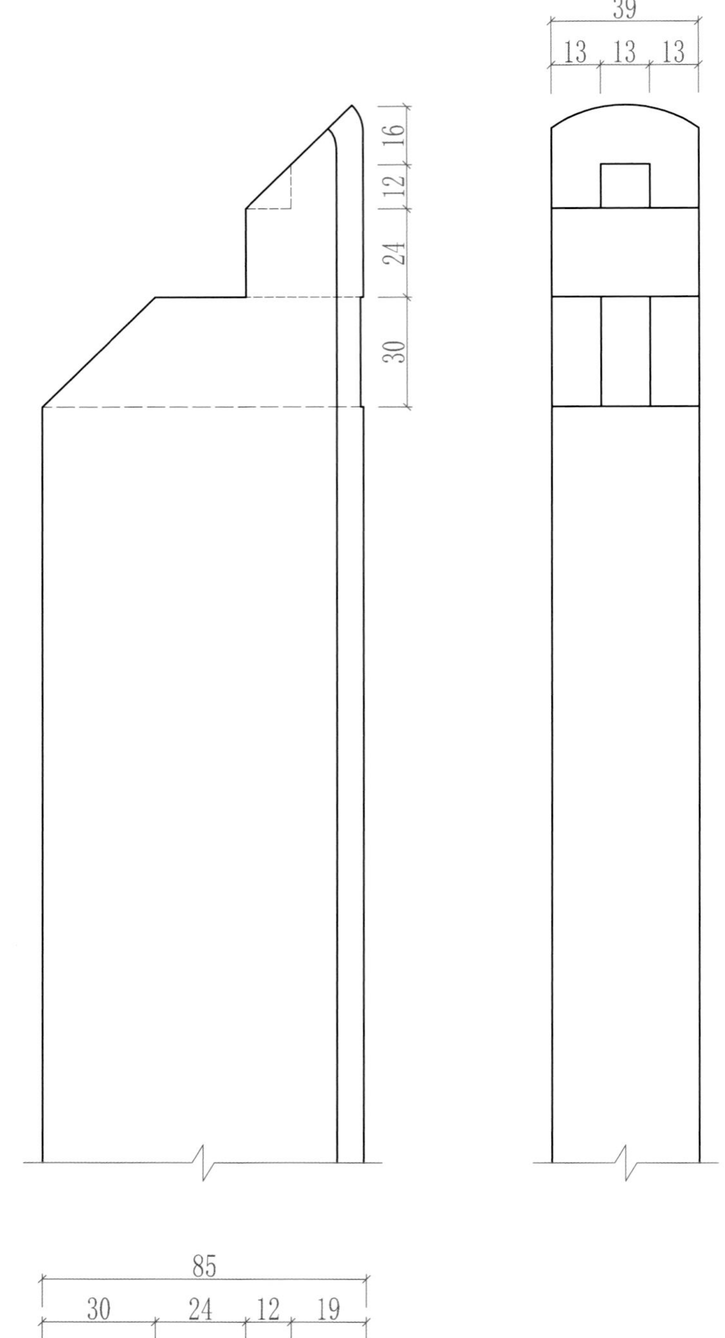

比例：1:2

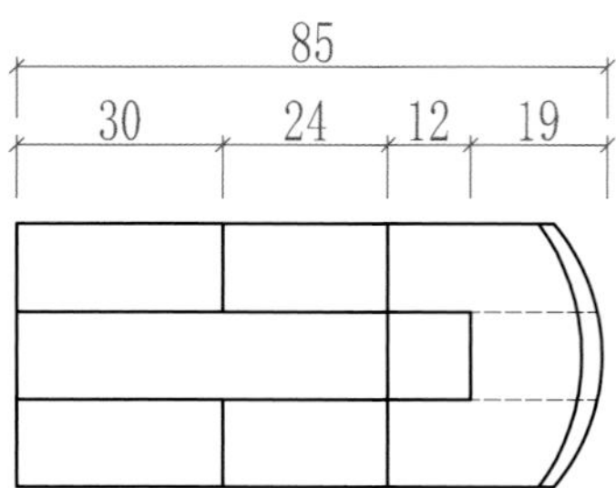

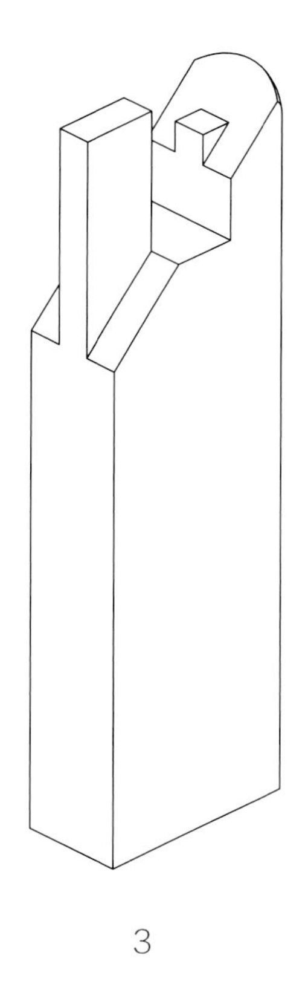

3

正视图 左视图

俯视图

比例：1:2

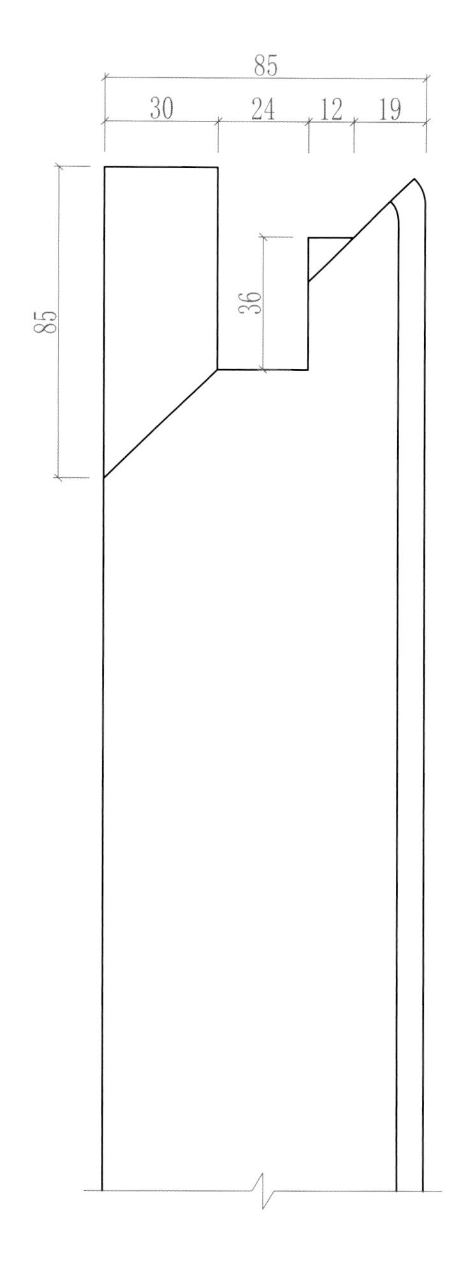


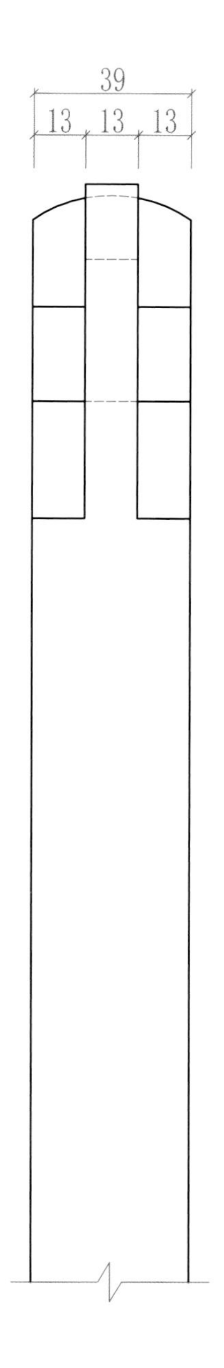


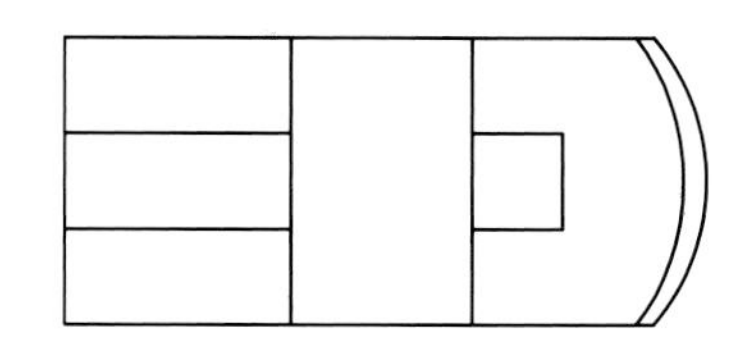

# 五十九、明式圈椅腿足与座面的接合 1

明式圈椅是明式家具中的经典器型，是明式家具中最具代表性的音符，它的结构形式被固定了下来，很难改变，这个结构是制作明式圈椅时最常用的榫卯结构。

**应用部位：明式圈椅座面和腿足的接合。**

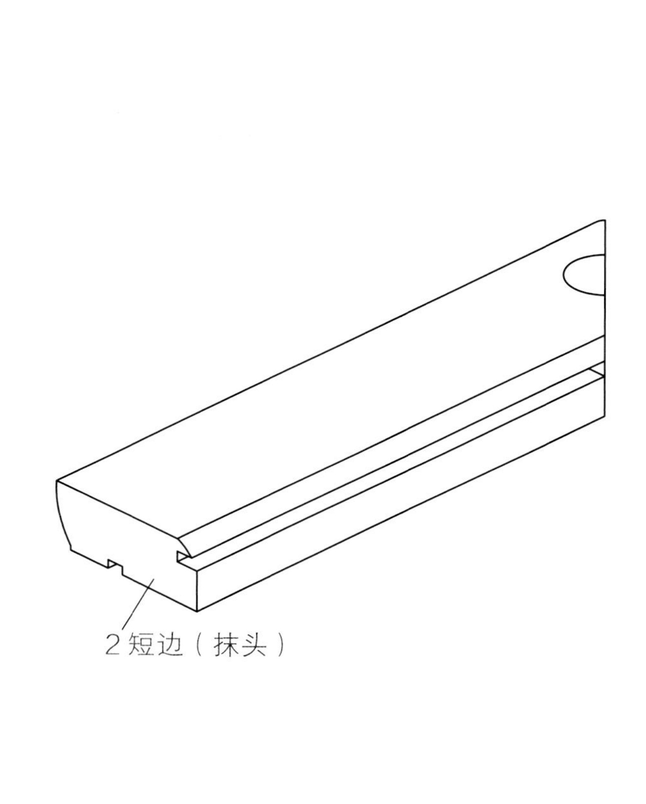


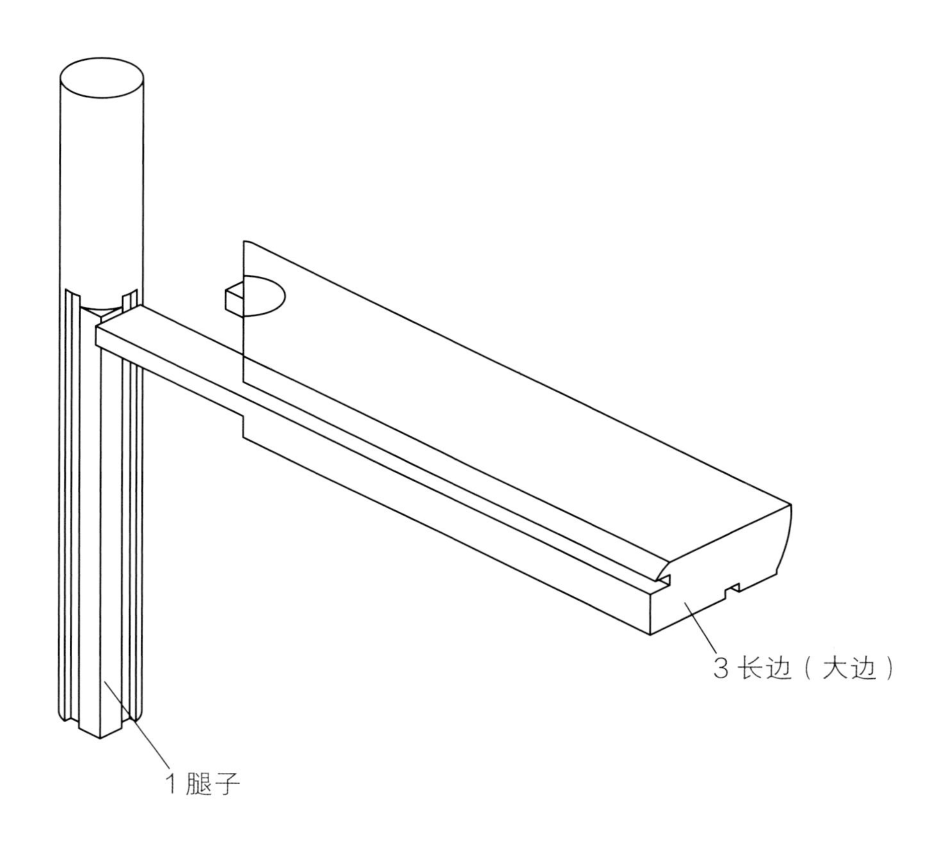


◆ **制作注意事项：** 明式圈椅腿足表面看上去是圆腿，大部分实则外圆内方，圈椅座面的承重点主要靠椅腿的内方角承重。圈口围板起辅助承重作用。再有座面边上的小三角榫很重要，没有它两块座面边的格角会不平。在这个结构中，座面打圆孔，椅腿从圆孔中穿过，把椅腿和座面边的接缝做严也是这个结构的重点。

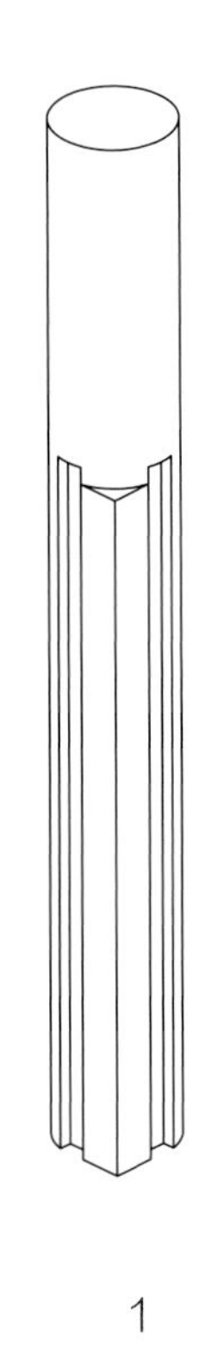

1

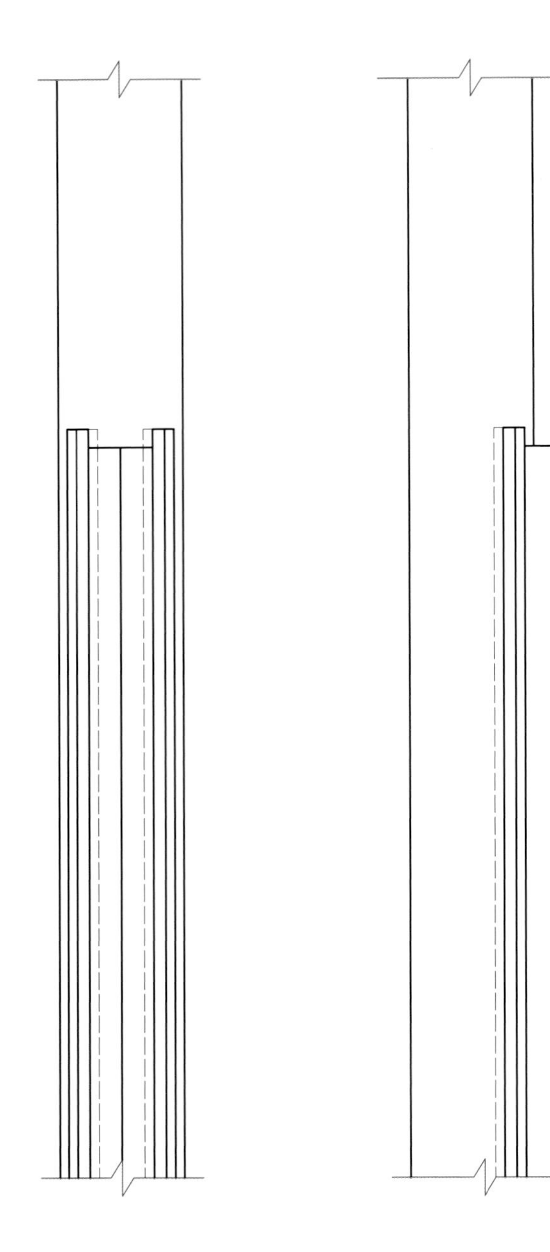

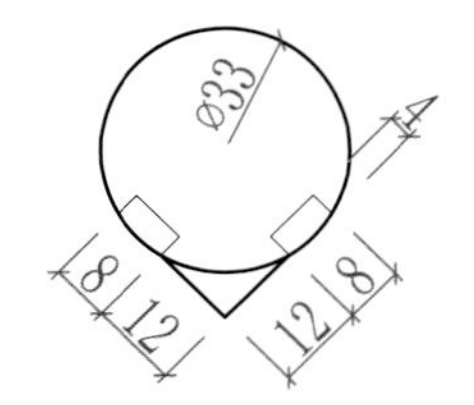


| 正视图 | 左视图 |
| --- | --- |
| 俯视图 | |

比例：1:2

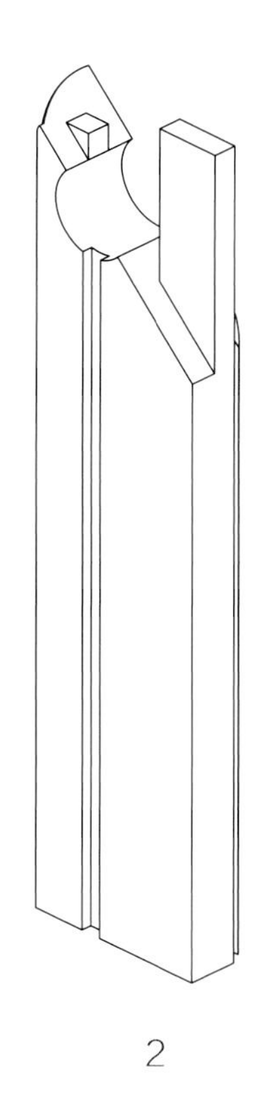

2

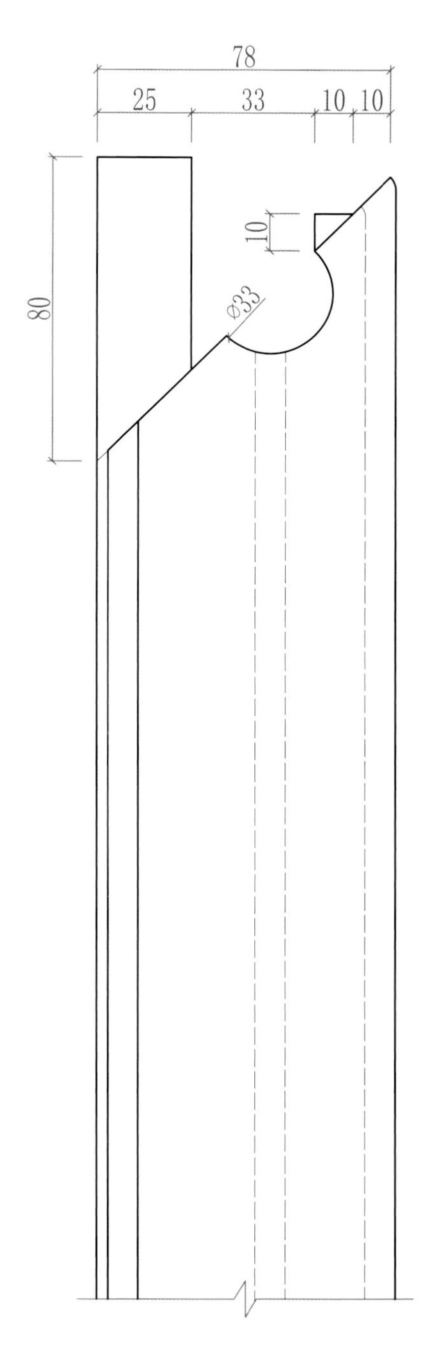


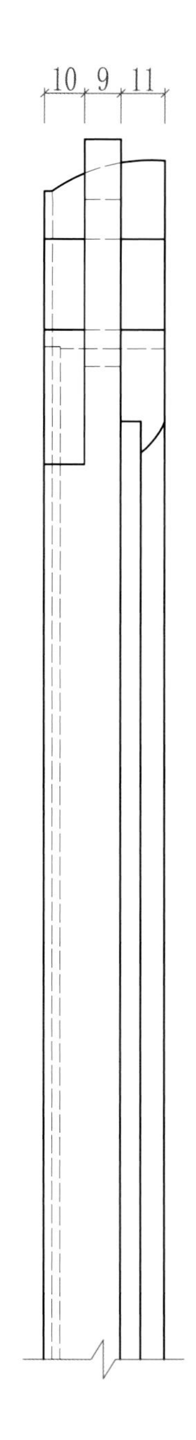


| 正视图 | 左视图 |
| --- | --- |
| 俯视图 | |

比例：1:2

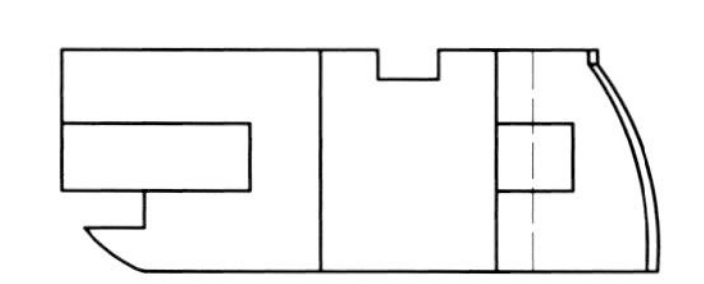

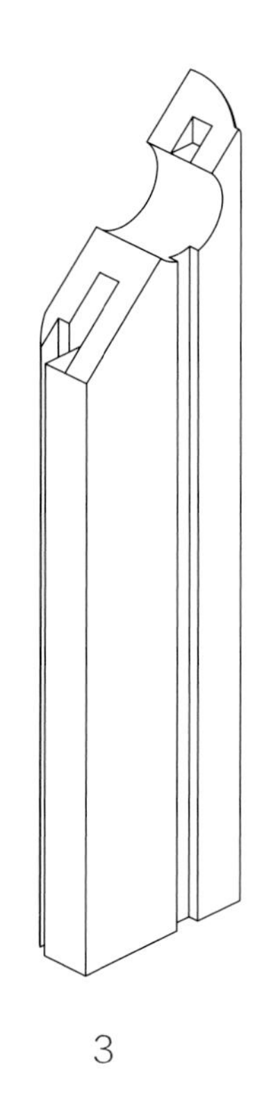

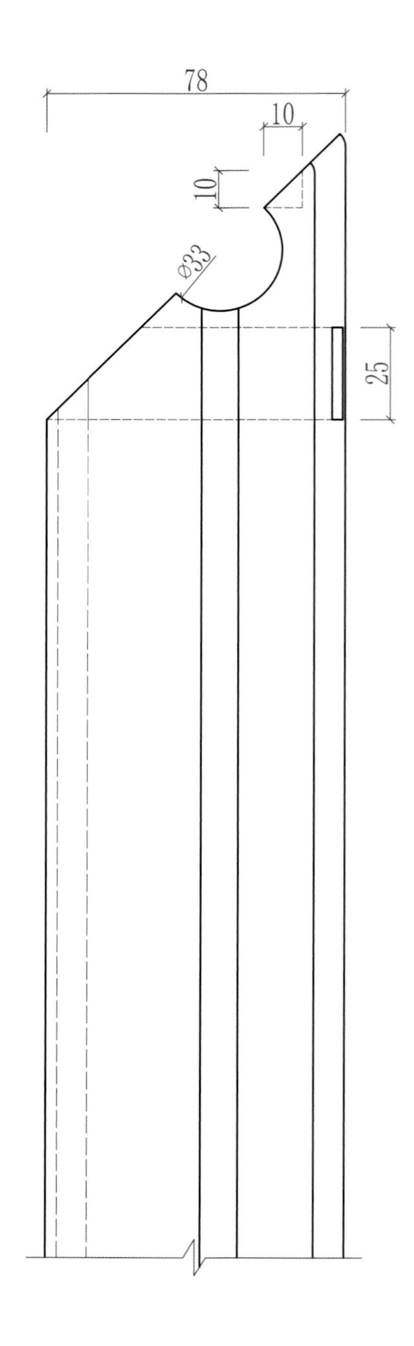


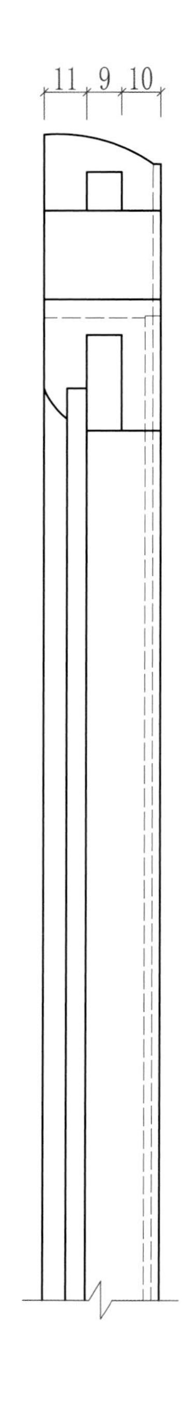


3

比例：1:2

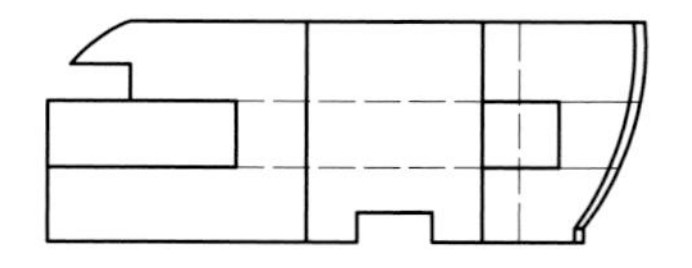

# 六十、明式圈椅腿足与座面的接合 2

这个结构和上一章榫卯结构略有一点不同，此结构中，椅腿穿过座面时伤到面边的榫头，造成了榫头上有圆弧缺，之所以也收录进本书，是因为明式椅类制作中也有这样的造法。

应用部位：用于椅类座面和腿的结合处。

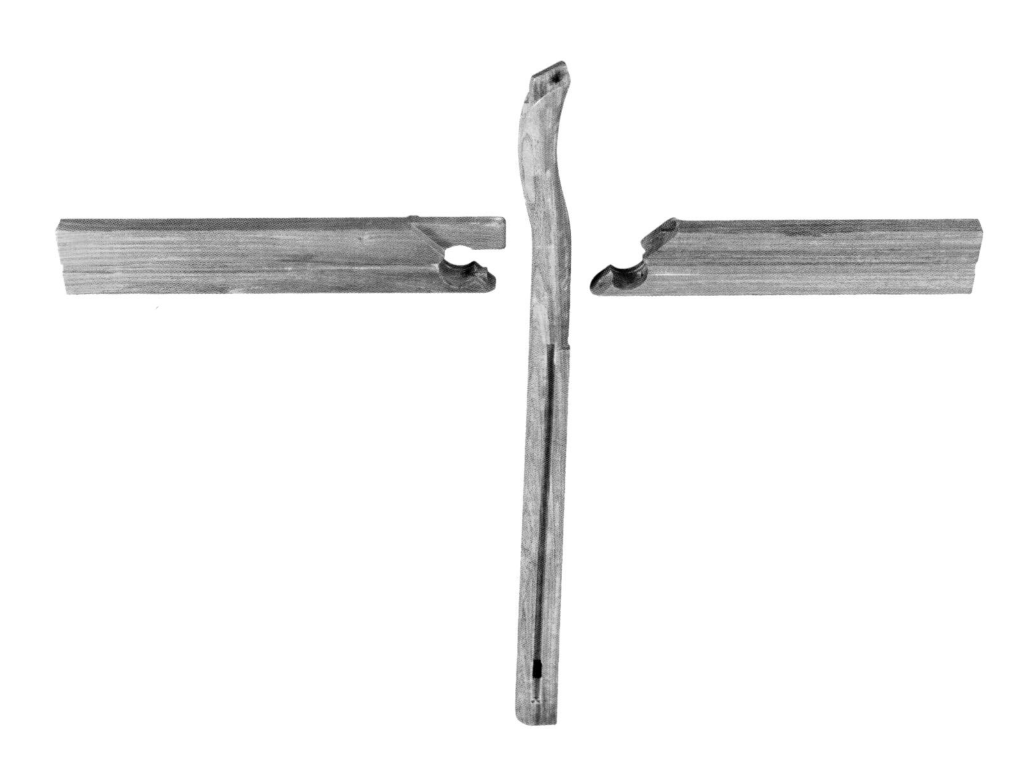

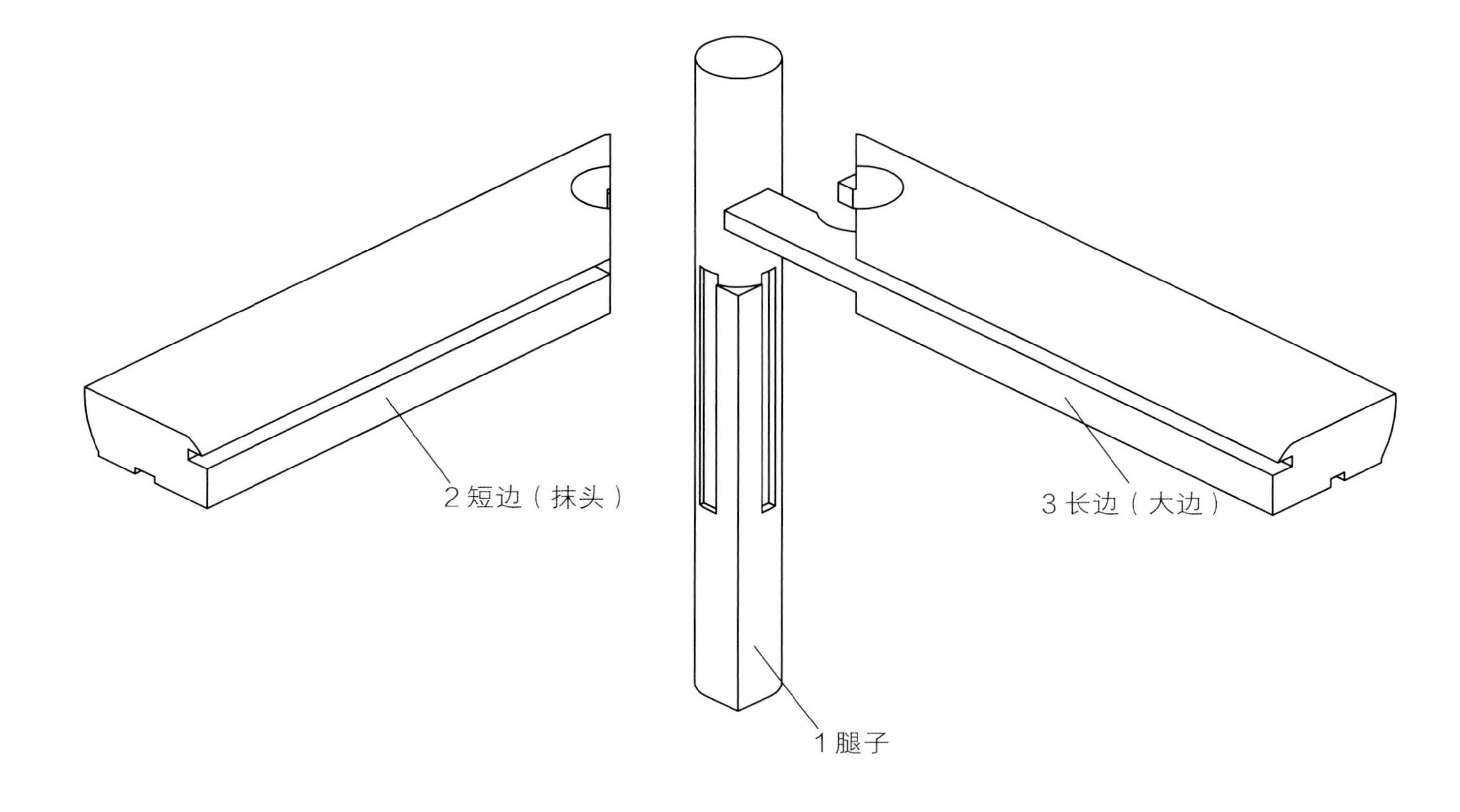


◆ **制作注意事项：**在打椅子座面圆孔时，应注意面边底下要垫实，这样打出的圆孔下面毛刺会少。座面边上打圆孔也有分两次完成的，分别从座面边的两面向面边中心打，这样座面边圆孔的上下边缘整齐不会产生毛刺。另外注意一般椅子前腿细后腿粗，在打圆孔时要先打椅子前腿的孔，再打椅子后腿的孔，有时容易搞错，一般座面边内口有倒圆，要先倒圆，再打装板的槽口，这样做木料在制作中劈裂现象少。在这个结构中，椅腿起到了一个穿销的作用，当椅子组装后，座面边的榫头不会轻易松动。

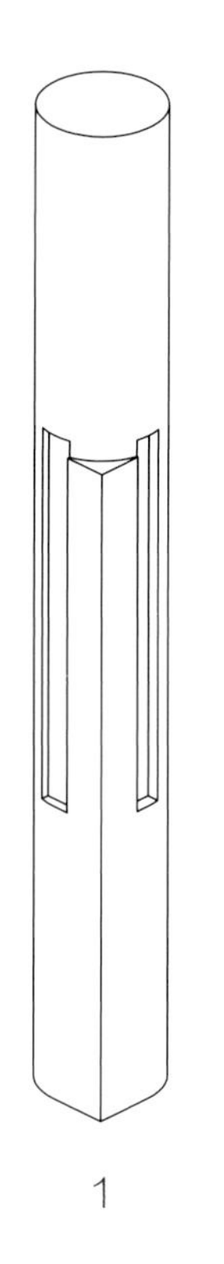


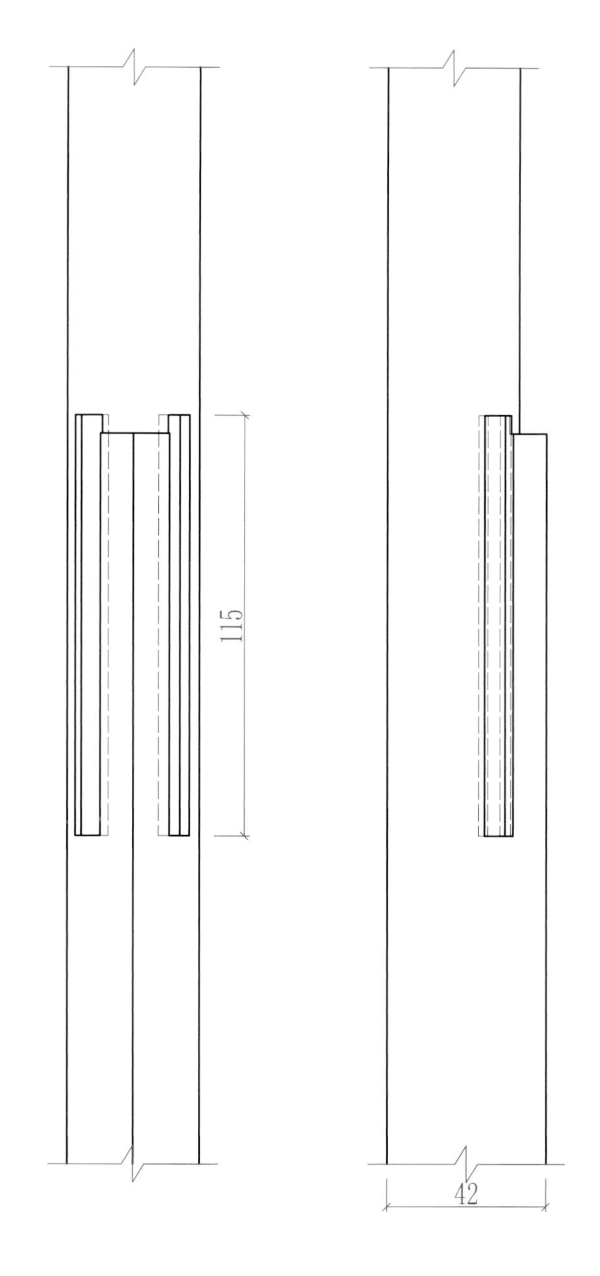


| 正视图 | 左视图 |
| --- | --- |
| 俯视图 | |

比例：1:2

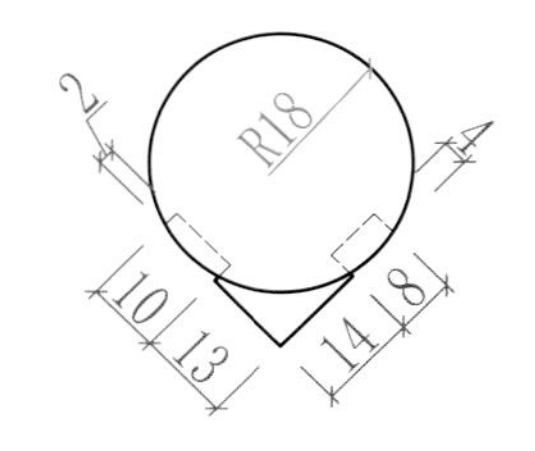

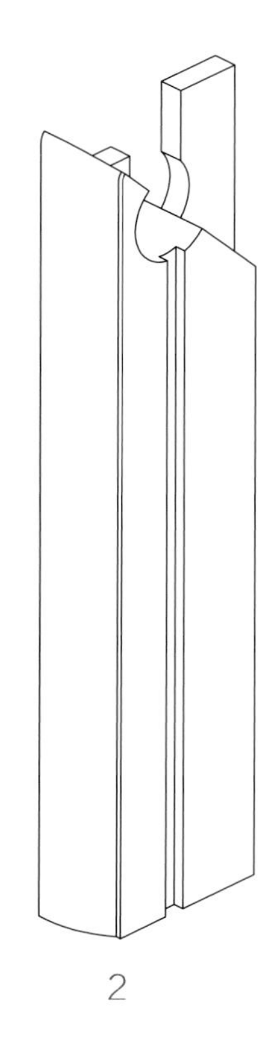

2

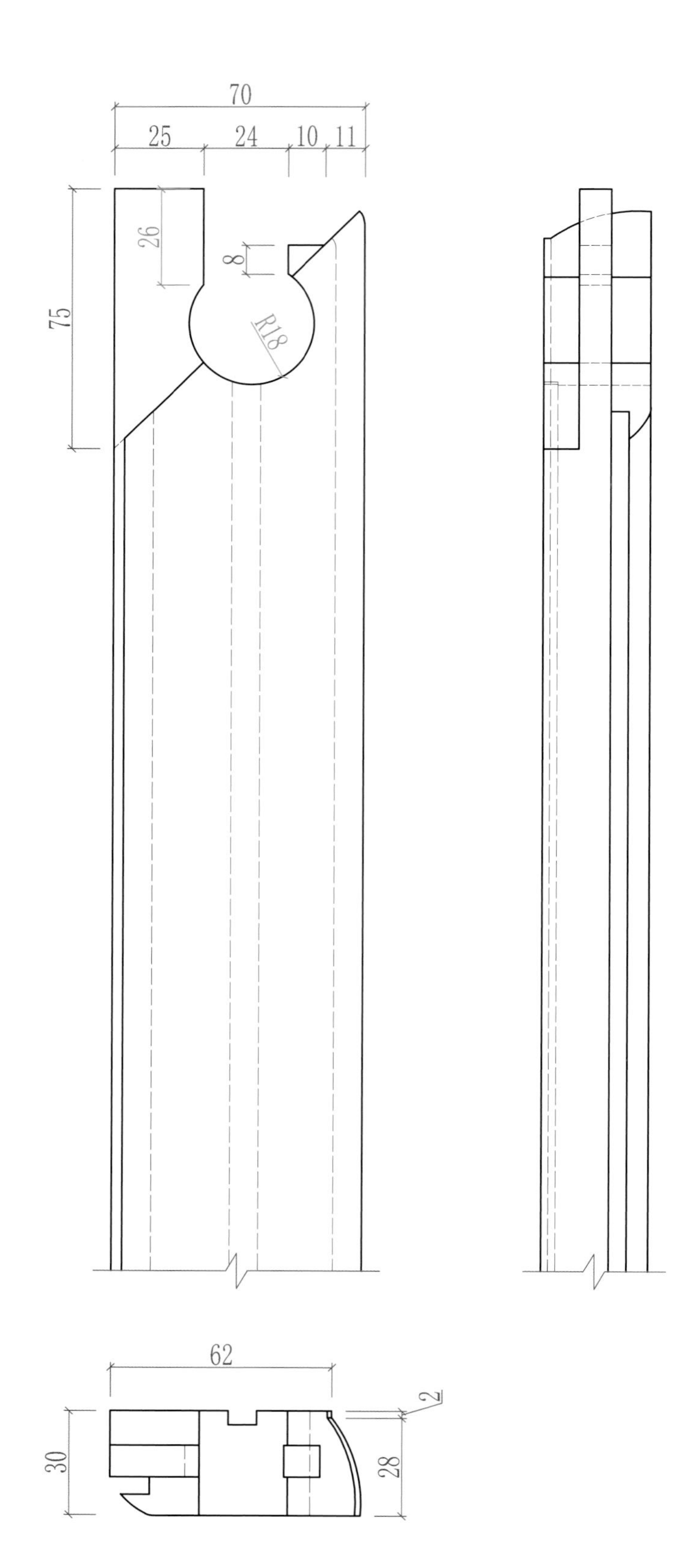


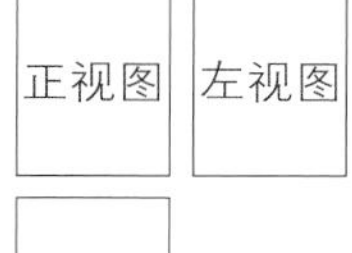


比例：1:2

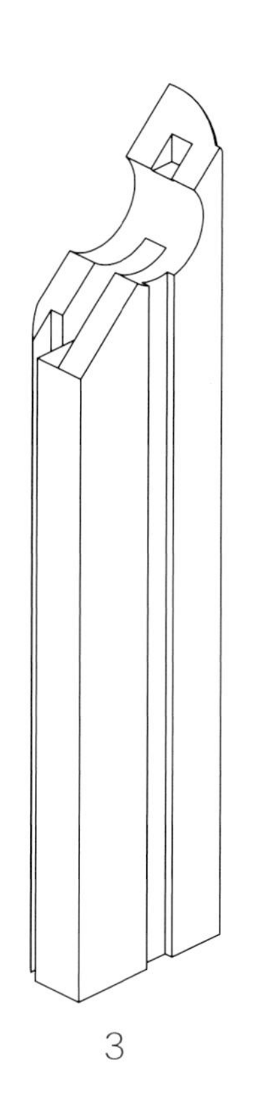
3

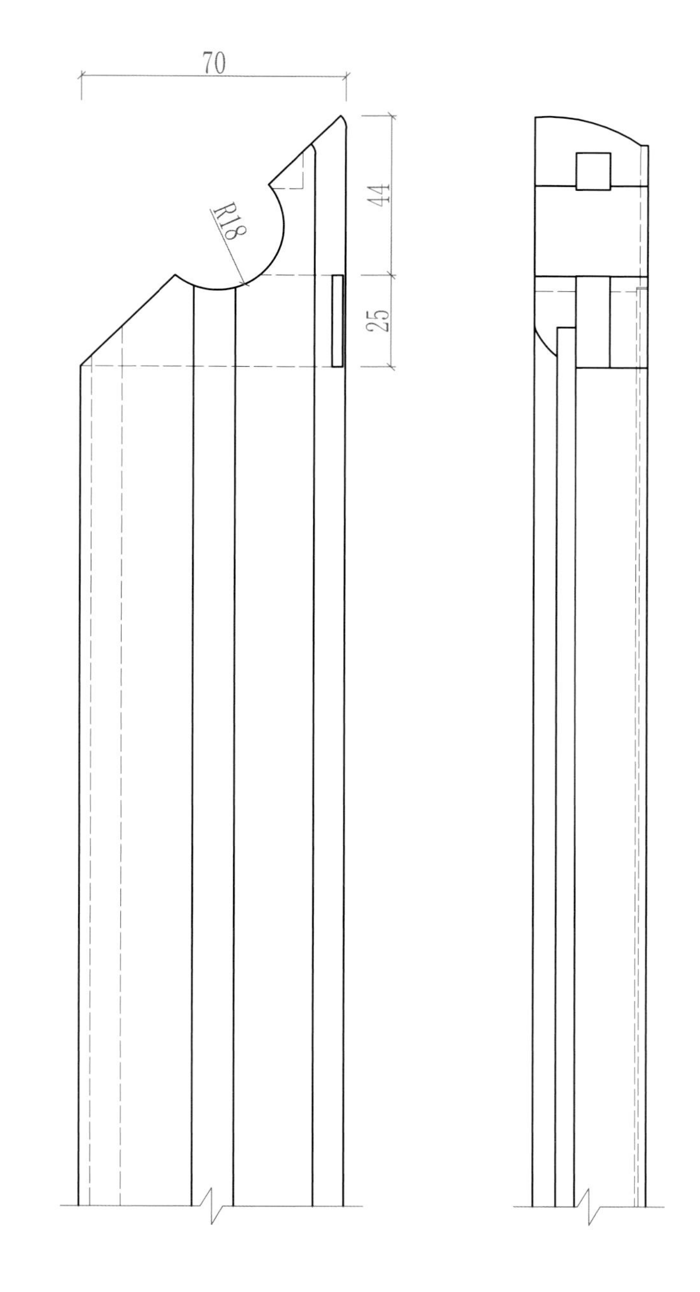

比例：1:2

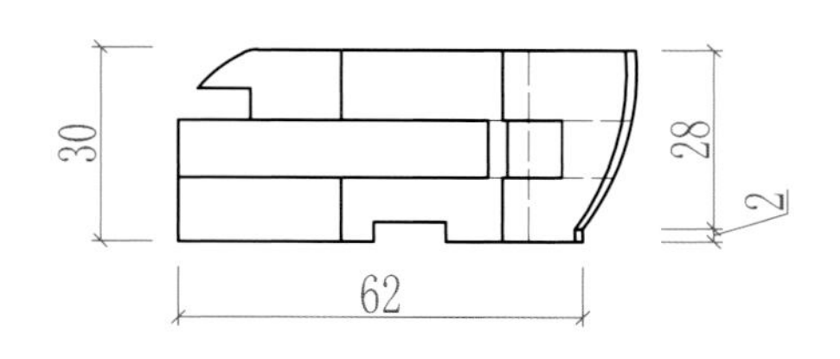

# 六十一、案子类方腿足和托泥接合

在传统家具中有的腿足不直接着地，另有横木在下承托，此木即称为“托泥”，托泥有时也称“托子”，托泥有防潮作用，更多的是装饰作用和管脚枨的作用，属于一物多用，是明清家具常采用的榫卯结构。

**应用部位：方腿案类结构。**

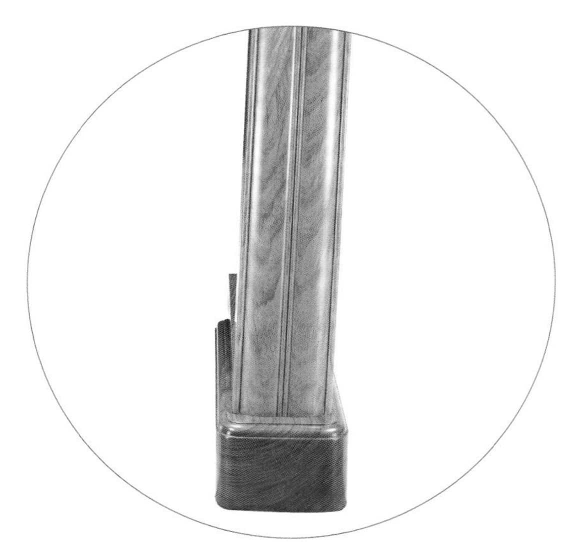

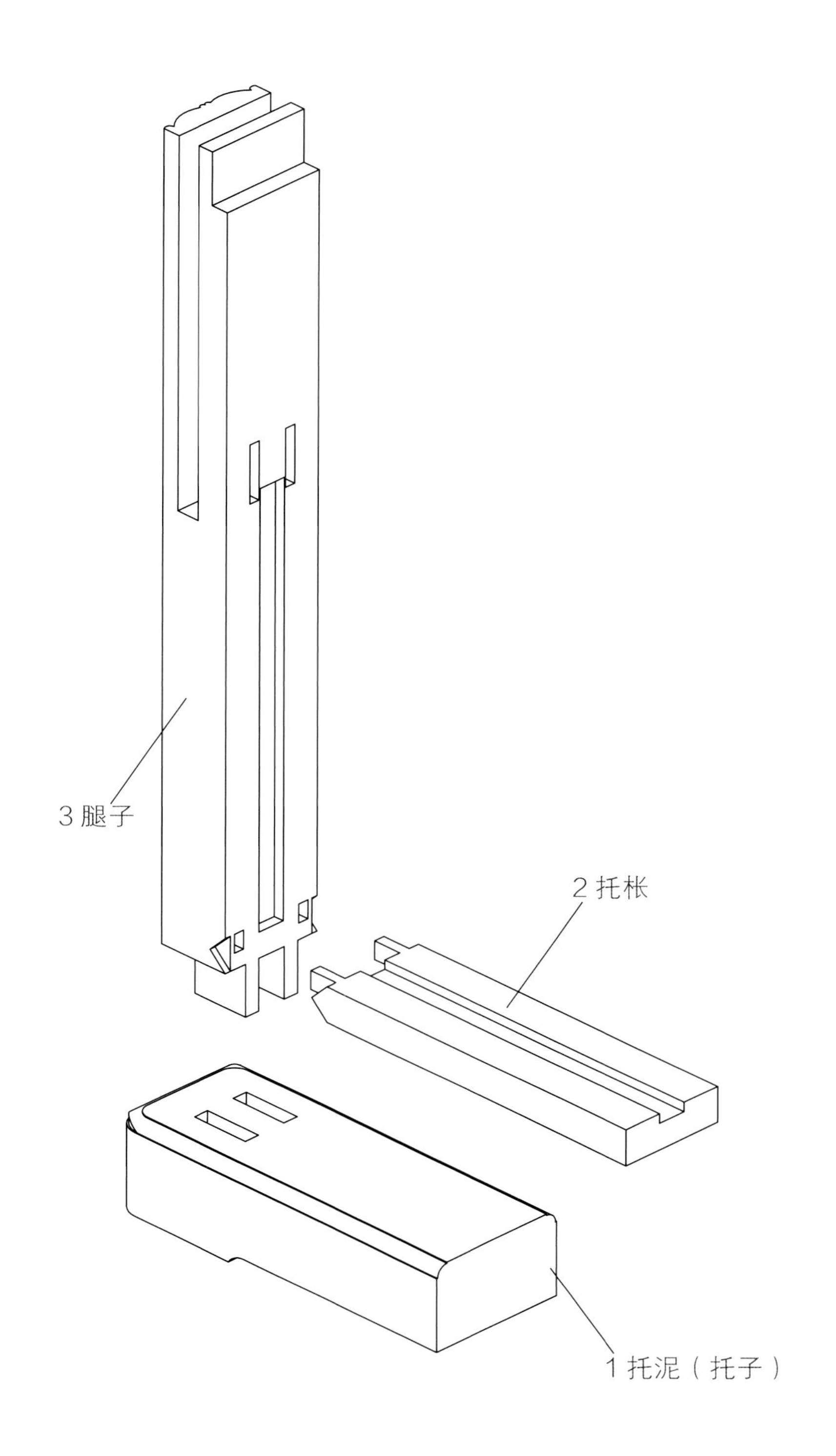


◆ **制作注意事项：** 托泥的做法也是多种多样的，有的两腿之间的圈口或花板直接和托泥相连，托泥之上不另加横枨。也有的腿足和托泥采用单榫相连，无论是双榫还是单榫，腿足和托泥相连榫头做半榫就可以了。

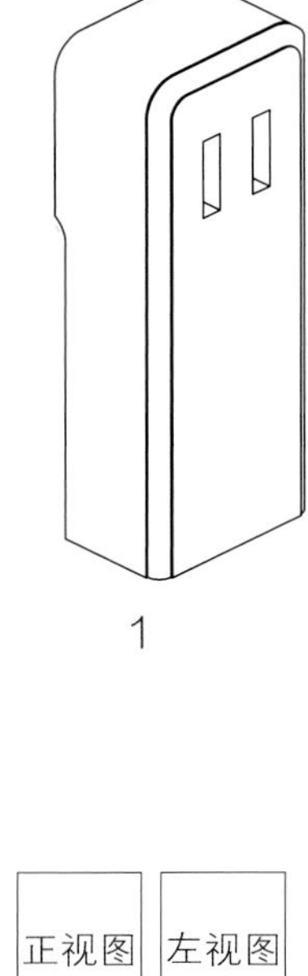

1

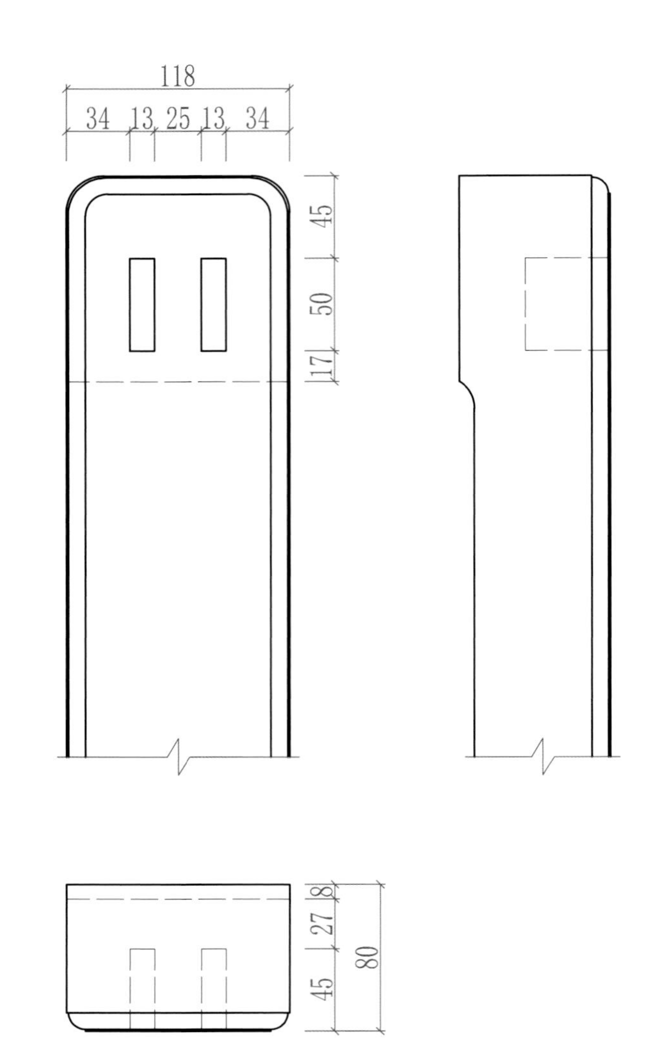


正视图 左视图

俯视图

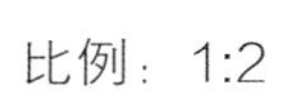


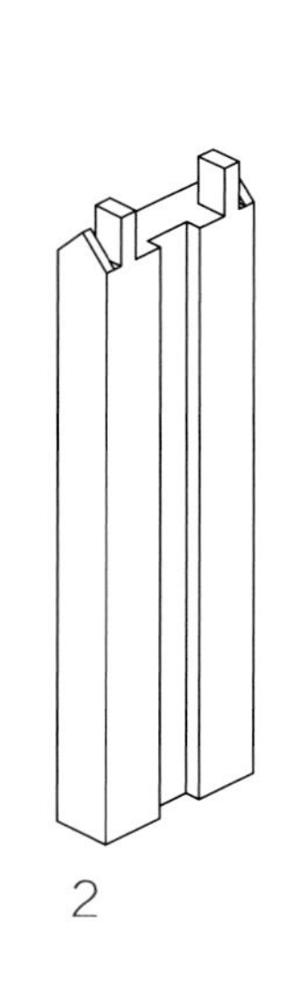

2

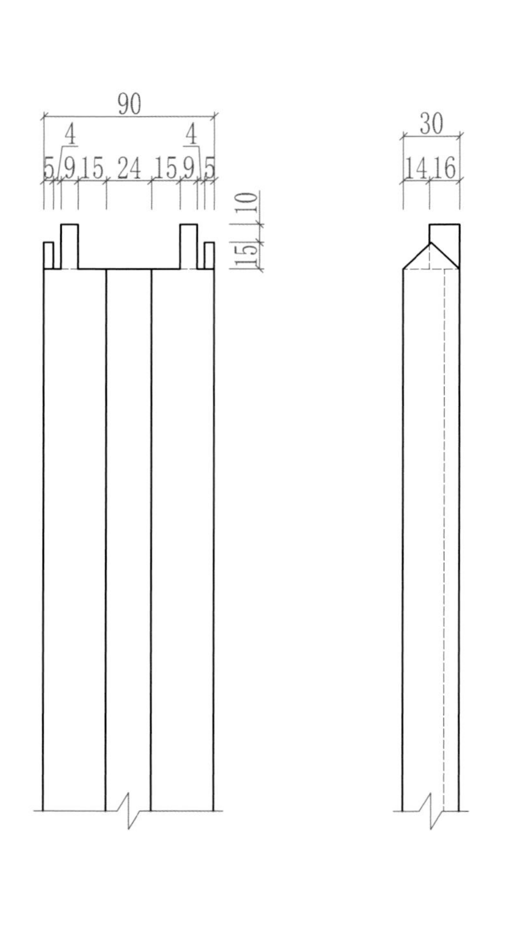

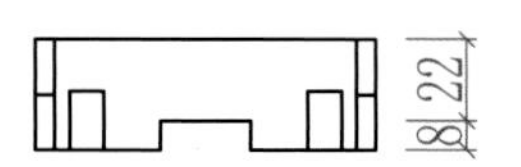


比例：1:2

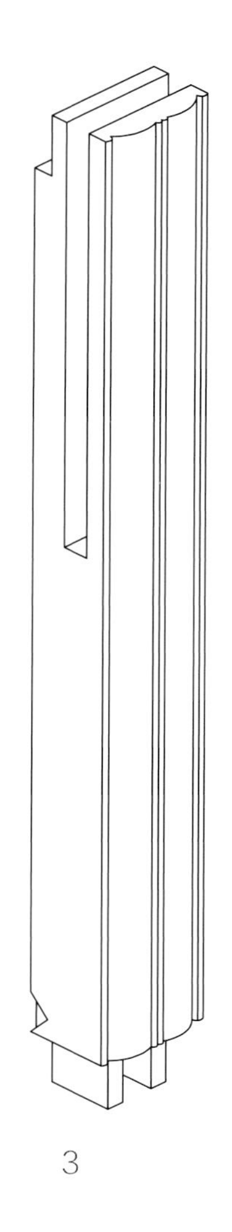

3

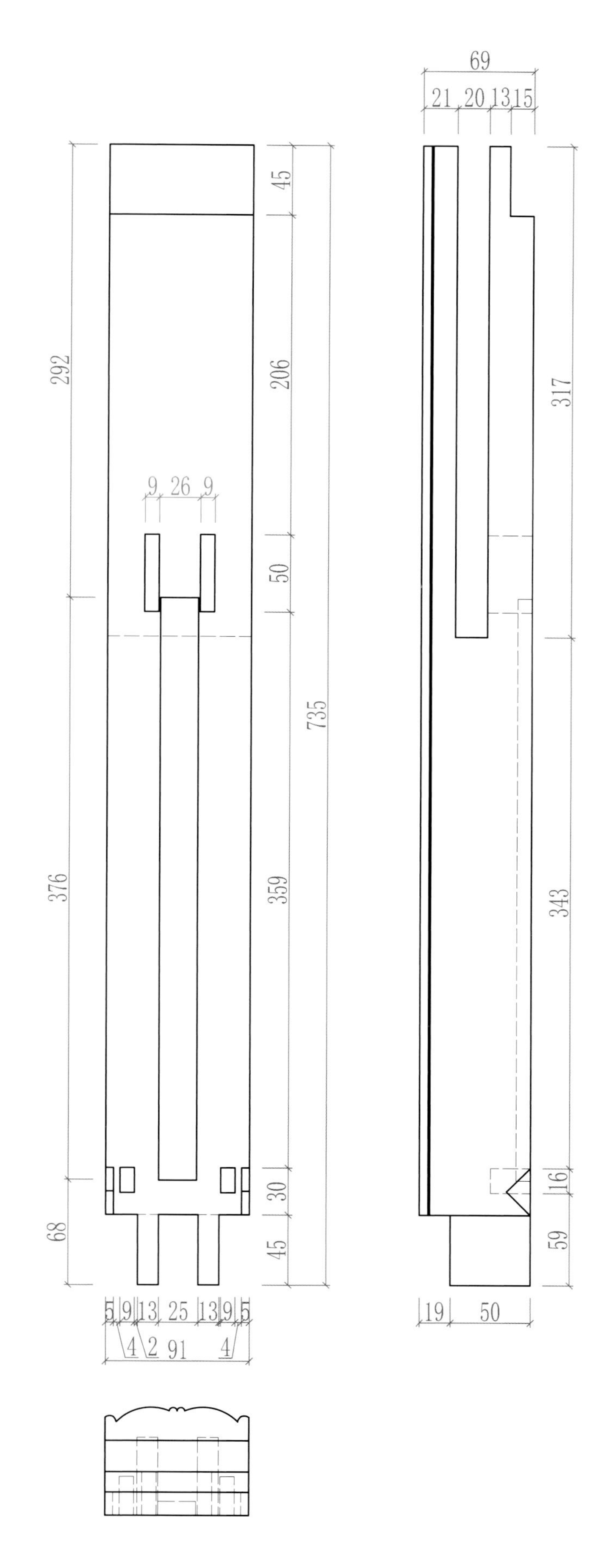
69
21 20 13 15
45
206
292
9 26 9
50
735
317
376
359
343
30
16
68
45
59
5 9 13 25 13 9 5
4 2 91 4
19 50

正视图
左视图
俯视图

比例：1:4

# 六十二、圆形托泥和腿足接合

圆形家具底足处设计托泥从力学和美学上讲都合理。人们从审美的角度往往都把腿足设计成弧线形，从受力方面考虑必须有拉枨，但在围板下设拉枨不美观，因而使用托泥起到固定腿足和美观的作用。

**应用部位：圆形家具的托泥。**

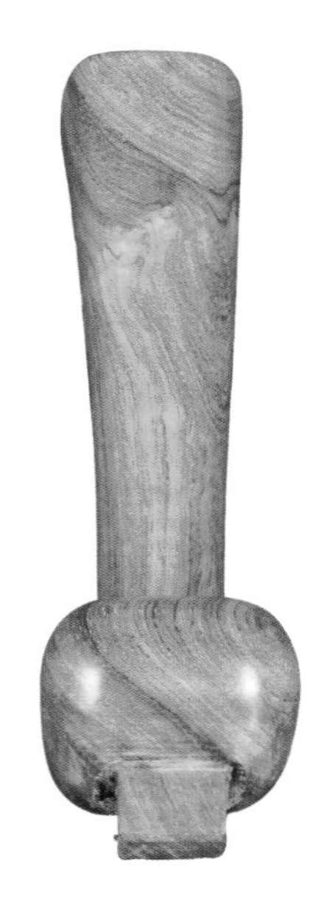

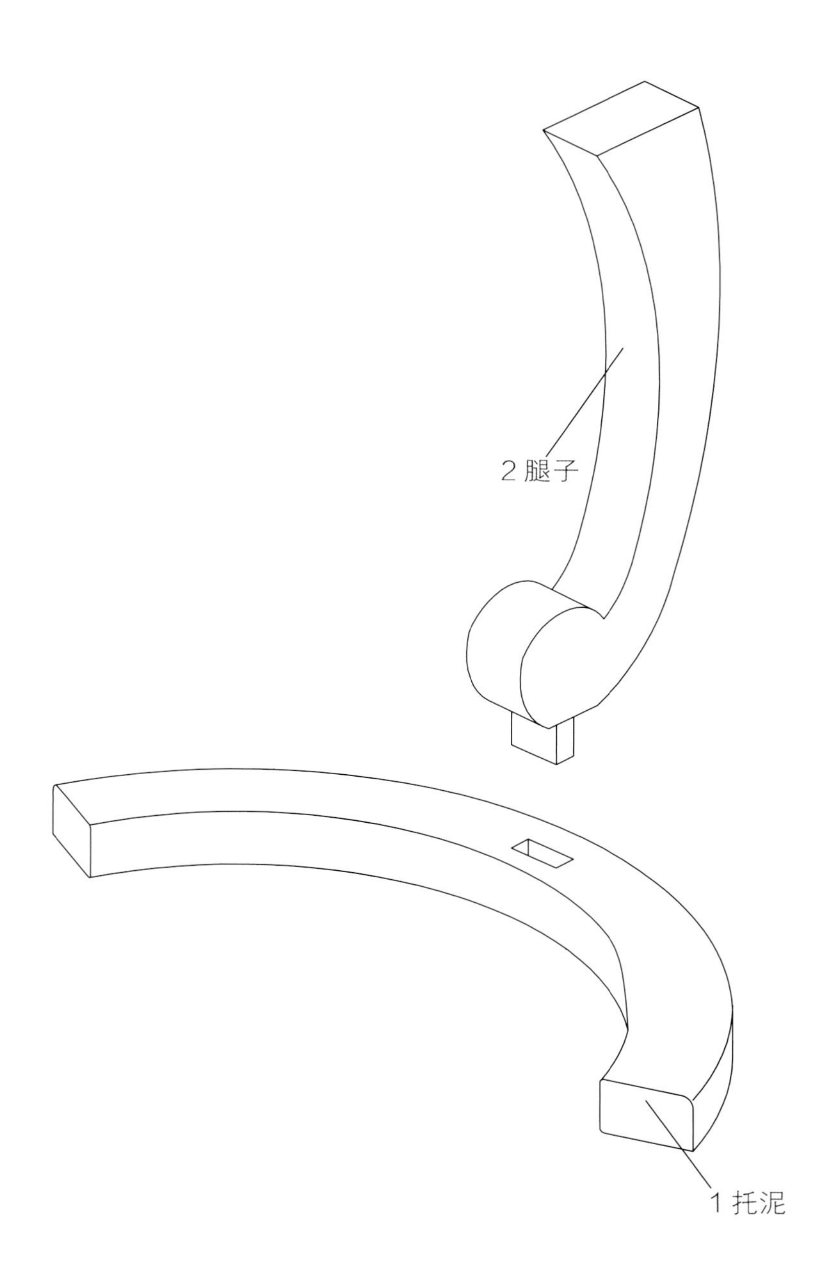


◆ **制作注意事项：** 由于腿足是弯曲的，腿足上出的榫头往往是斜茬，容易断裂，而且腿足上出榫不易加工，所以圆形托泥和腿足的接合以使用栽榫为宜。这种结构是常用的简单方法。

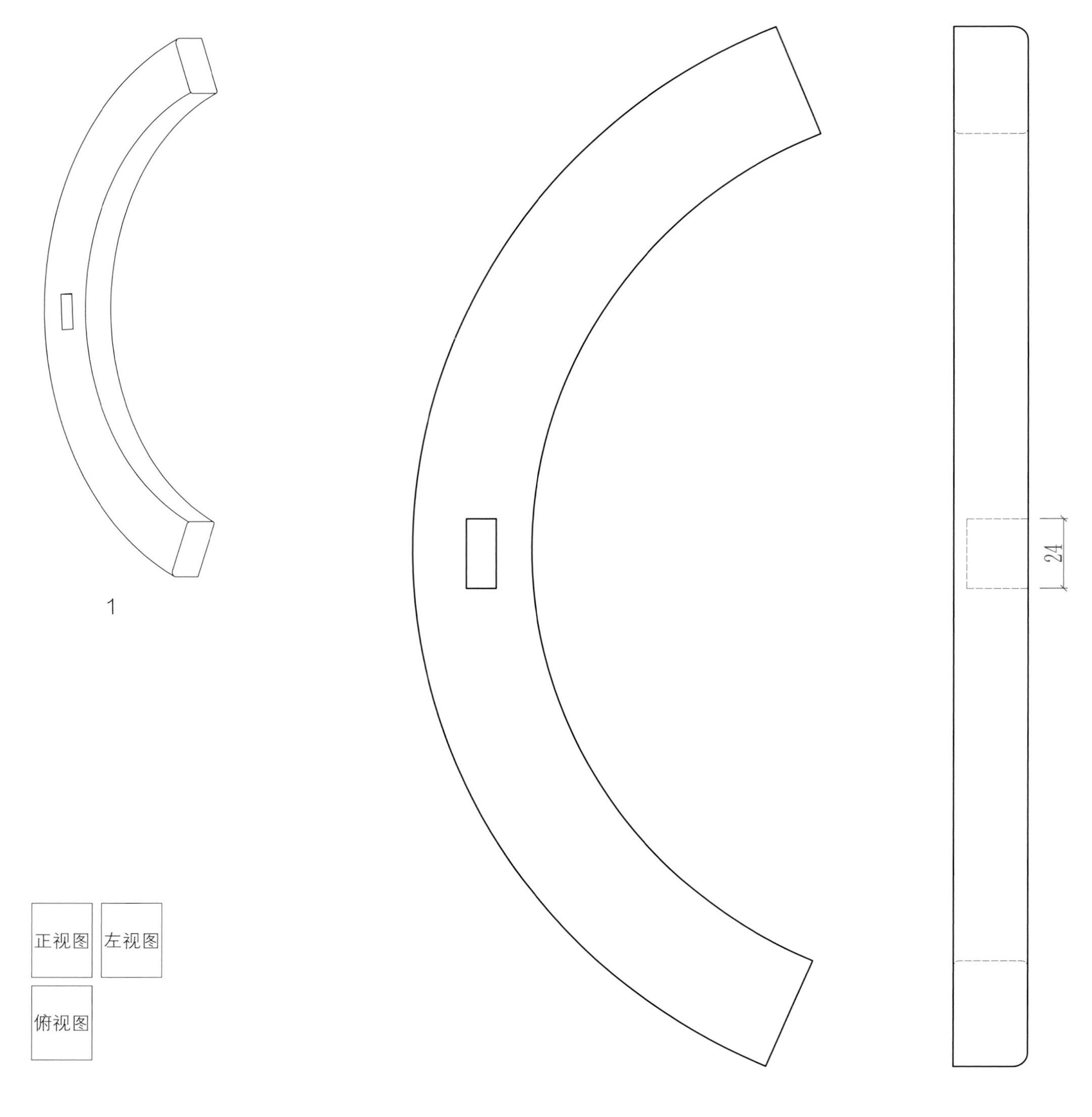


比例：1:2

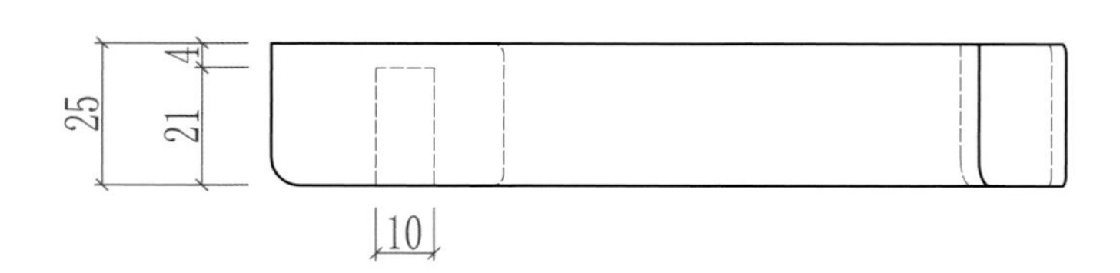

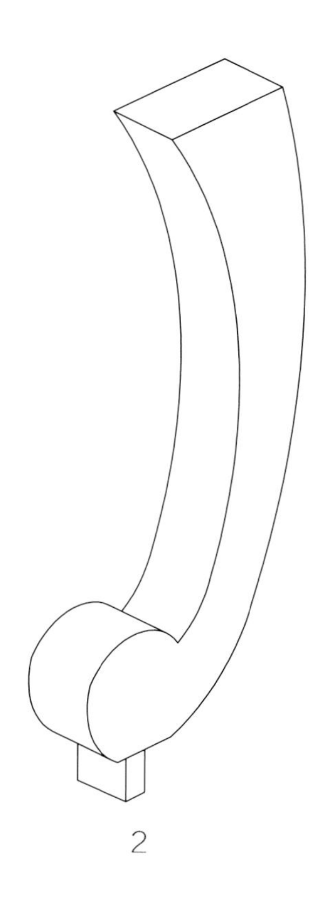


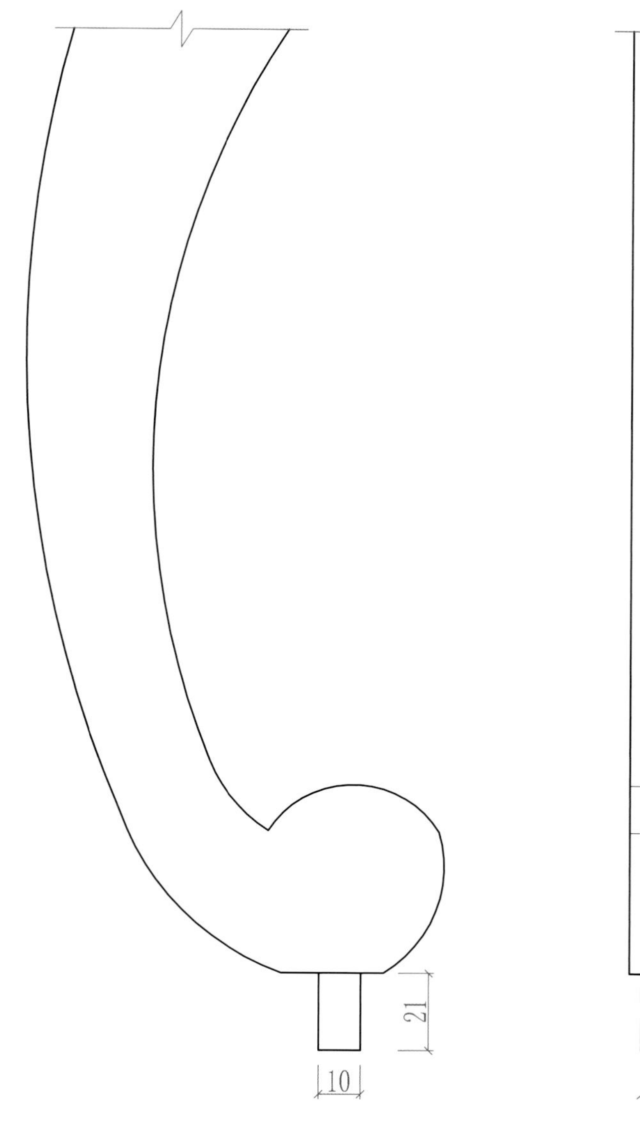

比例：1:2

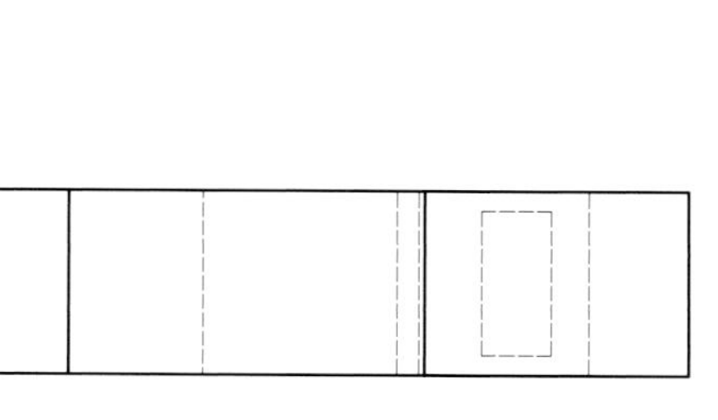

# 六十三、方形托泥和腿足接合

此种方形托泥和腿足是用燕尾榫来连接的，这种做法非常适合做不上胶水的家具，便于拆装，坚实牢固。

**应用部位：方形家具的底部托泥。**

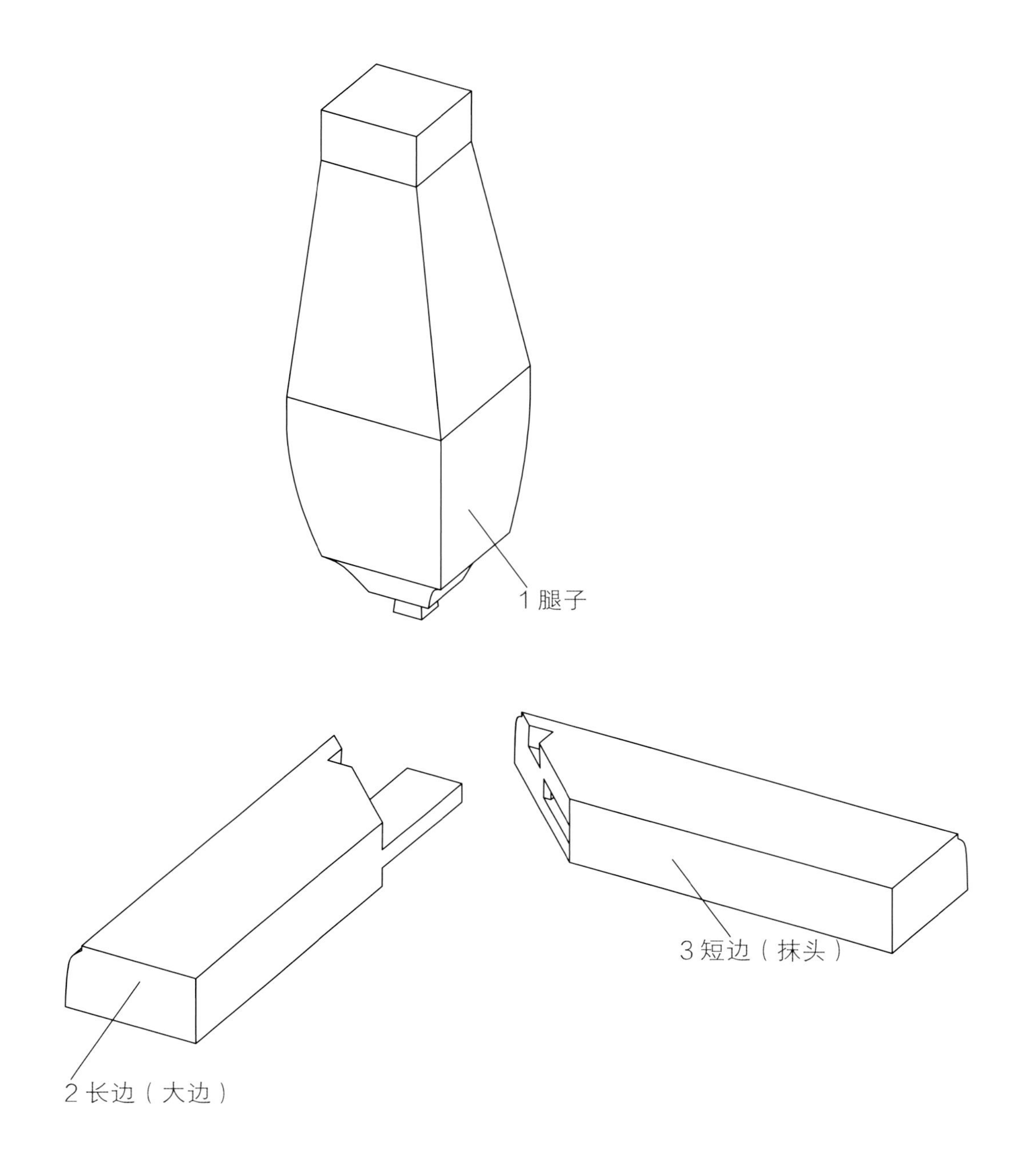


◆ **制作注意事项：** 燕尾榫相比直榫而言在制作时难加工，而且燕尾榫应有一定的长度和宽度，如果太短容易“崩口”，如果太窄小容易断。

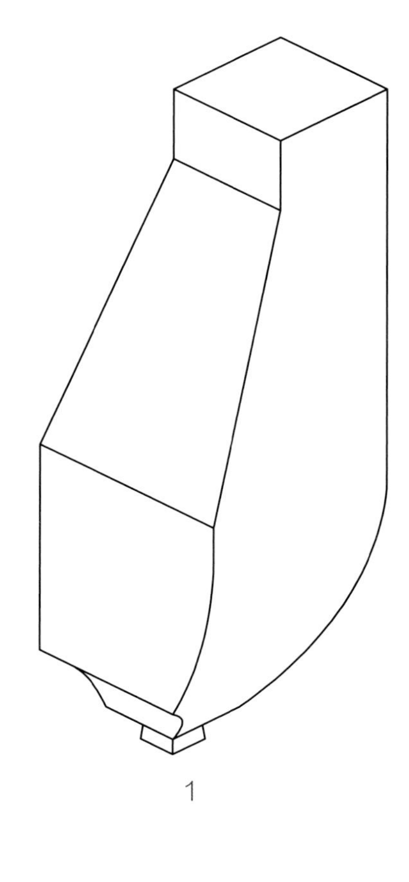


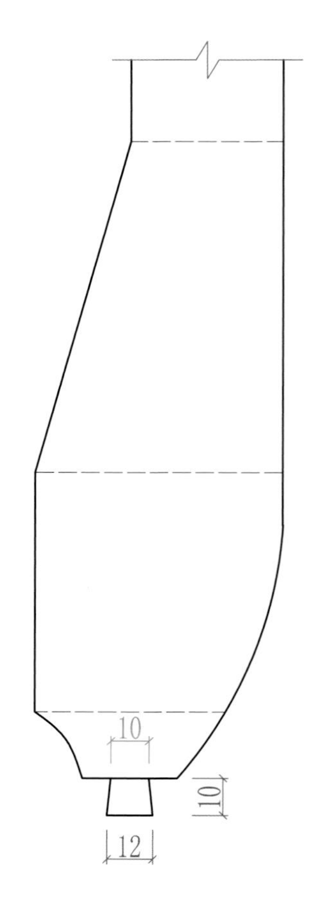


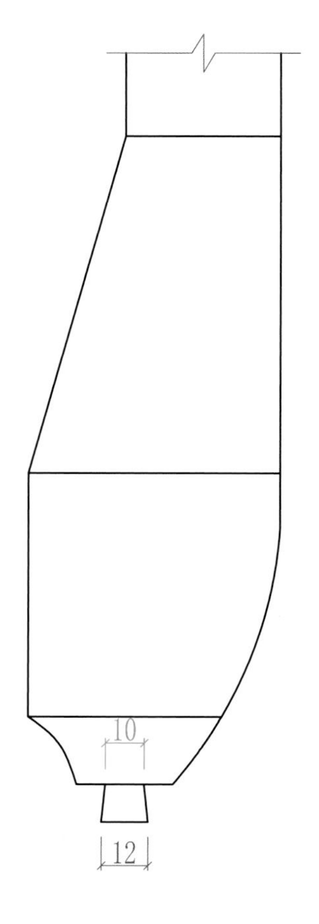


| 正视图 | 左视图 |
|---|---|
| 俯视图 | |

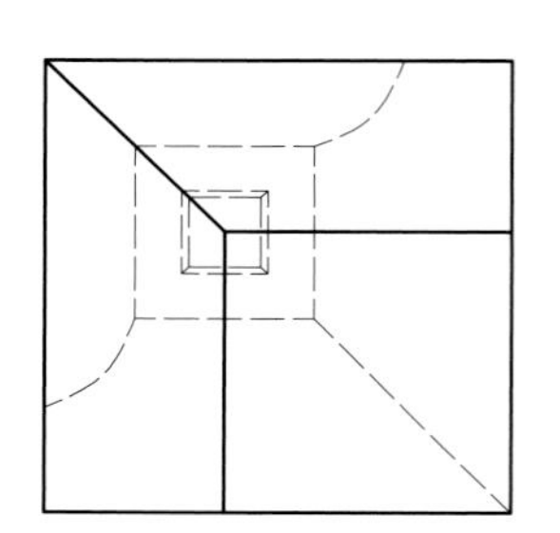

比例：1:2

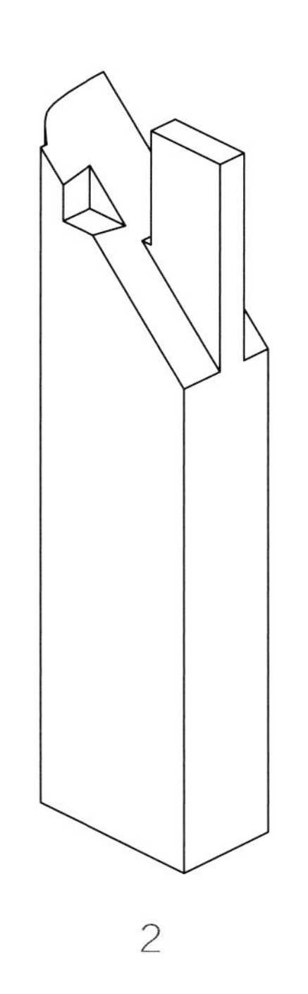

2

正视图 左视图

俯视图

比例：1:2

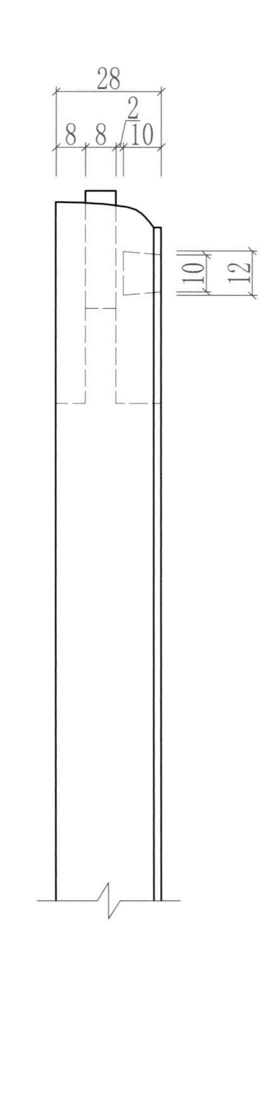


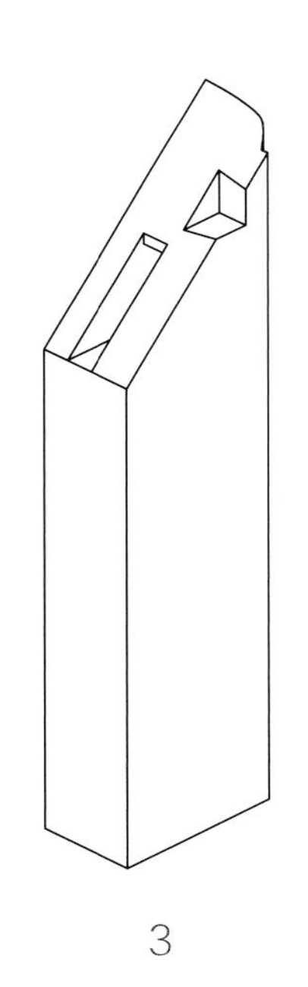

3

正视图 左视图

俯视图

比例：1:2

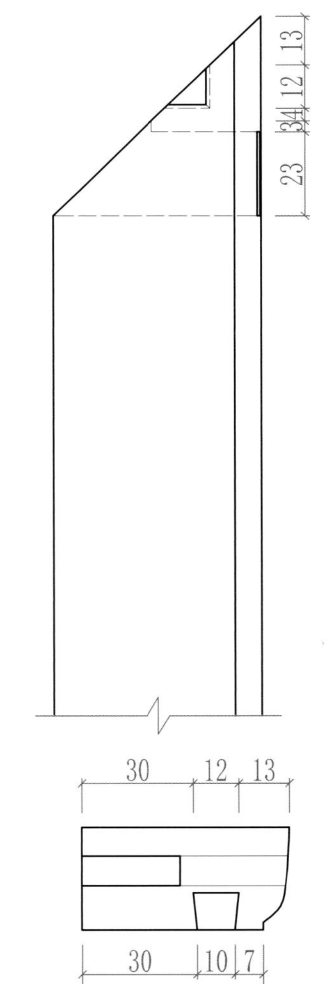


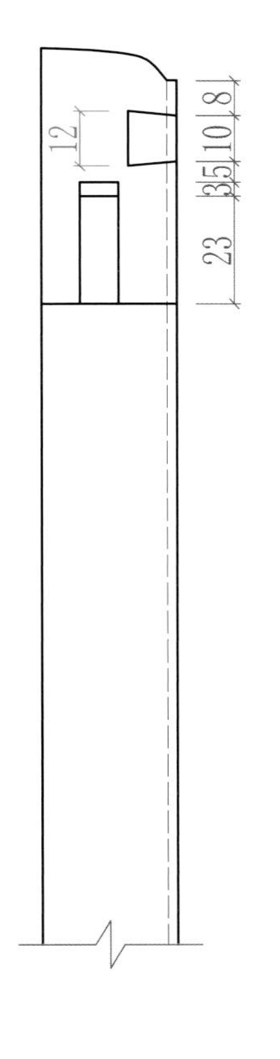


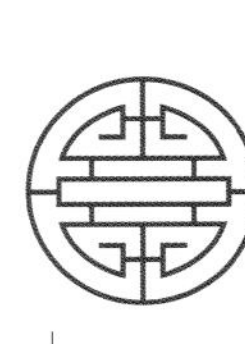

# 六十四、圆形围板和腿足接合 1

在圆形家具的结构中，圆形围板和腿足的接合是比较难的。围板上的燕尾槽角度不好掌握。

**应用部位：圆桌的围板与腿足接合处。**

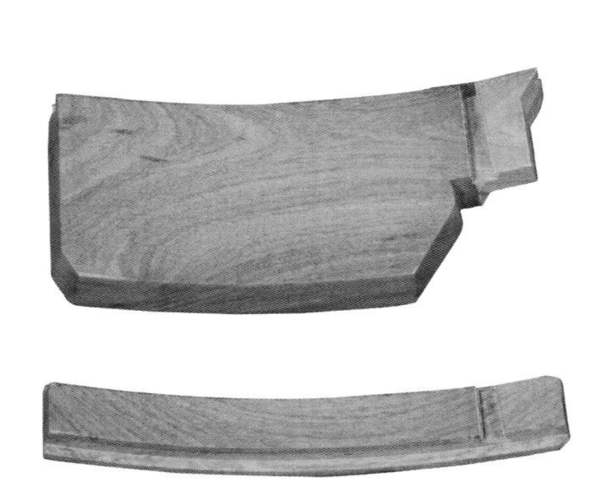

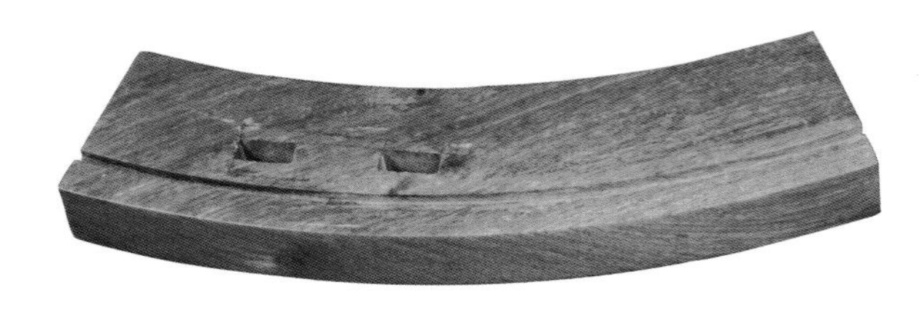

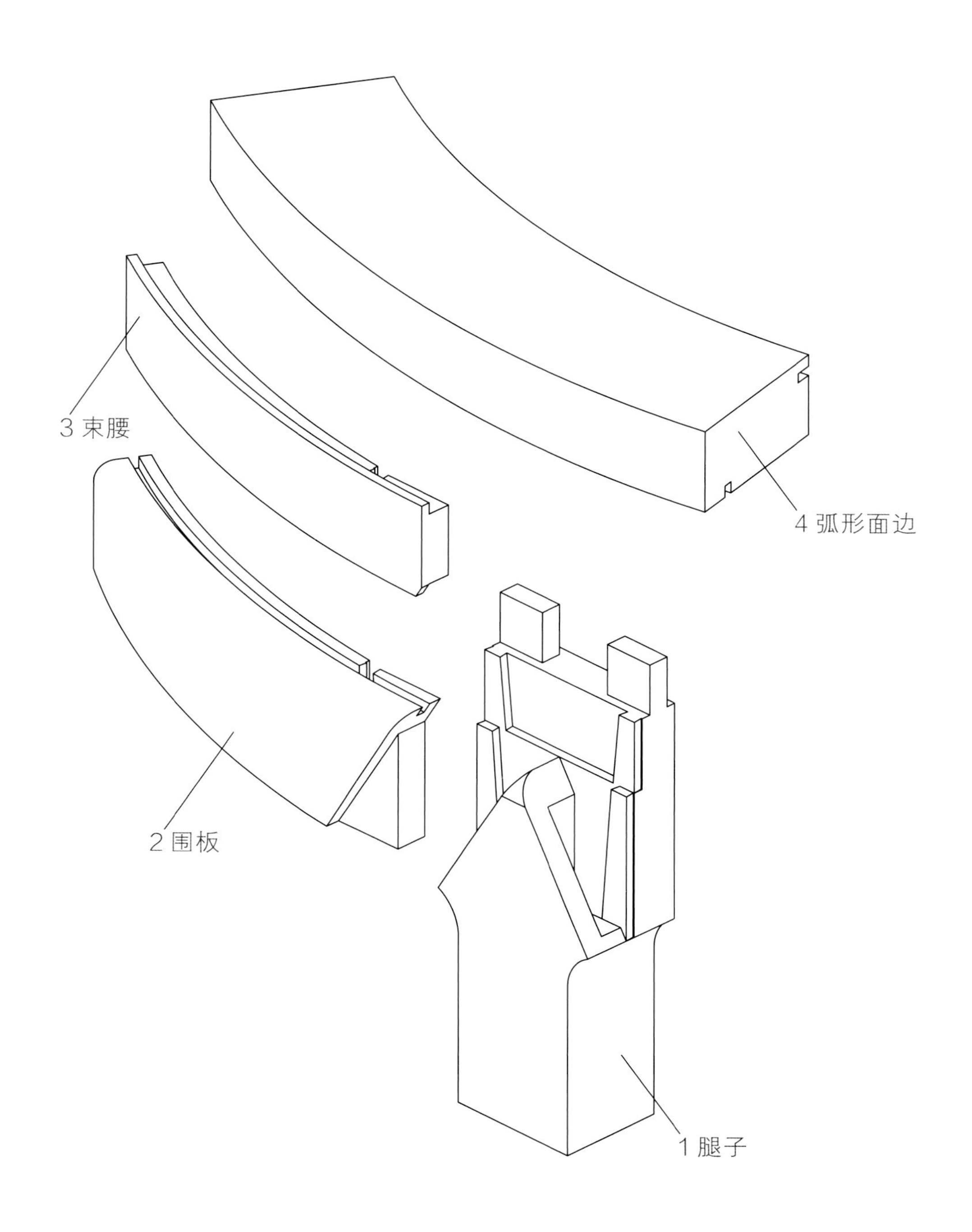


◆ **制作注意事项：** 在这个结构中，虽然构件外部轮廓是一个弧面，但里侧榫卯接触面是一个平面，制作平面上的燕尾榫、燕尾槽、榫舌和榫槽比较容易，如果里侧榫卯接触面和外部轮廓一样也是弧形，制作榫卯就比较困难。

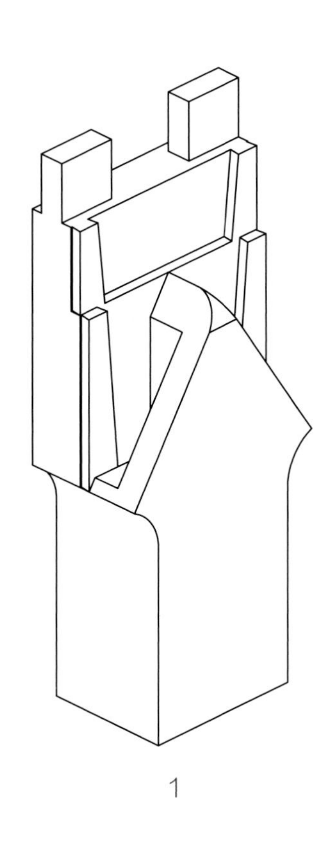


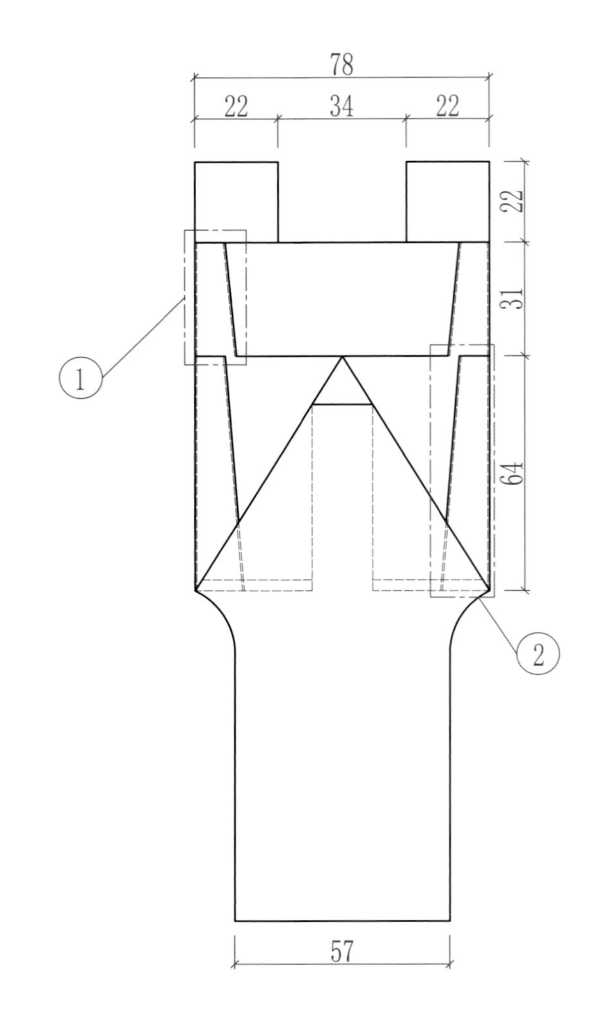


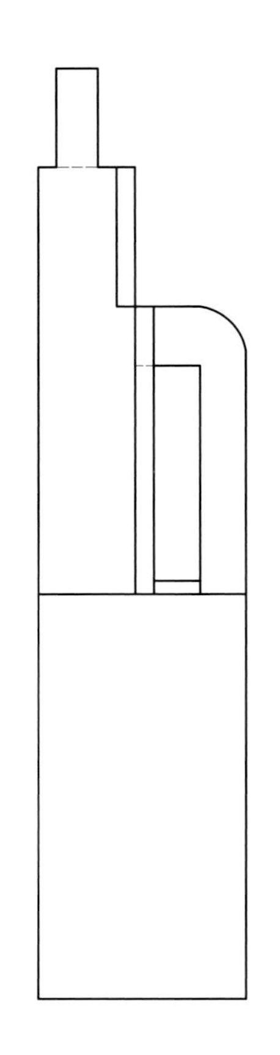

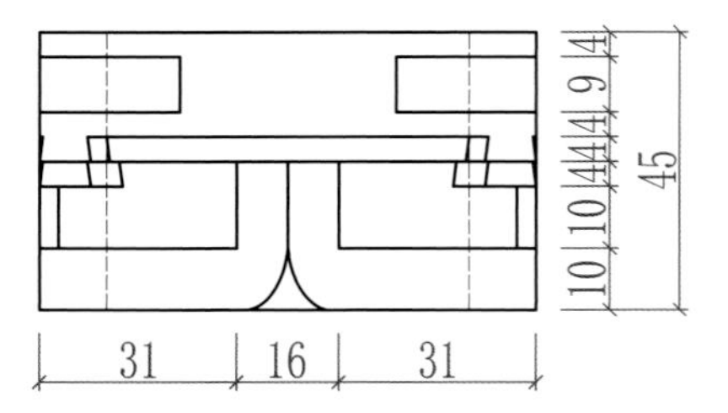


| 正视图 | 左视图 |
| --- | --- |
| 俯视图 | |

比例：1:2

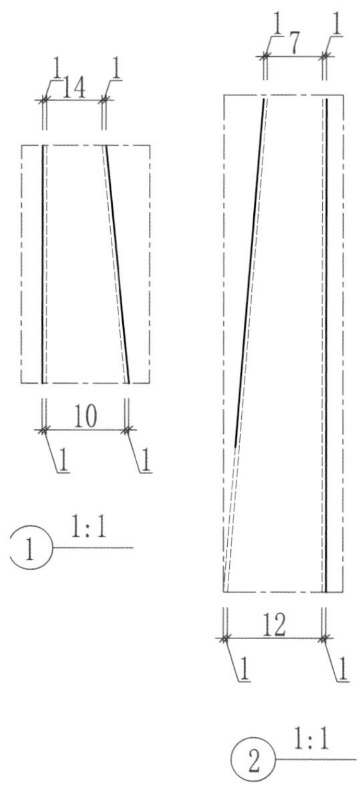

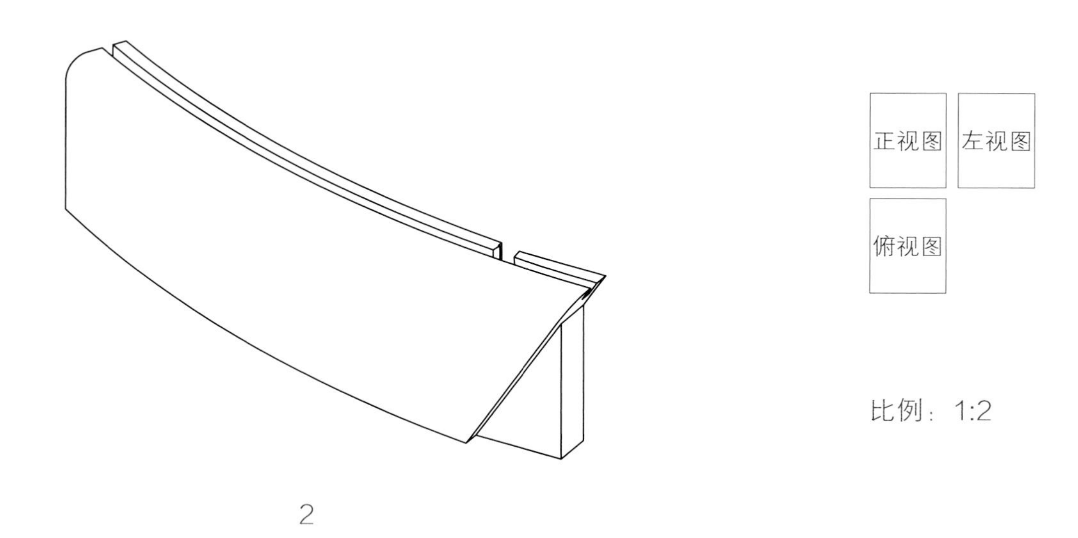


2

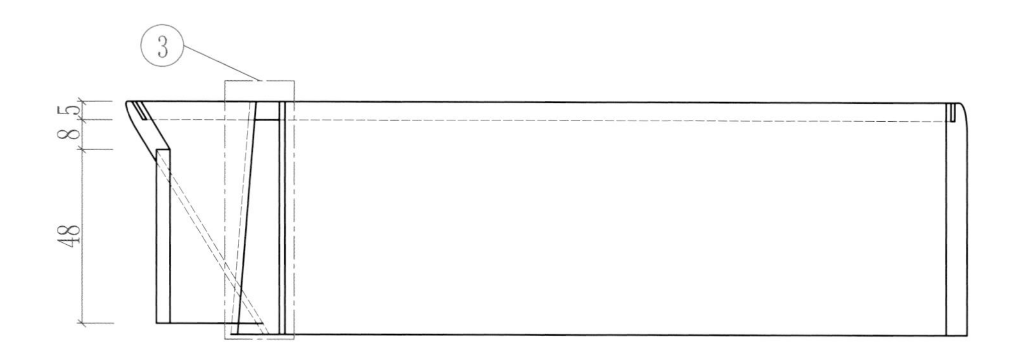


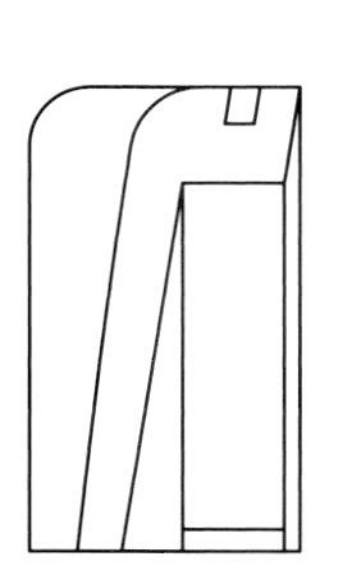

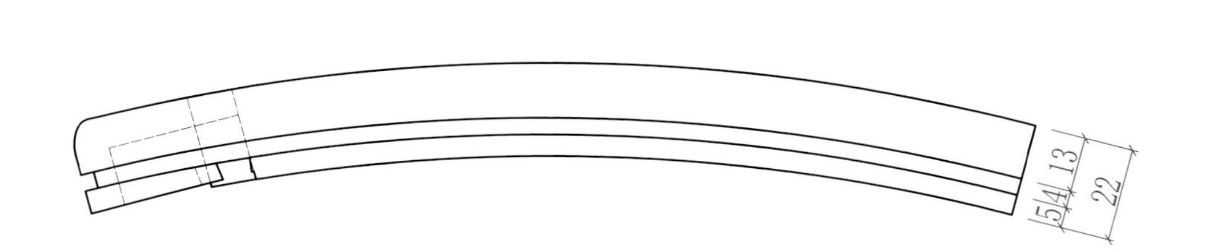


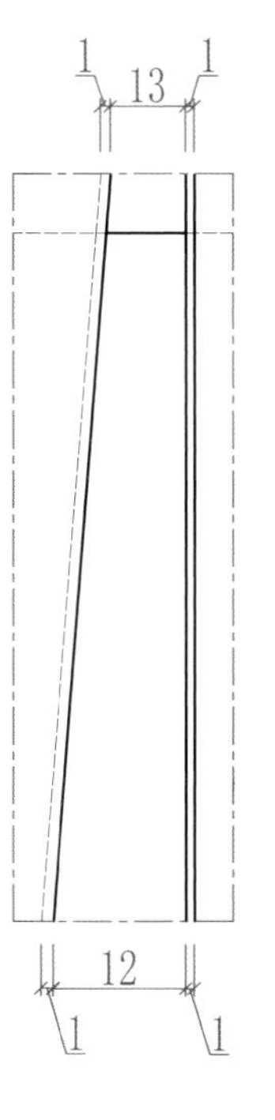


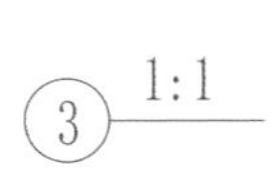

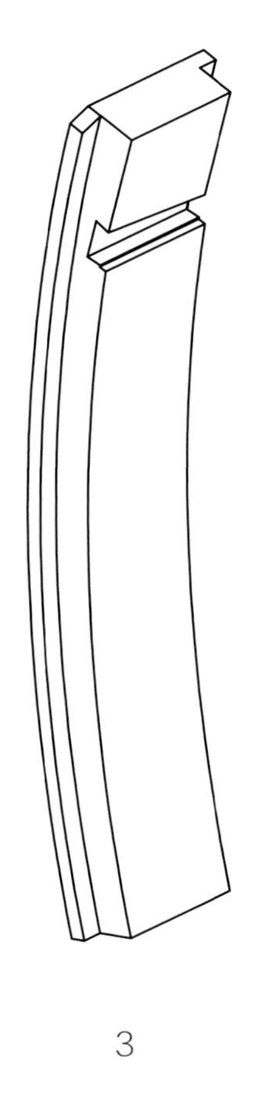

3

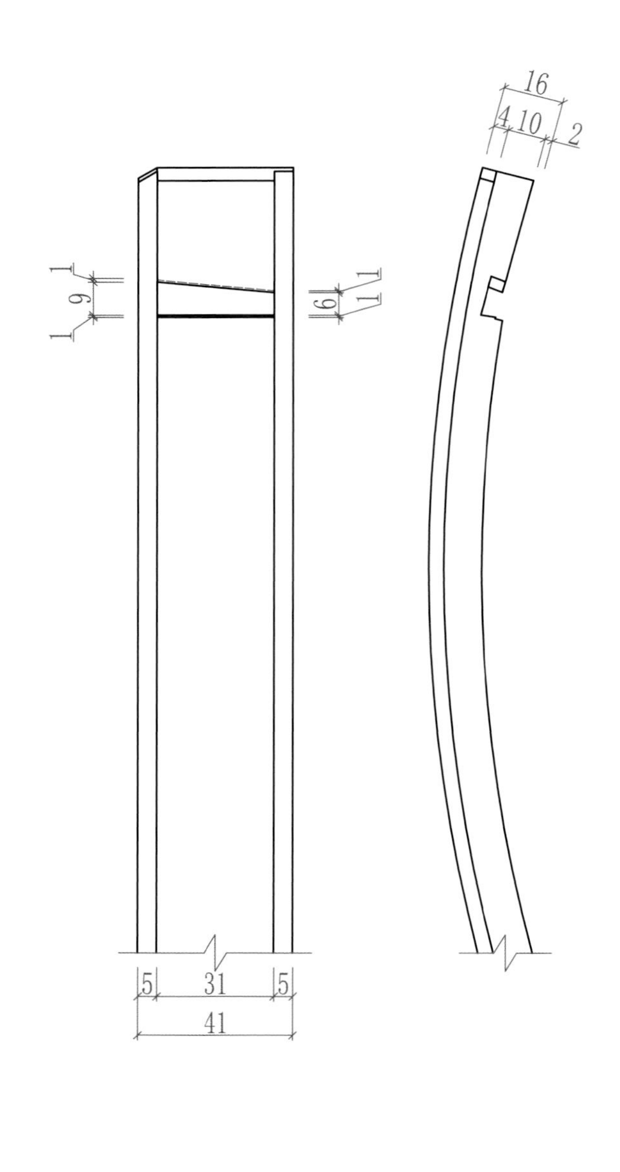

比例：1:2

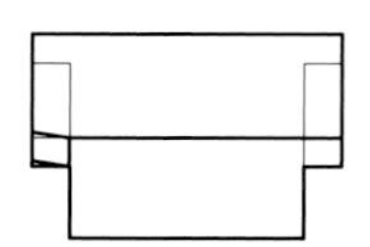

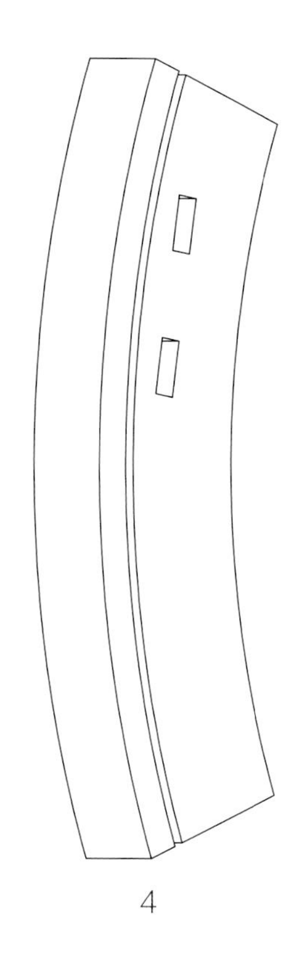

4

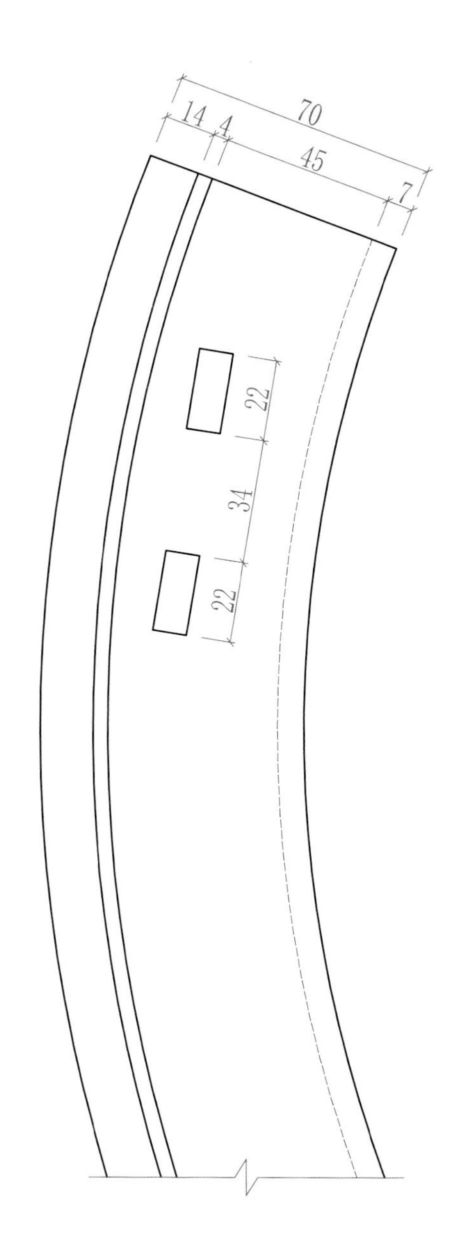


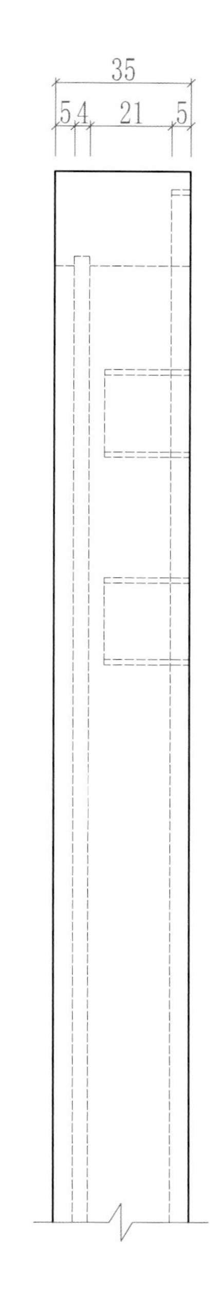

比例：1:2

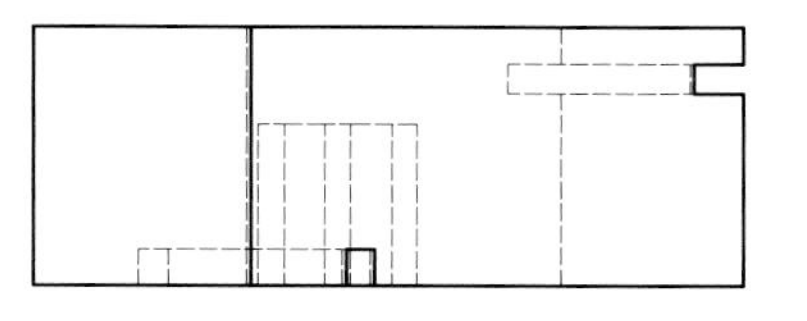

# 六十五、圆形围板和腿足接合 2

若从美学角度考虑，直径比较小的圆形家具，大多做成鼓腿彭牙的造型，如果围板和腿用燕尾榫来连接，燕尾榫的方向要和家具面垂直，只有这样做围板才好拆装，并且围板的外形弧度只能靠加厚围板和腿做出来，虽然费料但也只能这样做。如果想为了省料，围板的外形弧度靠倾斜围板来辅助肯定是不行的，因为围板倾斜燕尾槽也随之倾斜，这样一块围板上的两个燕尾槽上口的距离和下口的差距会随围板的倾斜度增大而增大，只要围板上两个燕尾槽上下口不等距，相差多，围板就装不到腿上去。在红木家具实际制作中，这种结构很少被采用，加工难度大，用料也多，一般都采用无燕尾榫的结构。

**应用部位：圆形家具，如香几、花架的围板。**

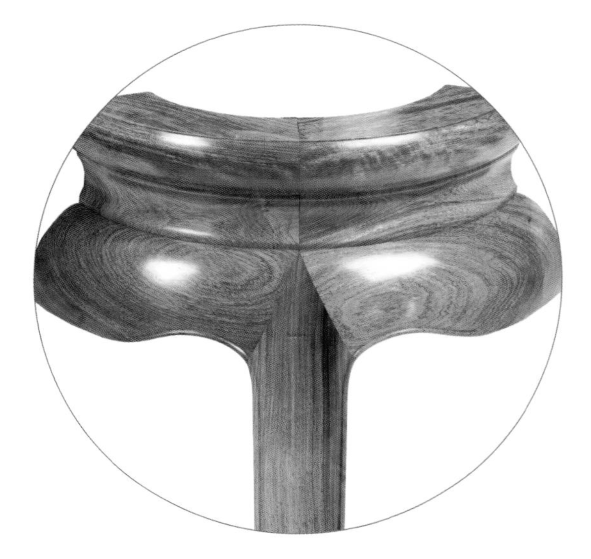

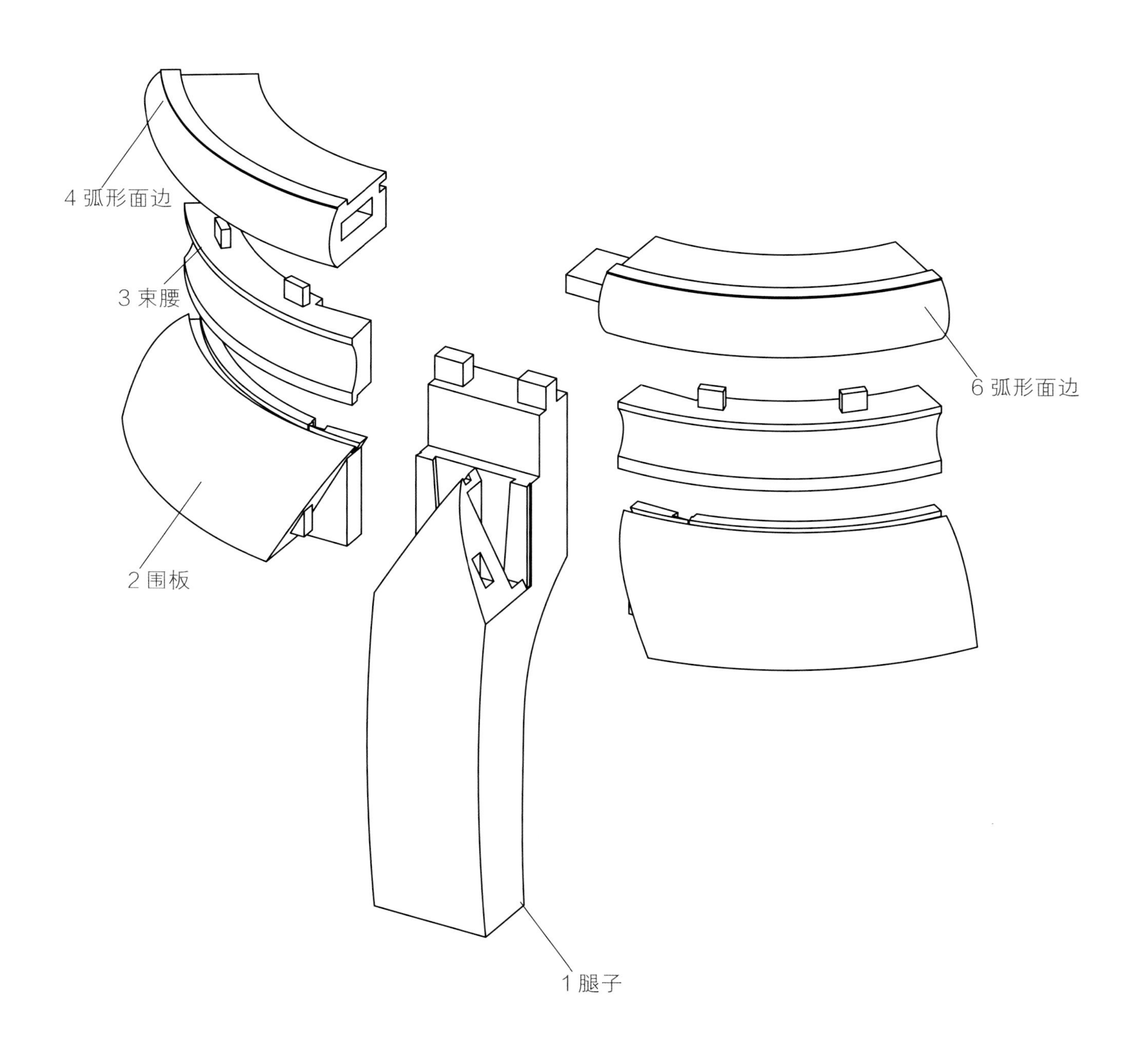


◆ **制作注意事项：** 它的制作和上一款基本相同，因为围板太厚，在格肩上又增加了一个三角榫，使连接更稳固，束腰采用了下边打槽装入下围板中，上边栽榫和面边相连。

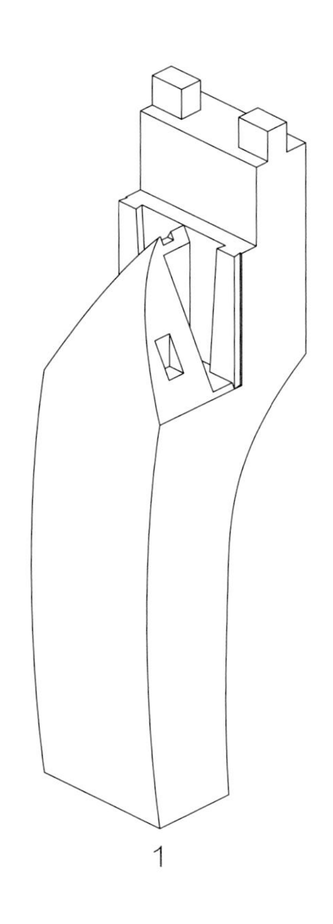

1

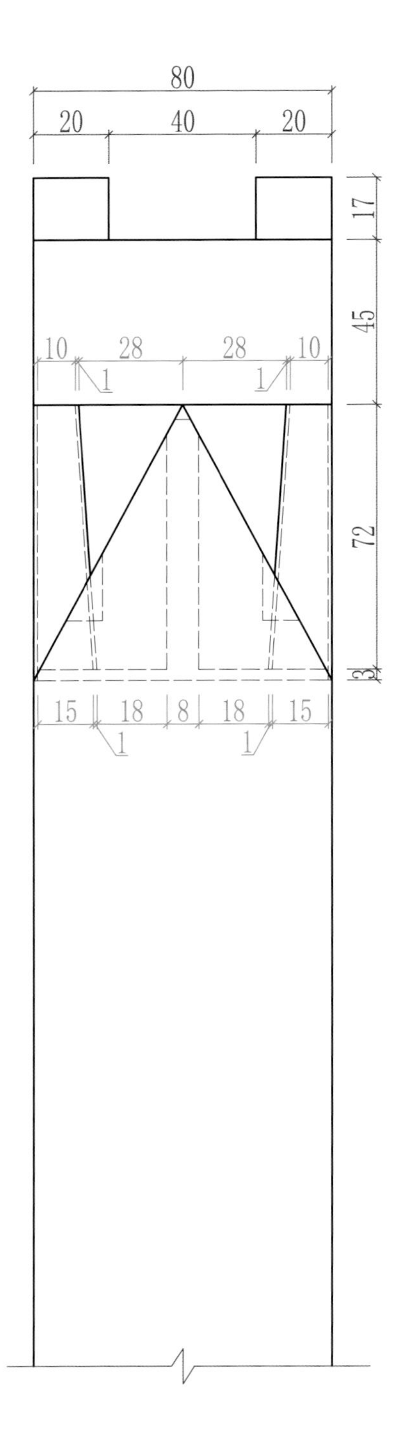
80
20
40
20
17
45
72
3
10
28
28
10
1
1
15
18
8
18
15
1
1

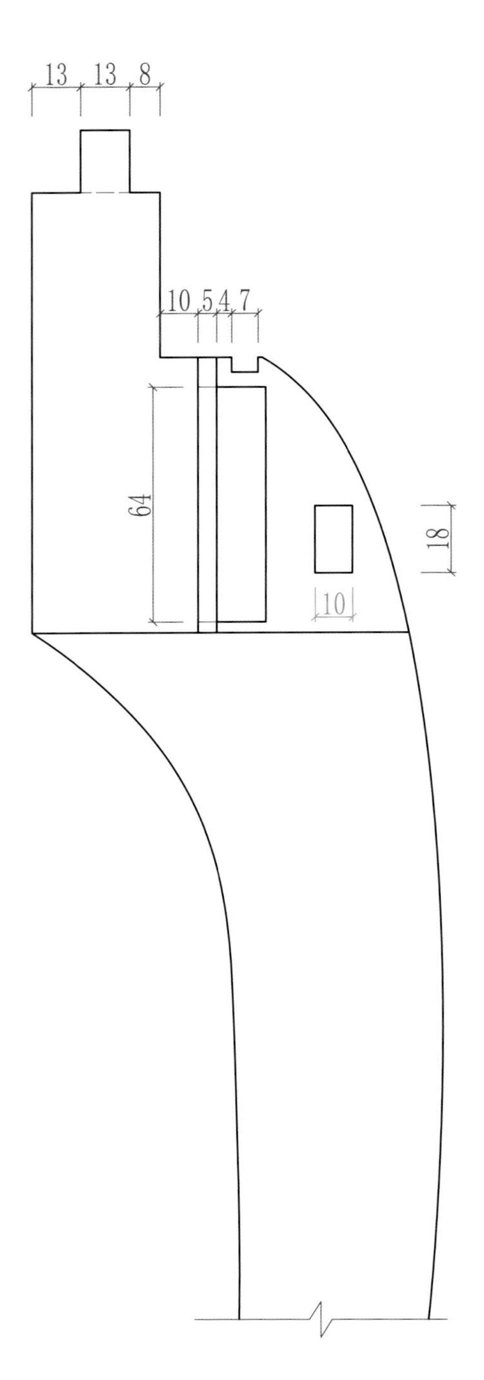
13
13
8
10
5
4
7
64
18
10

正视图
左视图
俯视图

比例：1:2

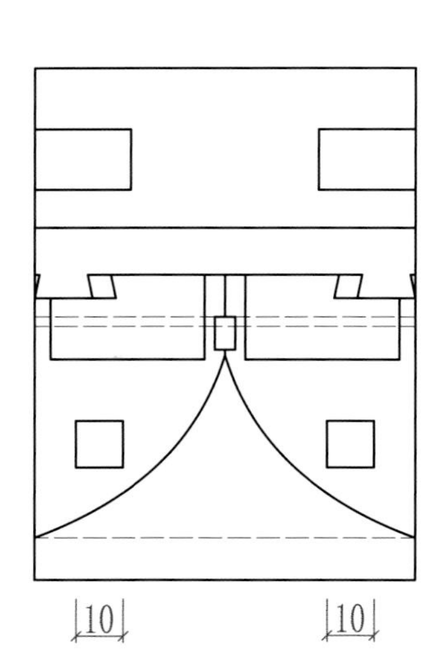
10
10

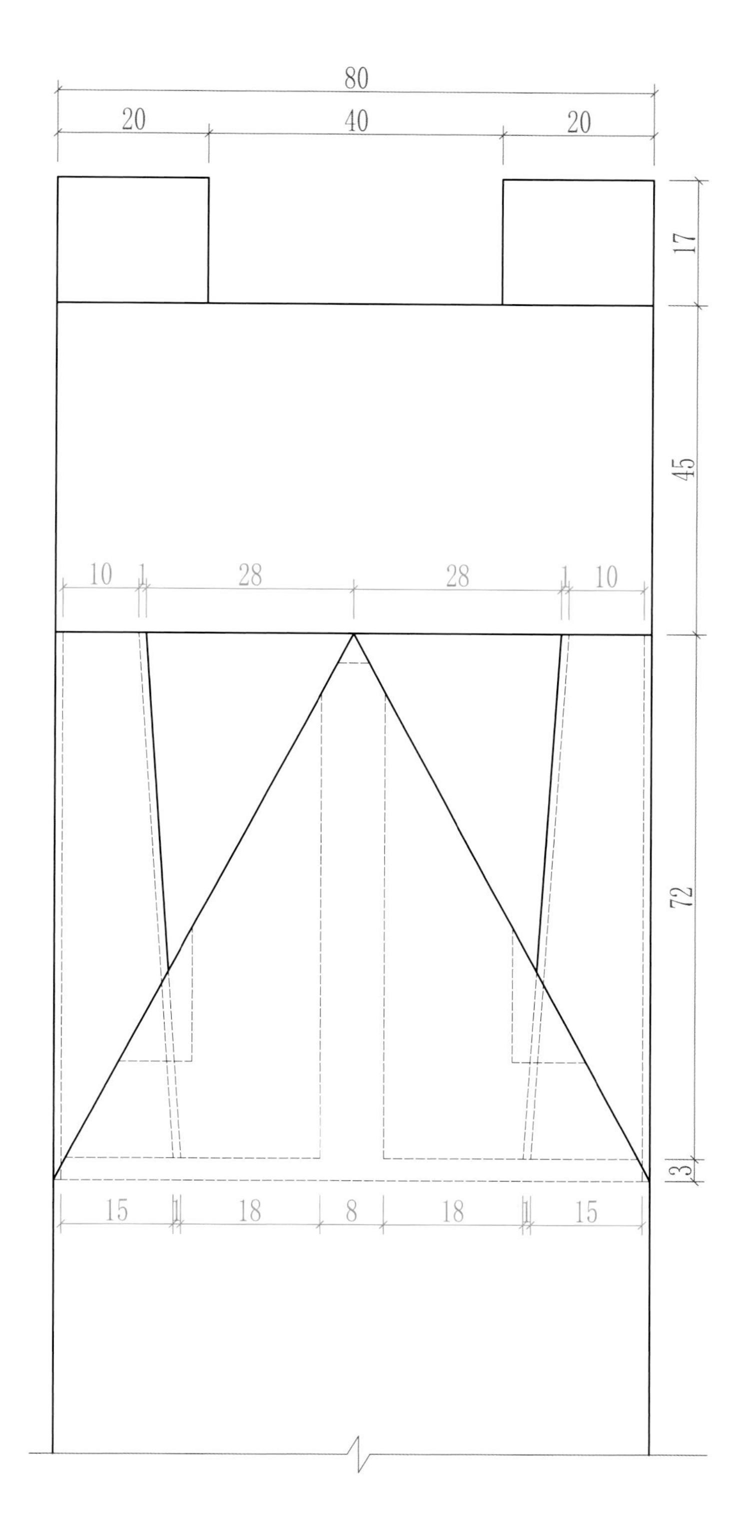


1

正视图

大样图比例：1:1

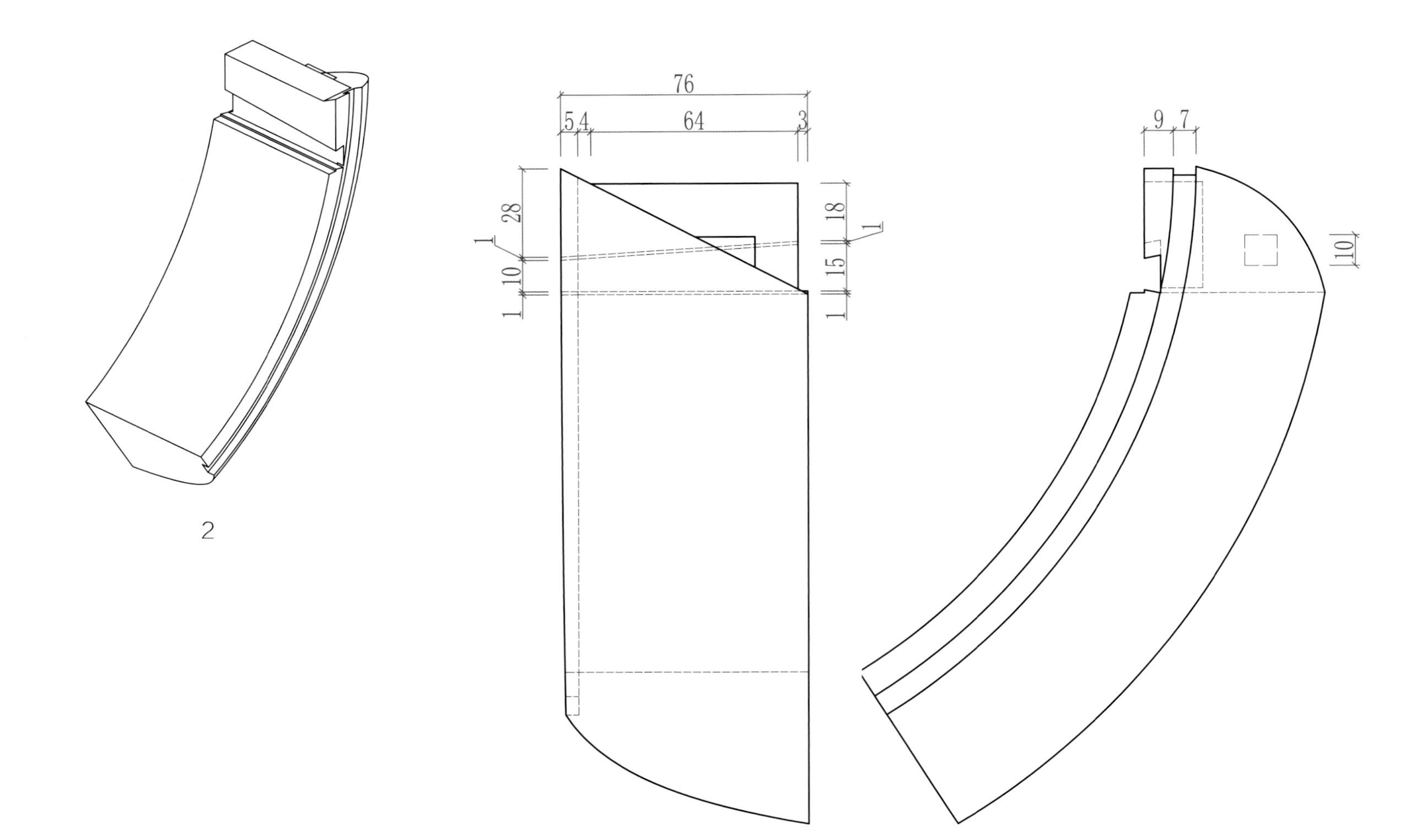


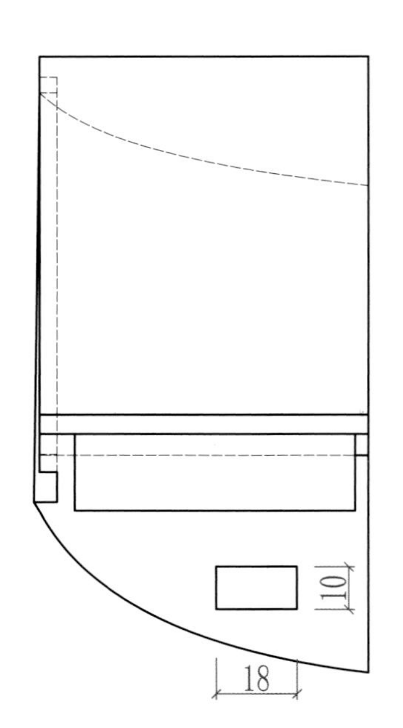


| 正视图 | 左视图 |
| --- | --- |
| 俯视图 | |

比例：1:2

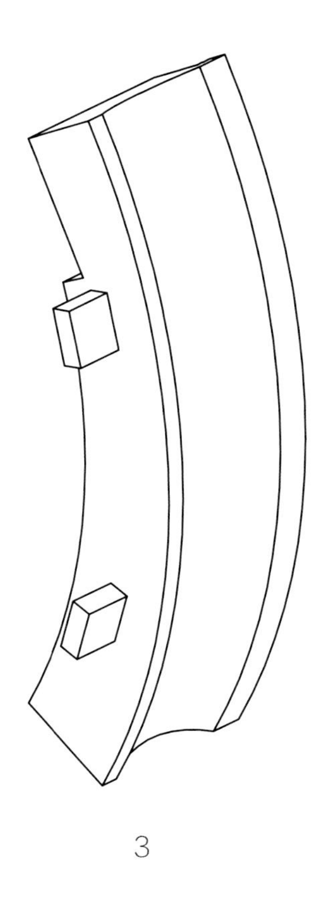

3

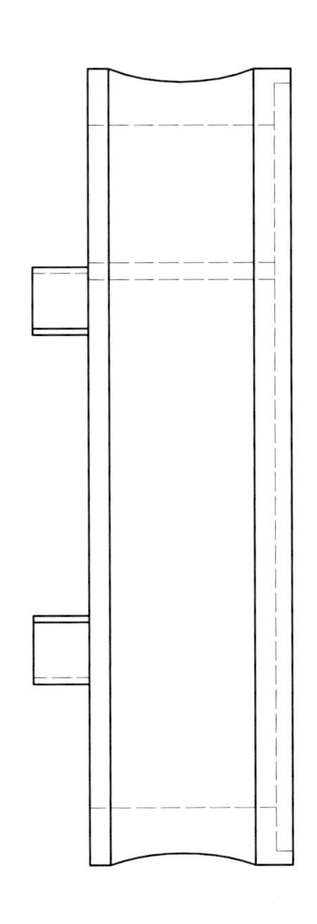

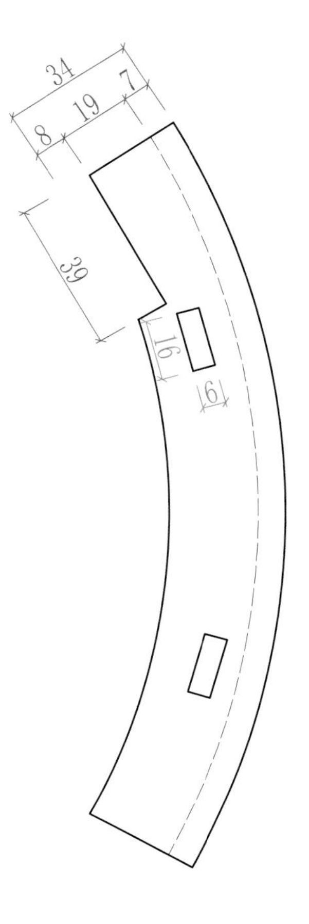


正视图 | 左视图

俯视图

比例：1:2

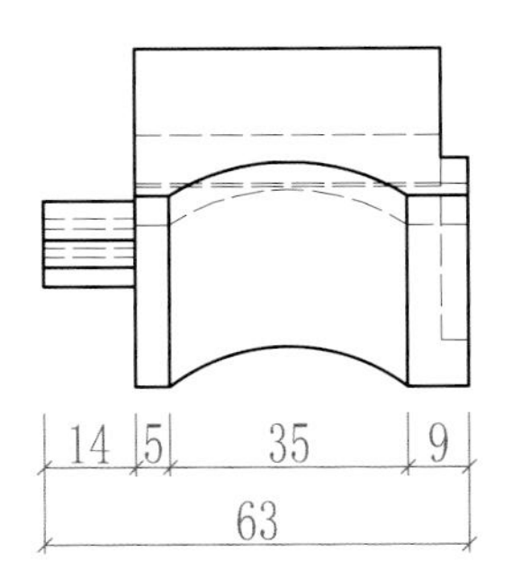

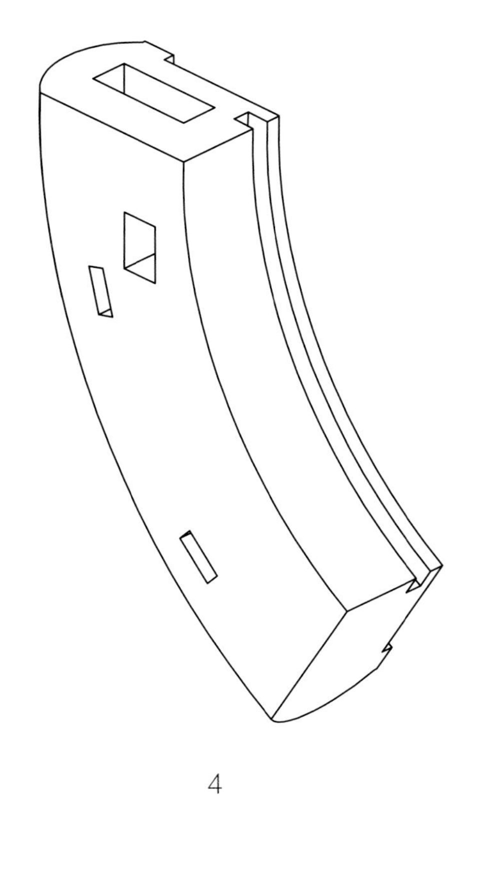

4

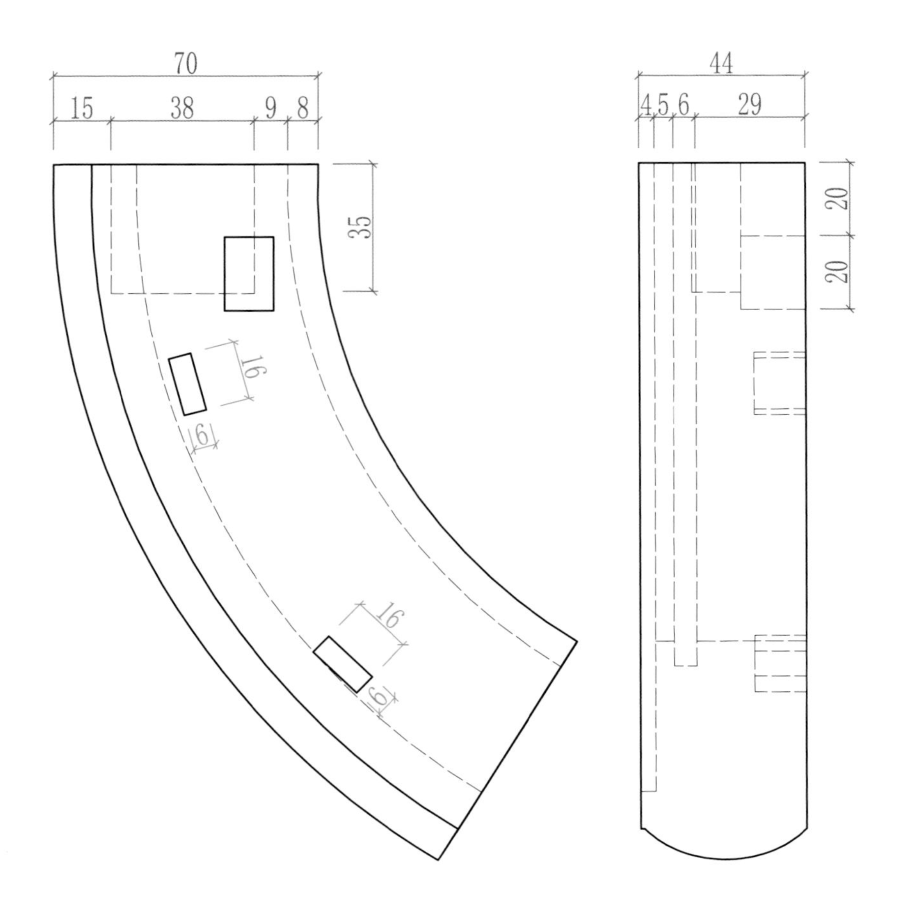


| 正视图 | 左视图 |
| --- | --- |
| 俯视图 | |

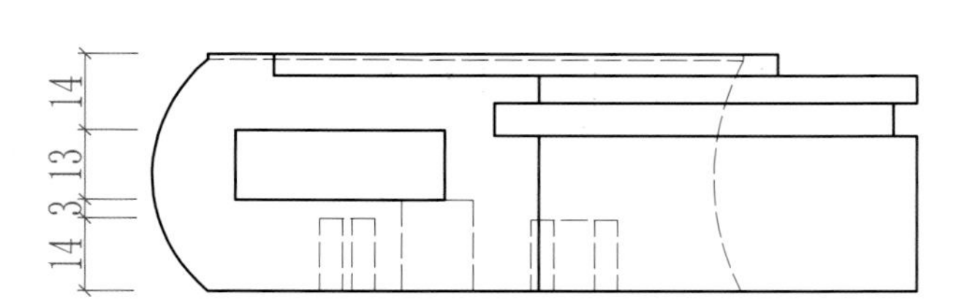


比例：1:2

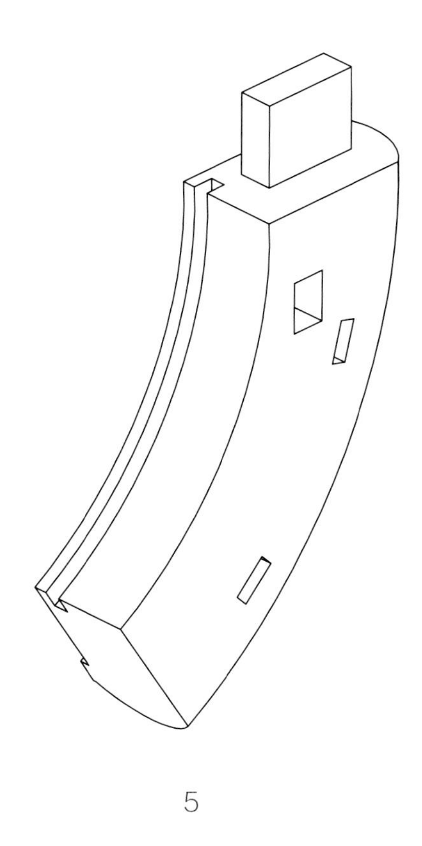

5

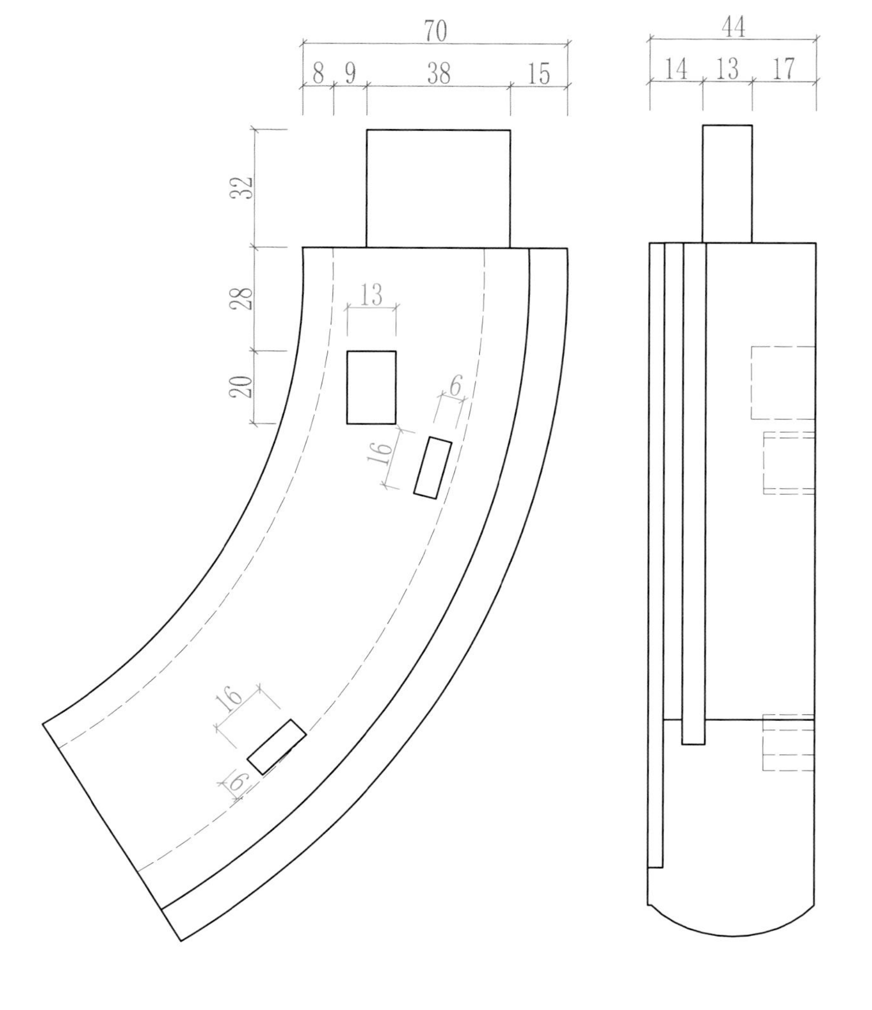

比例：1:2

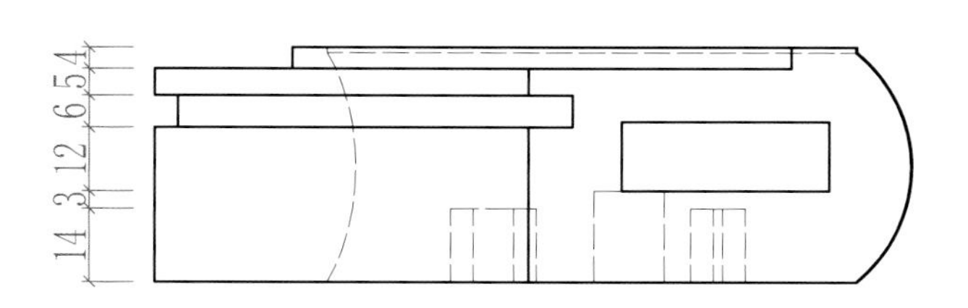

# 六十六、圆形围板和腿足接合 3

圆围板和腿足的接合不好做有很多因素，如角度不好掌握、尺寸算不准、不好刨削等，毕竟没有发展到全部榫卯都可以数控加工。家具实际制作中可采用“木划”的方法把接缝做严。“木划”就是先把腿足的位置固定，把圆围板每个对号入座，采用逐一试装的方法把围板和腿的接缝做严。每块围板的形状尺寸有微小差异，这个结构中主要还是靠胶粘，圆销的作用不是很大，在明清家具制作中有很多此类家具的围板也没有木销，纯用胶粘，这种结构比起其他做法更容易坏。

**应用部位：圆形家具，如香几、坐墩的围板与腿足接合处。**

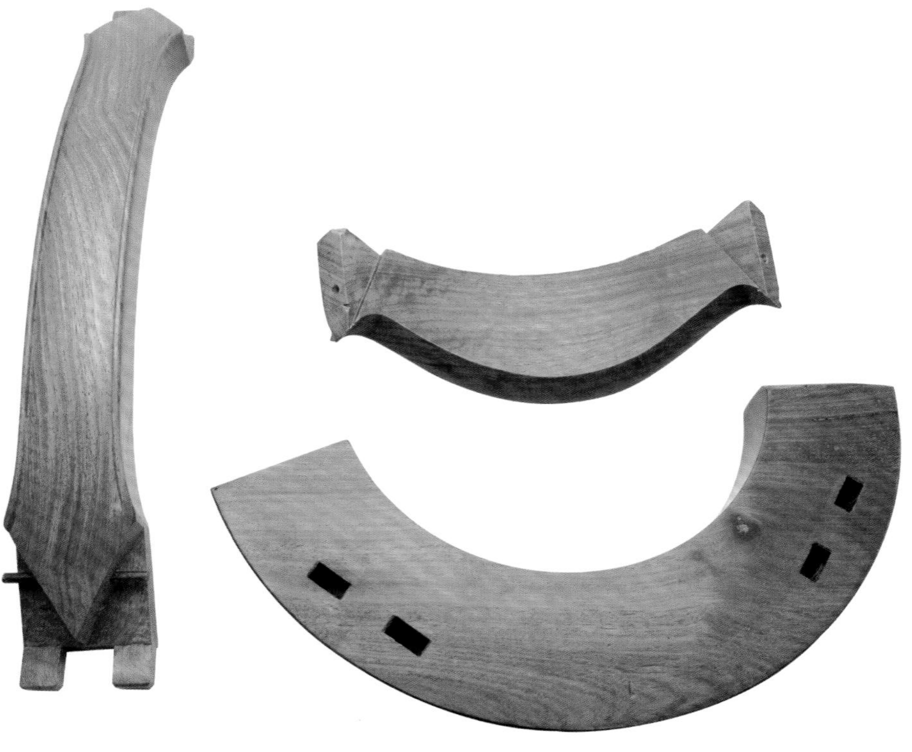

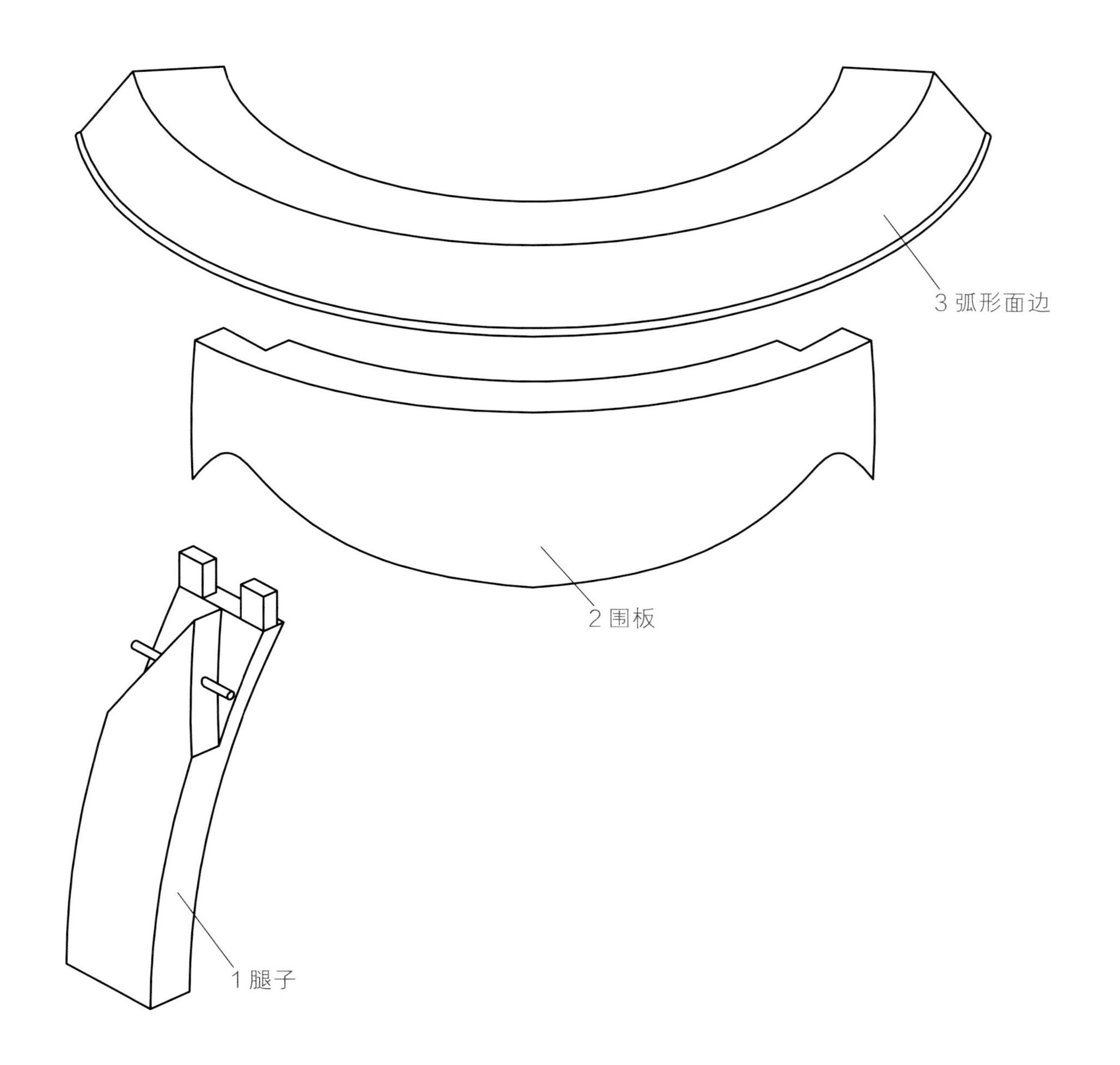


◆ **制作注意事项：** 在这个结构组装时，圆销穿入围板的深度为 4~5 毫米即可，在装到最后一个围板时，圆销的长度只能做到 2 毫米，围板的内侧对应圆销的位置挖一个斜口，用一定的压力把围板压到位。每根腿上也可以做两根圆销，这样做比一根圆销连接更牢固。

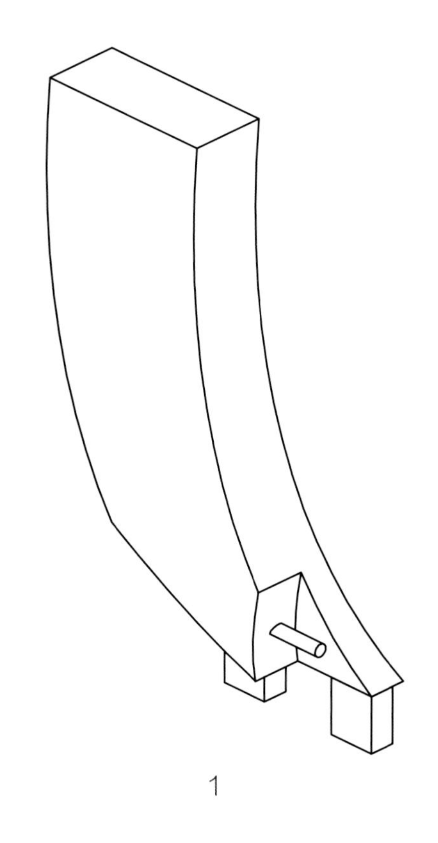


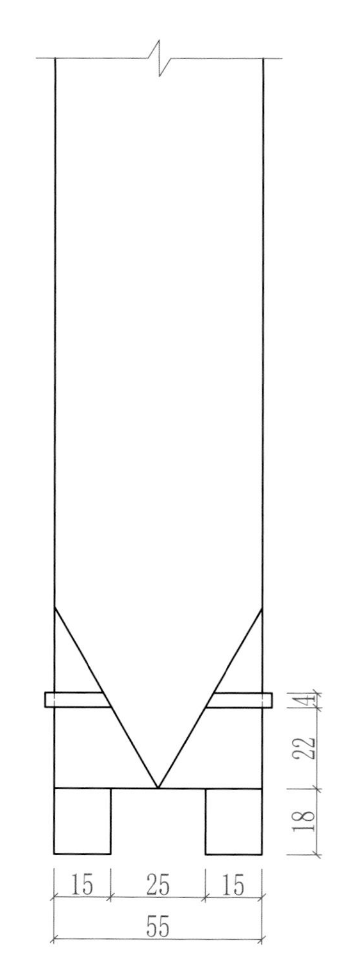


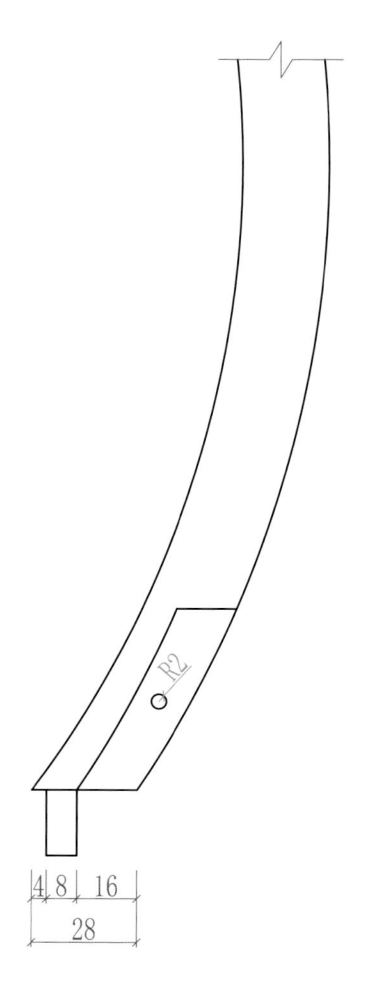

比例：1:2

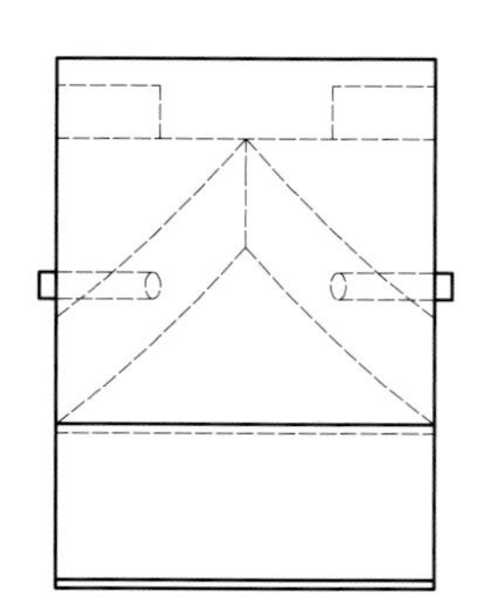

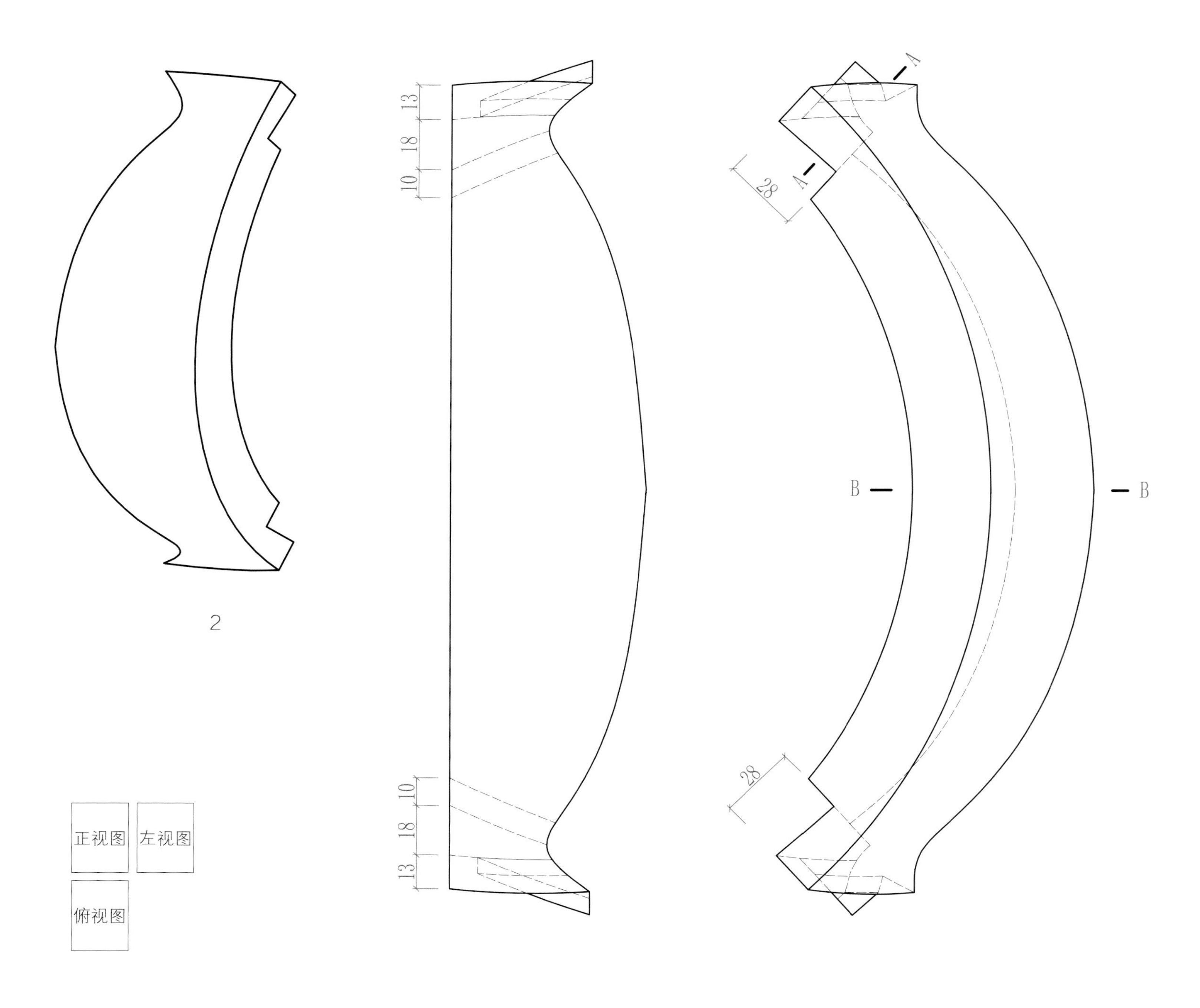


比例：1:2

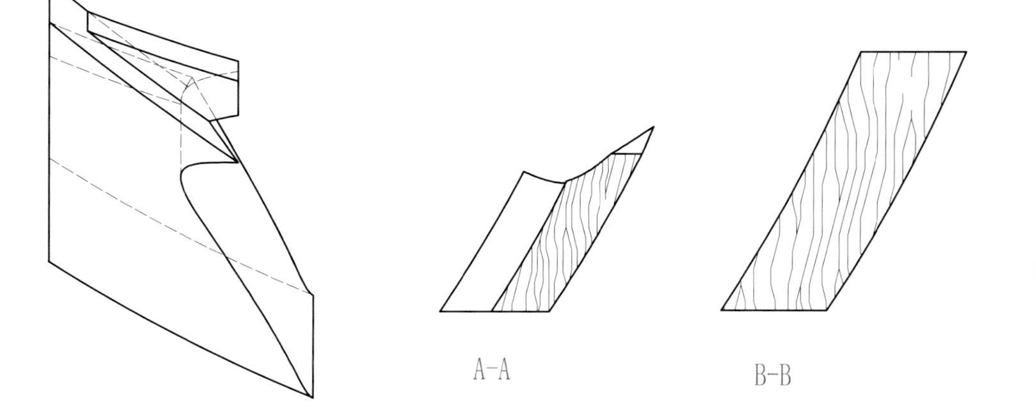

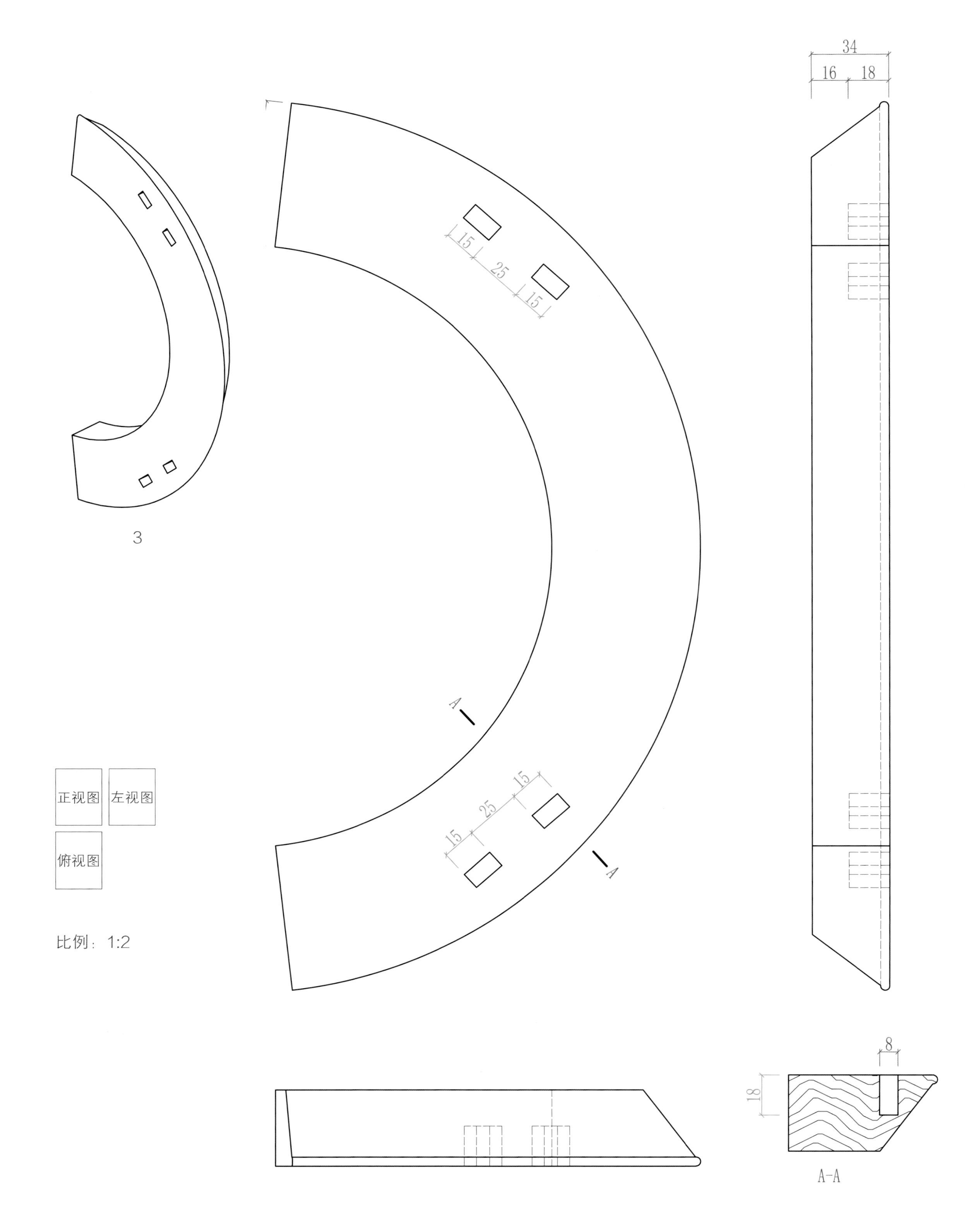
34
16
18
3
15
25
15
15
25
15
A
A
正视图
左视图
俯视图
比例：1:2
8
18
A-A

# 六十七、圆形围板和腿足接合 4

圆形围板和腿足用燕尾挂销接合虽然讲究，但有的圆形家具通过加厚腿和围板来做出家具的弧度又很笨拙，没有秀气感，因此小的圆器都不做燕尾销。而采用另一种做法：围板上格一个三角舌，腿上相应的做一个三角槽，这种榫卯结构做法非常实用。

**应用部位：圆形家具，如香几、坐墩的围板与腿足接合处。**

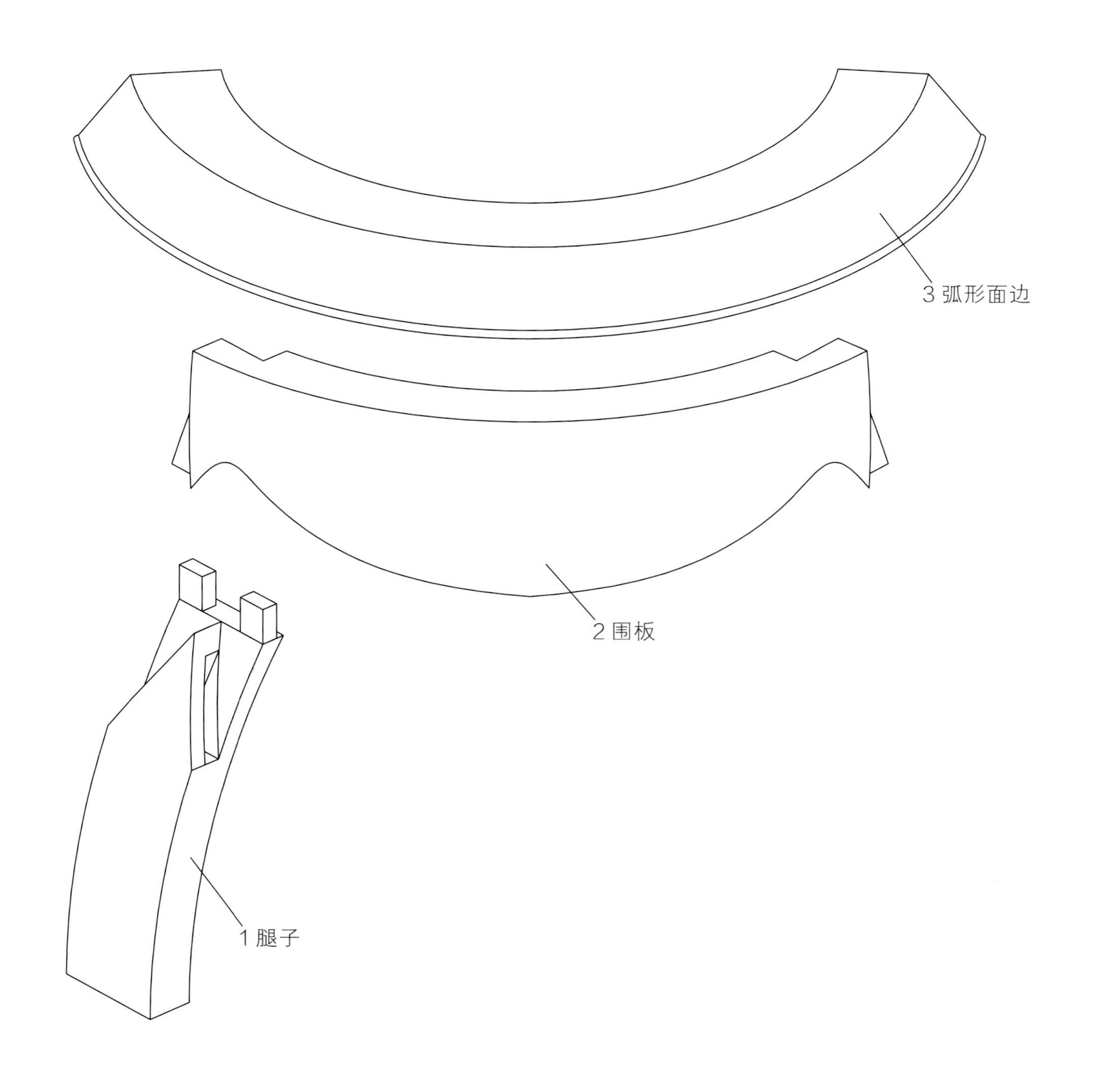


◆ **制作注意事项：** 手工制作这种结构的家具时部件要比预先计算的尺寸多留一点点余量，以“木划”的方法多次试装才能使接缝严密，毕竟不是数控机床加工。

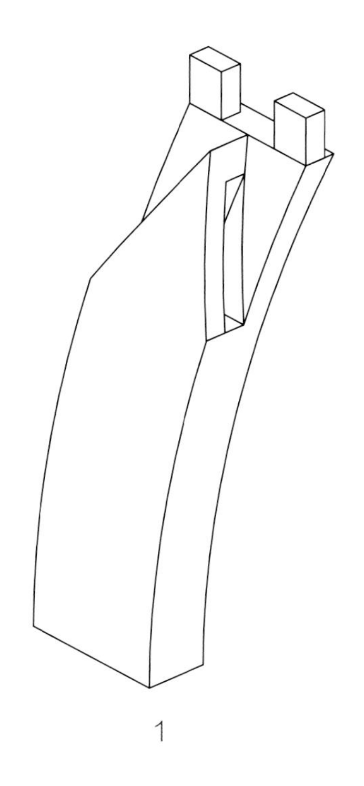


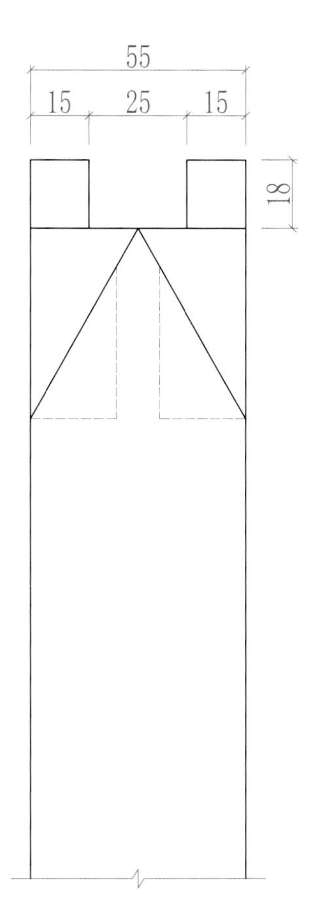


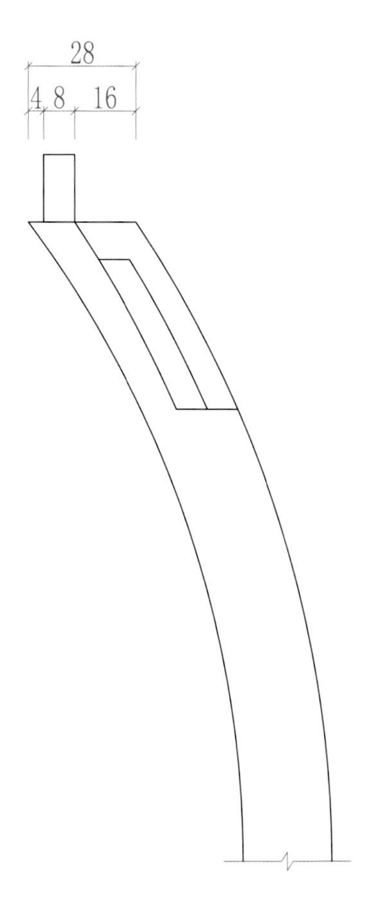


正视图 左视图

俯视图

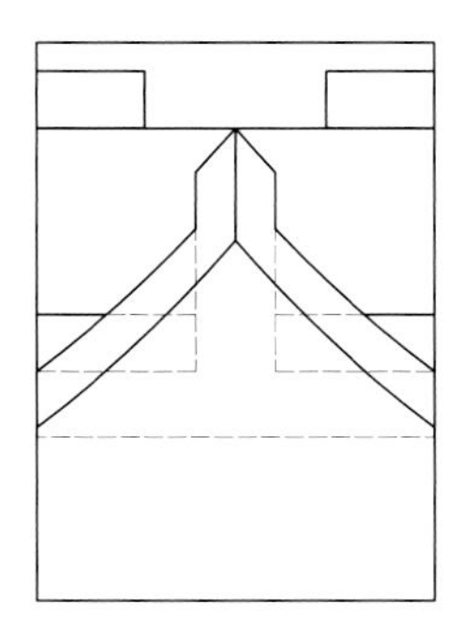

比例：1:2

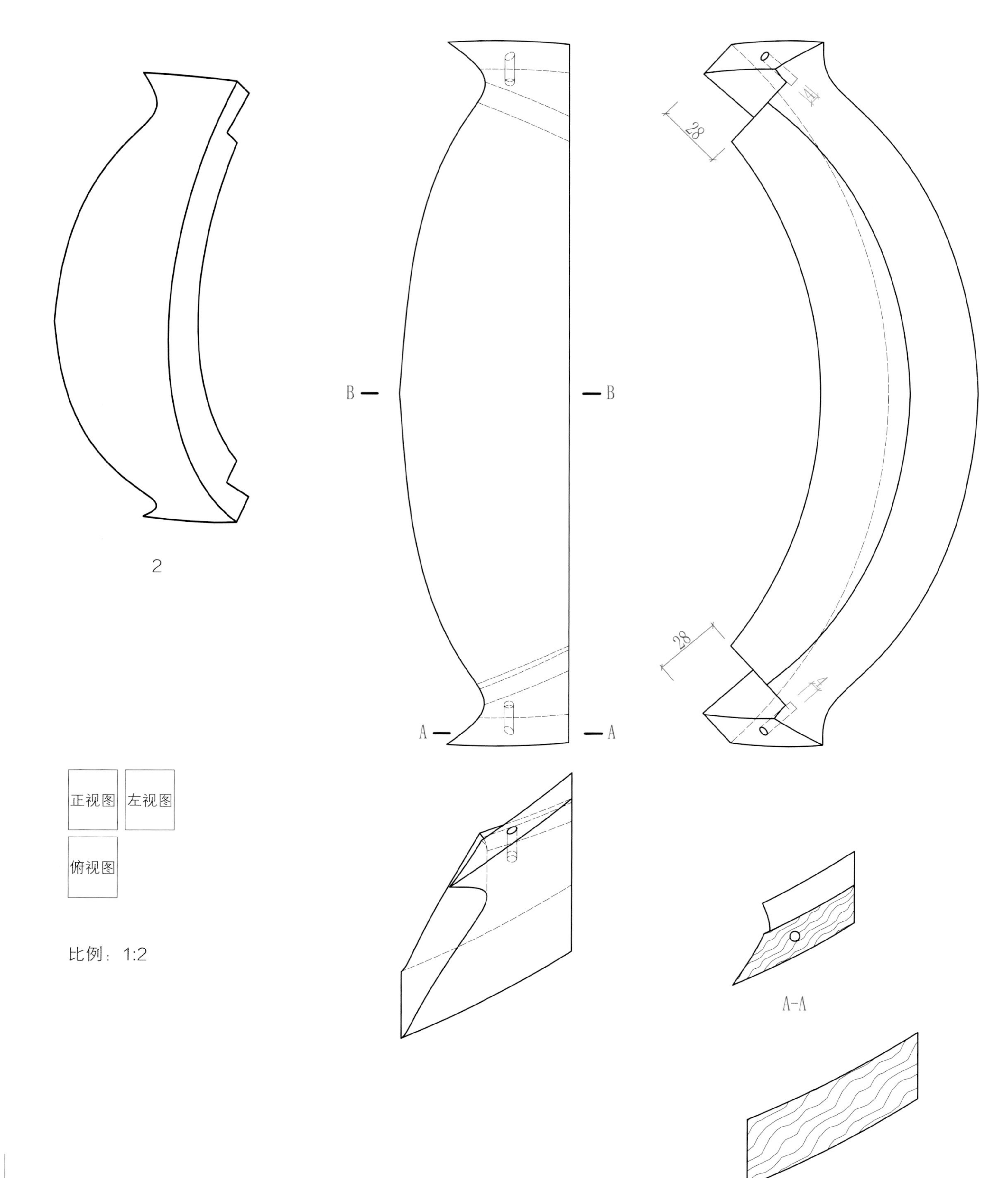
2
B
B
A
A
28
28
4
4
正视图
左视图
俯视图
比例：1:2
A-A
B-B

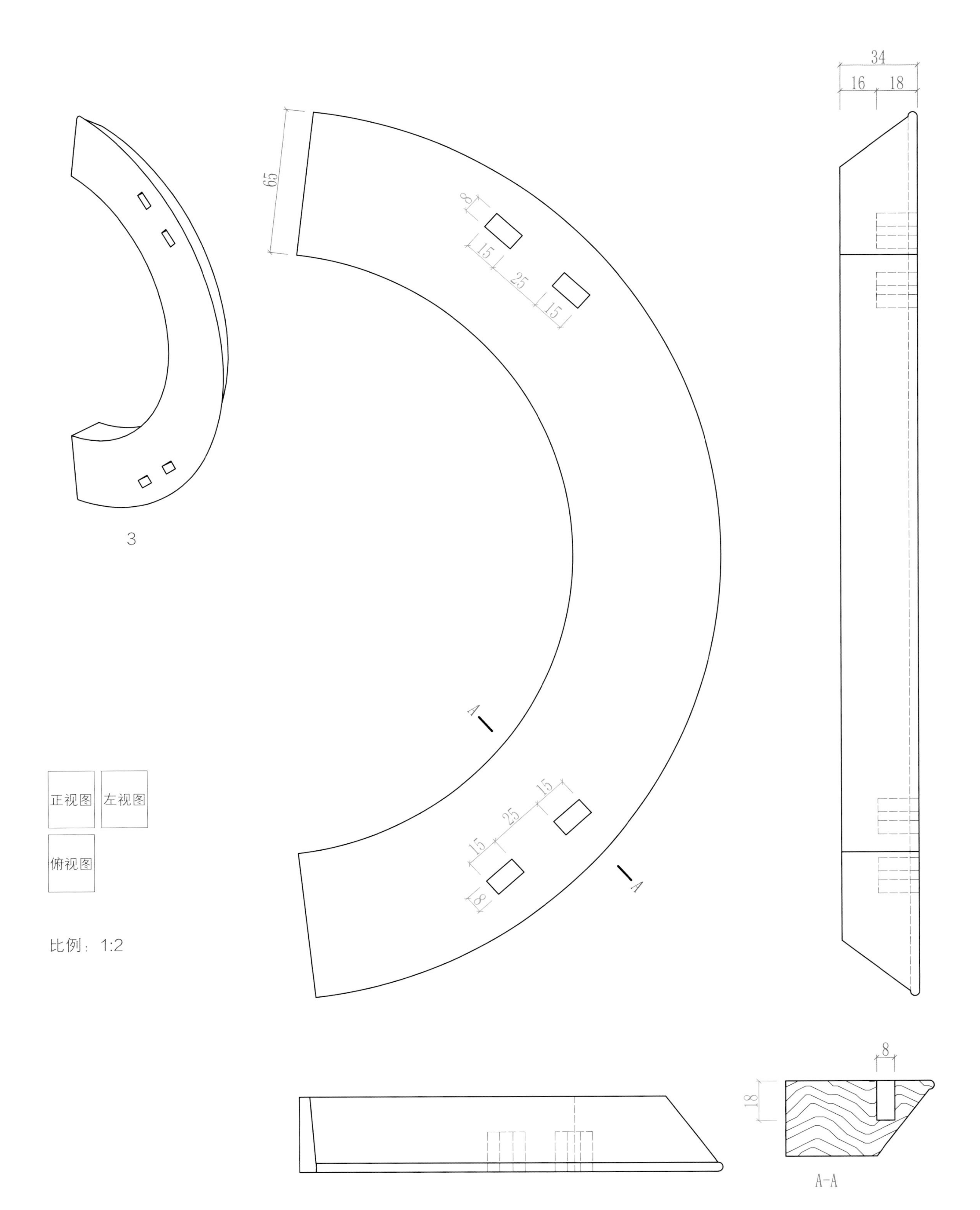

3
65
8
15
25
15
A
A
15
25
15
8
34
16
18
8
18
A-A
正视图
左视图
俯视图
比例：1:2

# 六十八、一木连做翘头结构 1（案板独板）

这是明式家具定型的独板翘头结构，明代家具大部分独板案子结构都采用此法，用料考究，做工讲究。清代家具案子上的翘头大部分比明式翘头高大，且带有装饰线条。

**应用部位：翘头案翘头部分。**

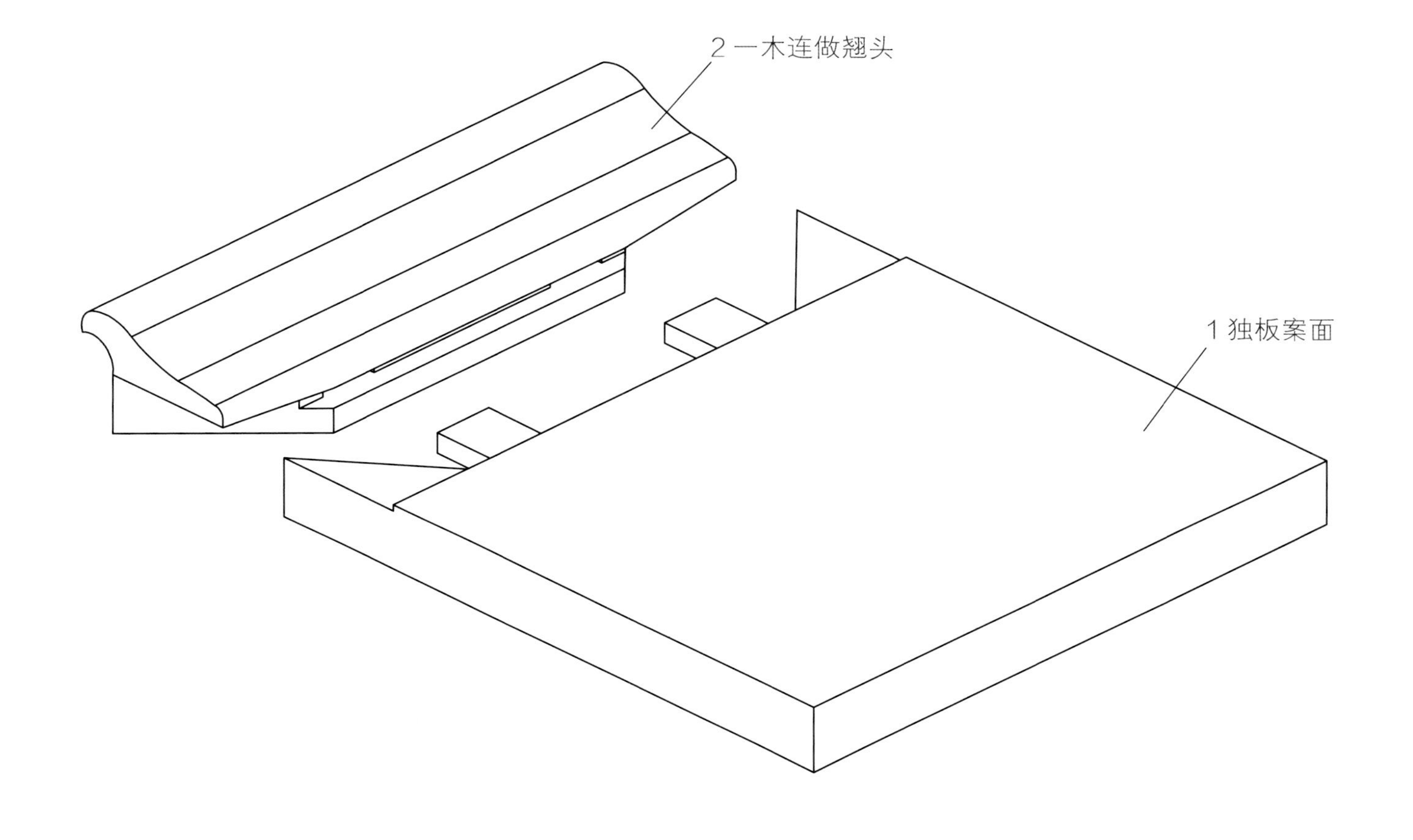


◆ **制作注意事项：** 在制作过程中应考虑独板的缩胀问题。这个结构是横竖材相交产生矛盾比较大的结构。因此翘头的榫卯不宜上胶水，榫眼的长度方向应留有空隙，以免板面缩胀时受翘头的制约而开裂。翘头两端制成斜面是为了让翘头横截面薄，看起来美观。这种板面比较薄和窄，如果是比较宽厚的板面在两边的格肩处还应做上小三角榫和翘头接合，这样板面和翘头会更平整。三角榫形状在前边格角攒框里有。

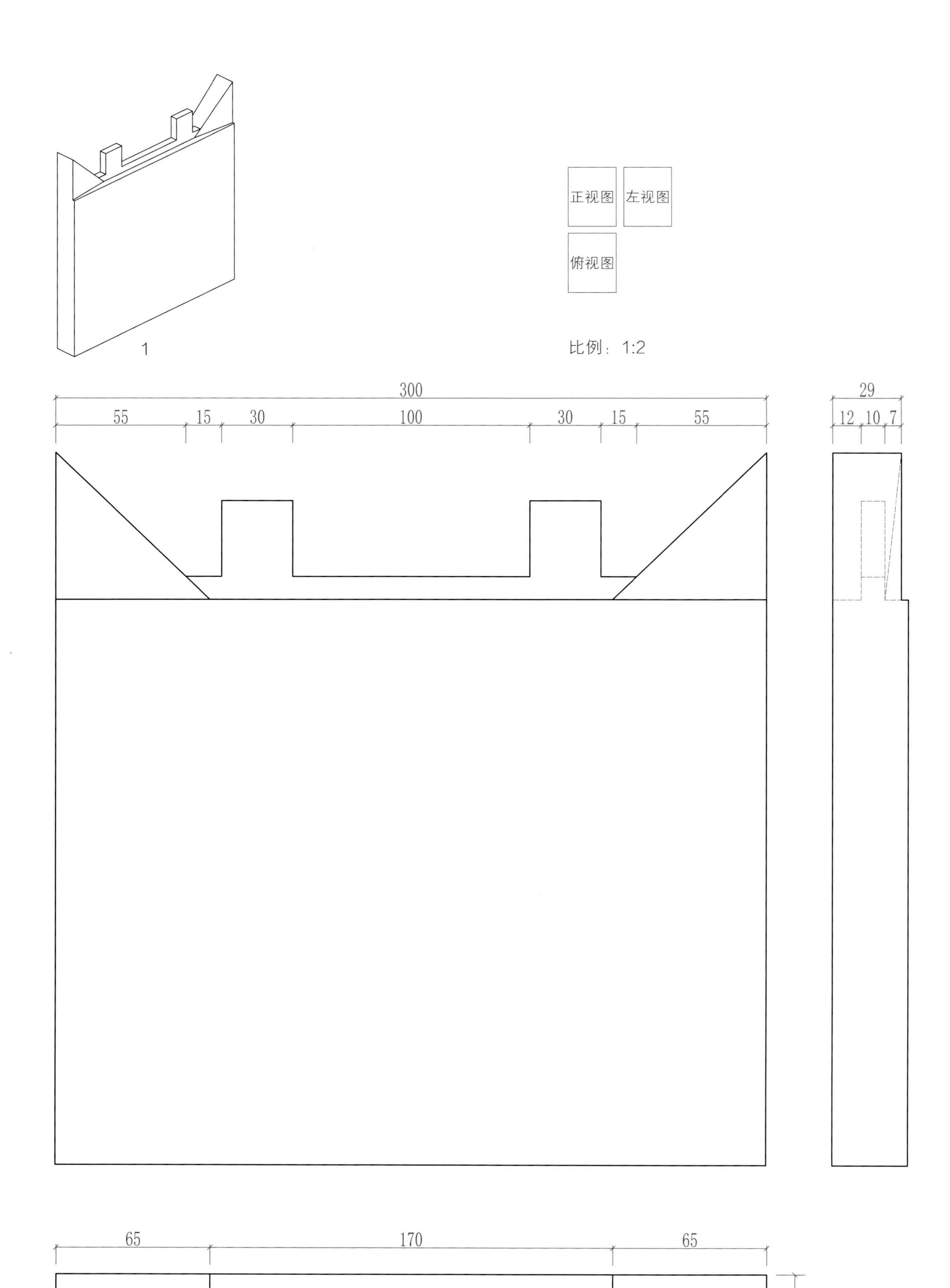
1
正视图
左视图
俯视图
比例：1:2
300
55 15 30 100 30 15 55
29
12 10 7
65 170 65
29
3

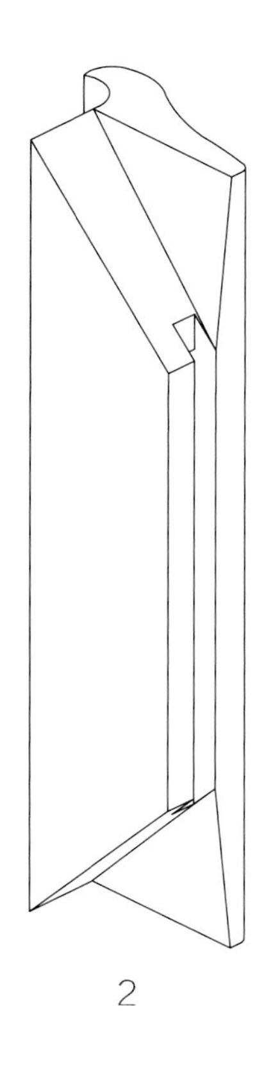

2

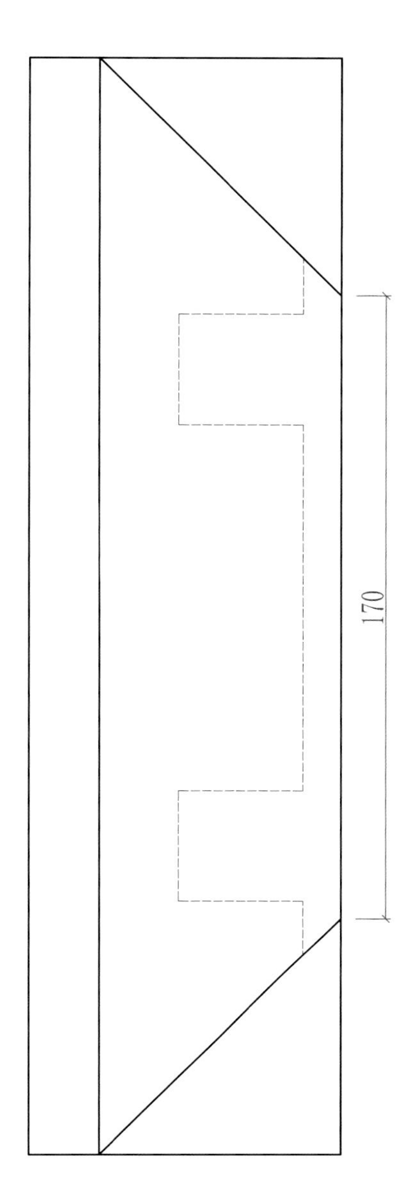


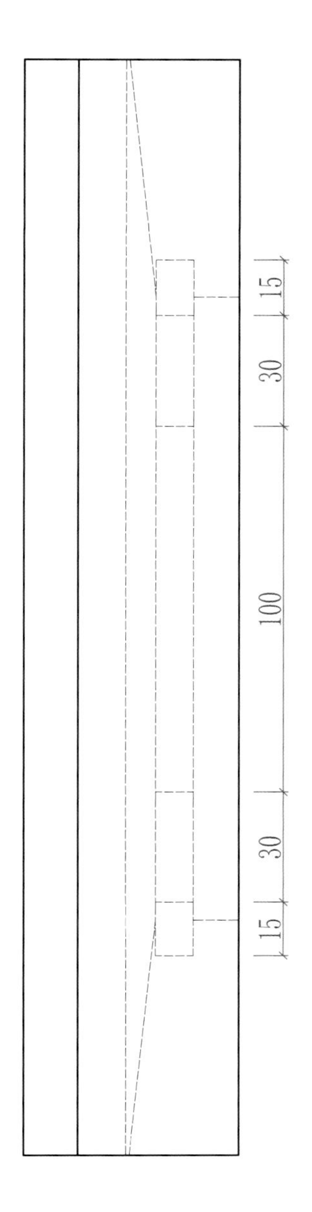


| 正视图 | 左视图 |
| --- | --- |
| 俯视图 | |

比例：1:2

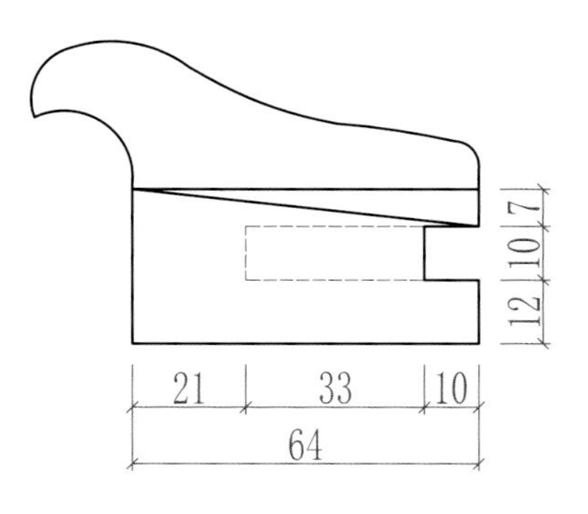

# 六十九、一木连做翘头结构 2（案面攒边）

这种翘头结构和独板翘头案结构相似，造型也大致相同，但是攒框面要比独板变形小，因此，结构上也有所变化。翘头的形状和接合方式也是多种多样的，体现着设计者的爱好和审美观，但要从力学角度上去考虑，尽量使家具牢固和美观。

**应用部位：翘头案翘头部分。**

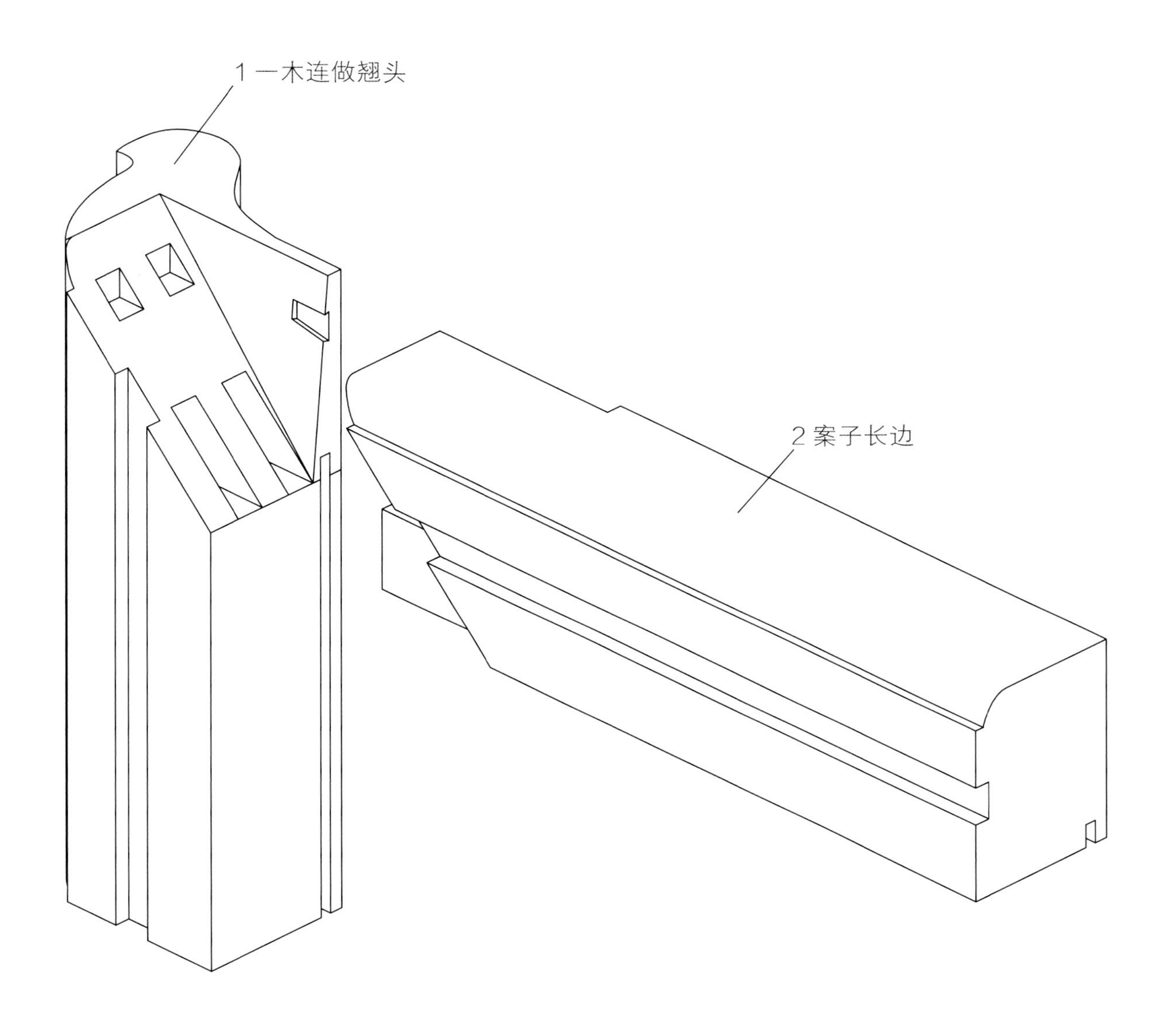


◆ **制作注意事项：** 在这个结构中由于翘头的格肩三角皮比较大，所以加了一个小燕尾销，以保翘头和面边的平整，如果是小翘头案，此小燕尾销没有必要设计。虽然攒框案子面比独板的案面变形小，组装时还是最好不上胶水，翘头没有受力点，上胶有害而无利。

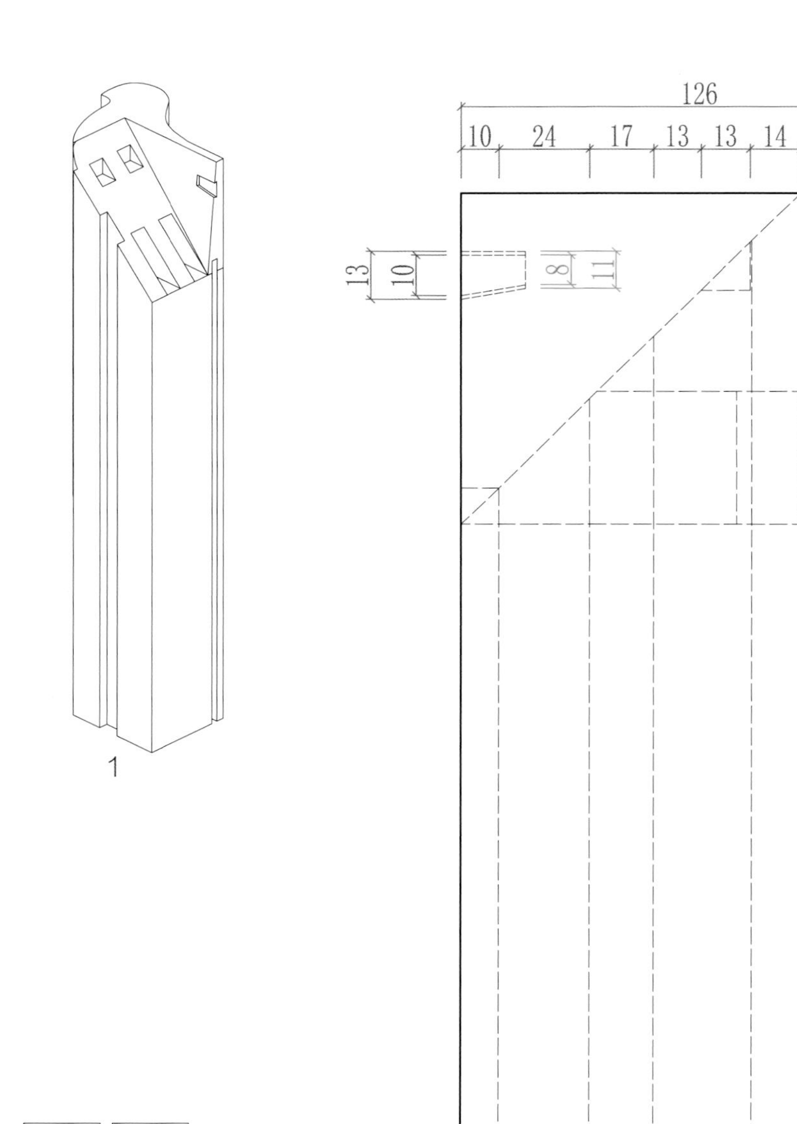


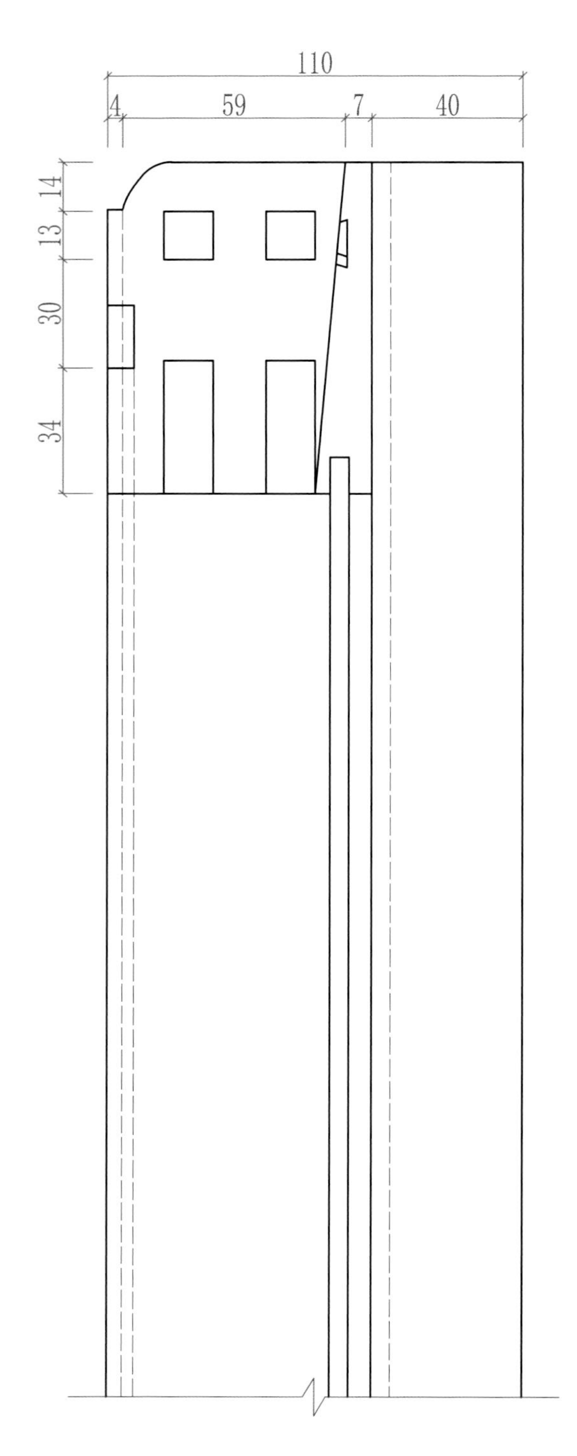


正视图 左视图

俯视图

比例：1:2

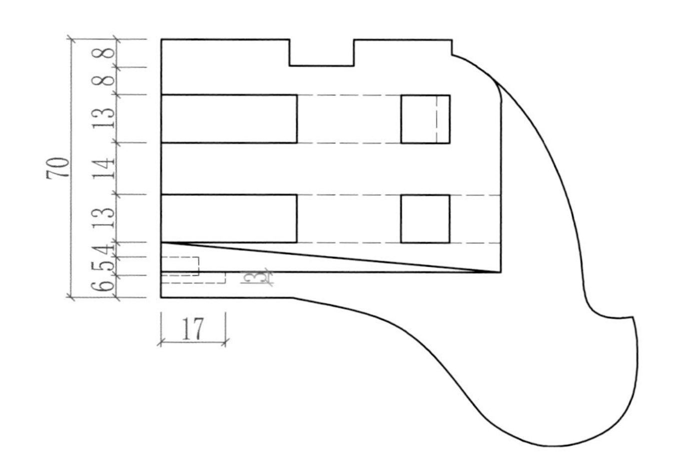

2

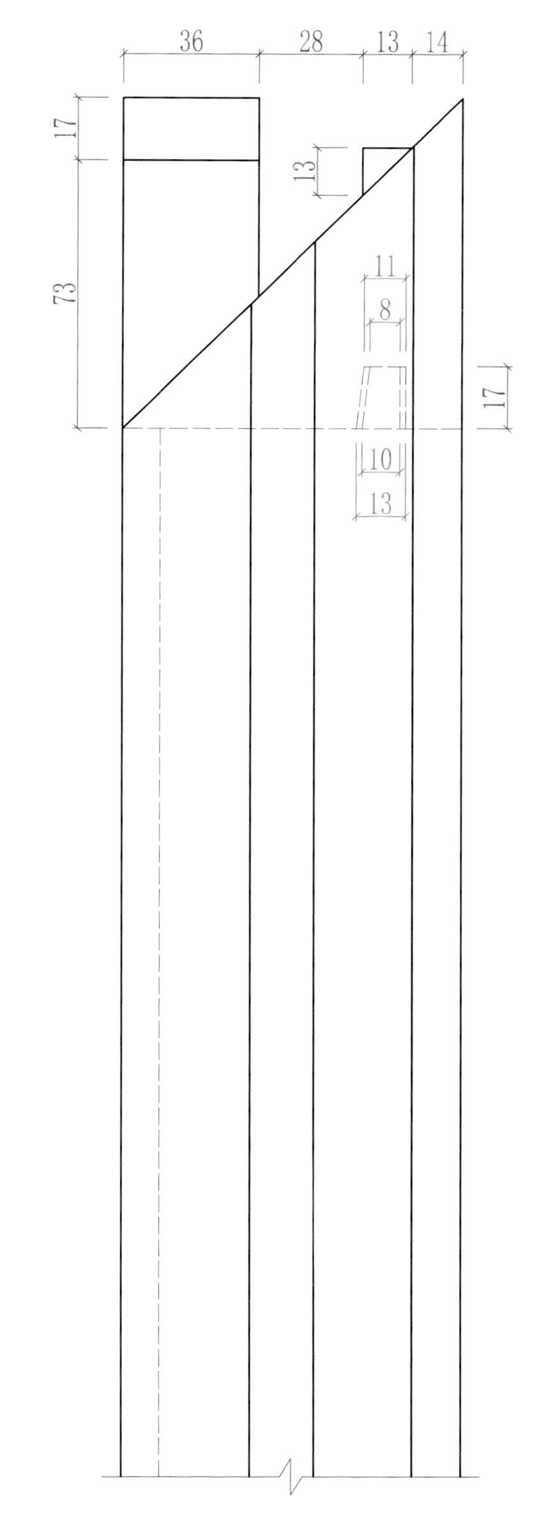


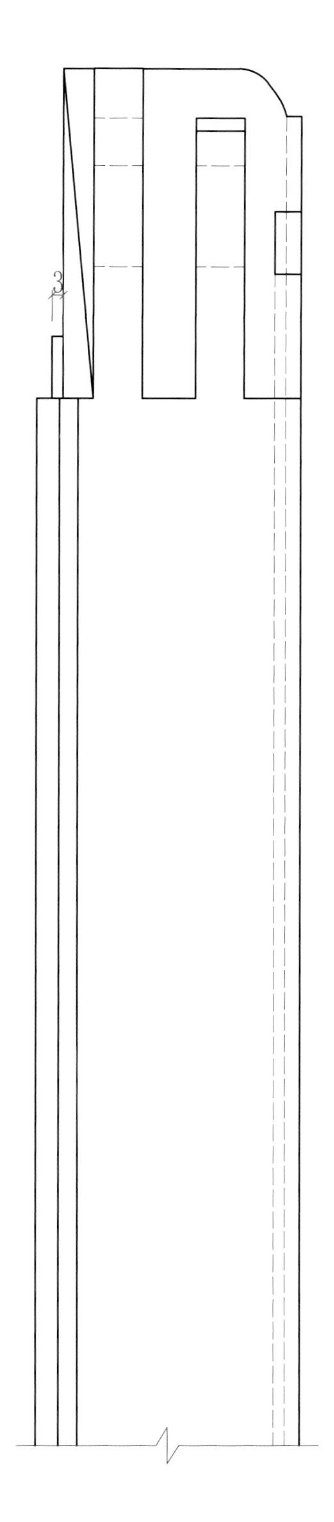


| 正视图 | 左视图 |
| --- | --- |
| 俯视图 | |

比例：1:2

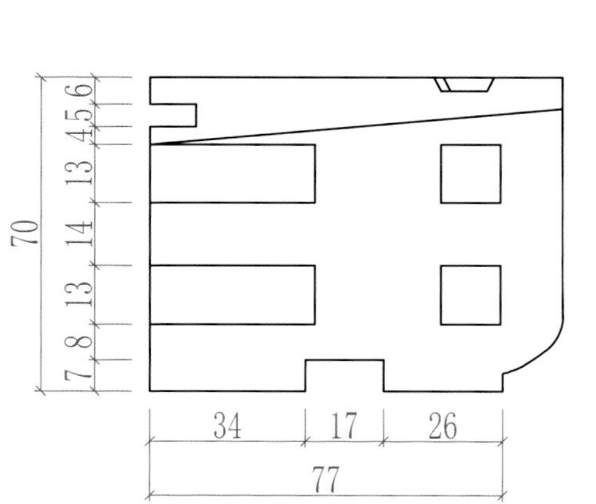

# 七十、走马销连接翘头结构

翘头的做法是多种多样的，前面两章翘头的做法是案面的横边和翘头是一木连做，属于讲究做法；本章的做法中翘头用走马销和横边连接，易加工，省料。

**应用部位：适用于任何案类家具上。**

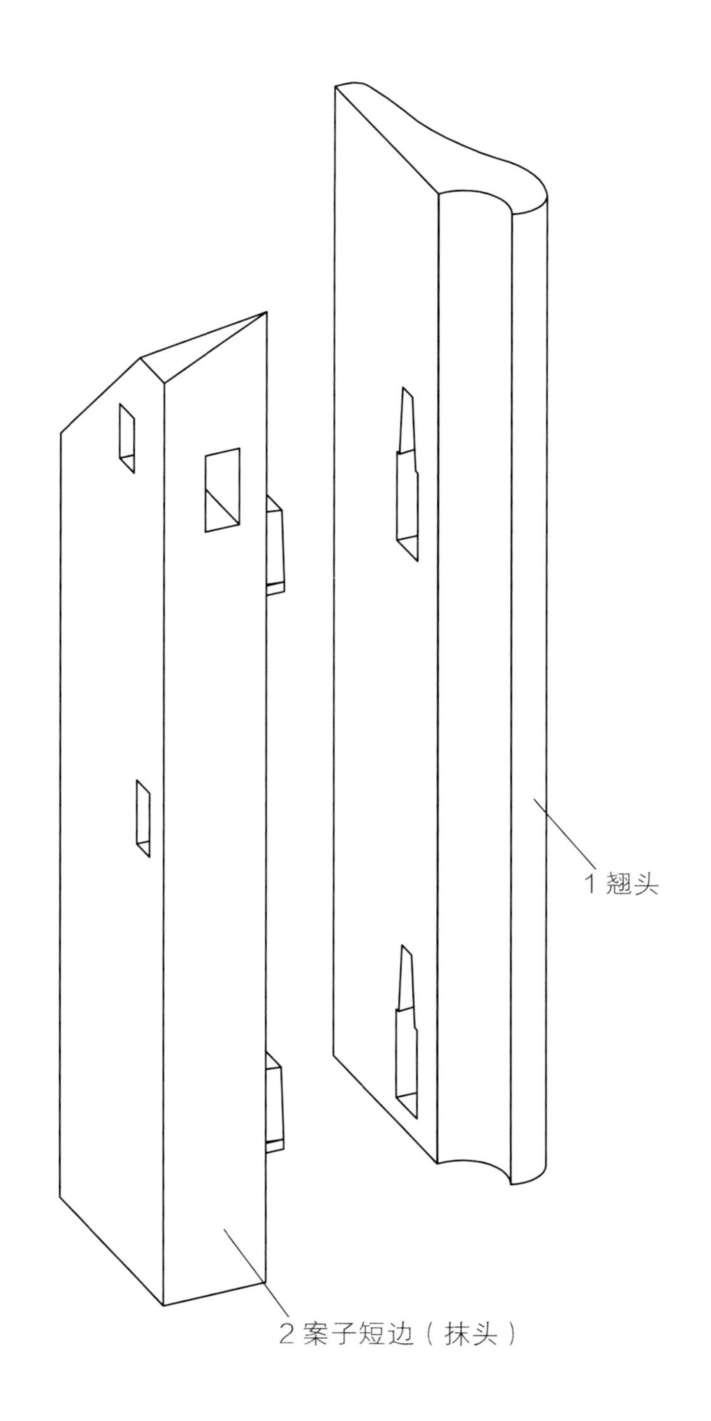


◆ **制作注意事项：** 连接翘头的走马销要尽量靠两头装，这样从侧面看上去翘头和横边的接缝会小，而且走马销间距宜小不宜大，走马销的多少根据翘头的长短而定。

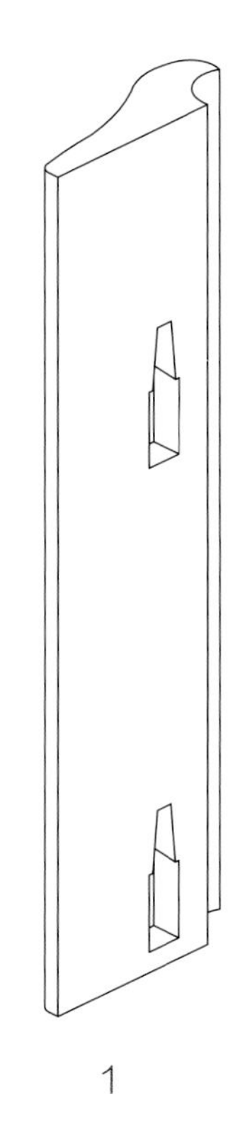
1

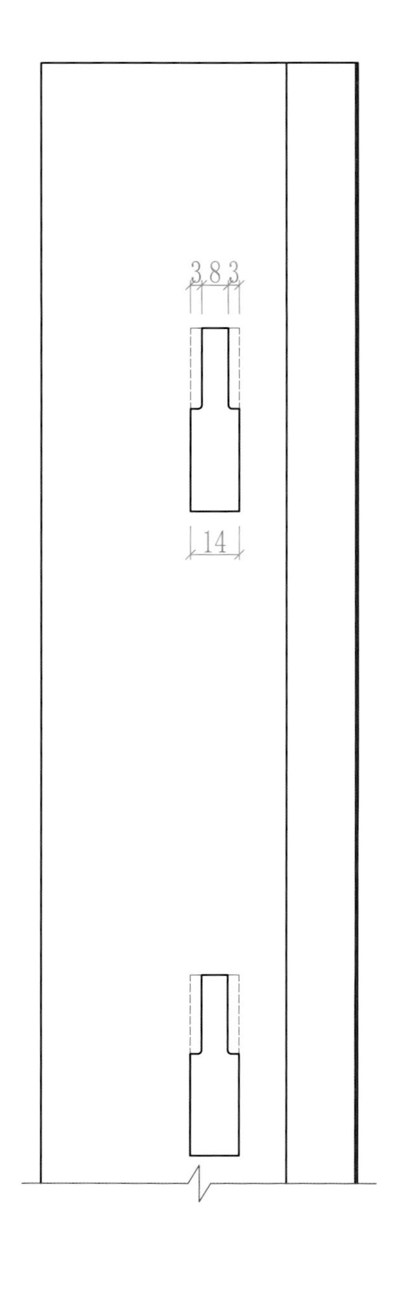


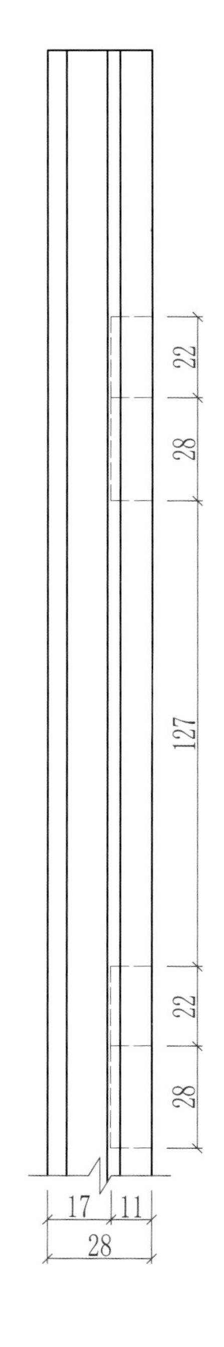


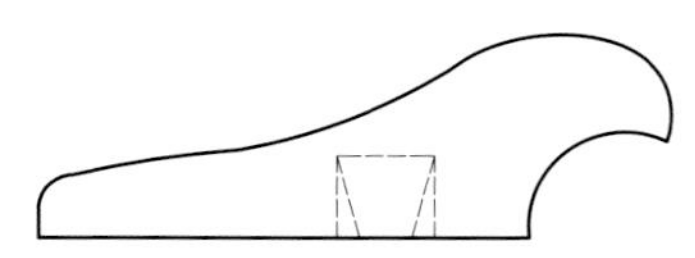

比例：1:2

2

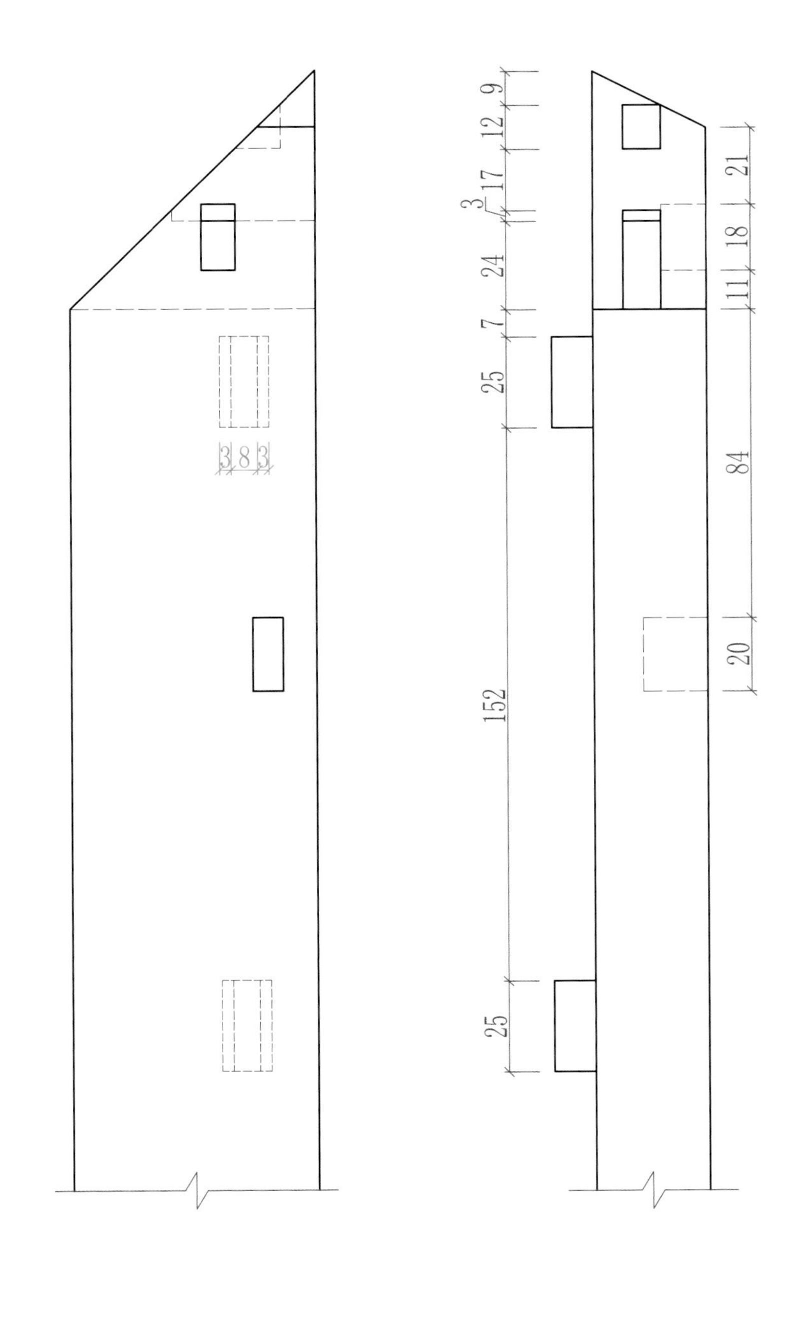
9
12
17
3
24
7
25
152
25
21
18
11
84
20
3
8
3

正视图
左视图
俯视图

比例：1:2

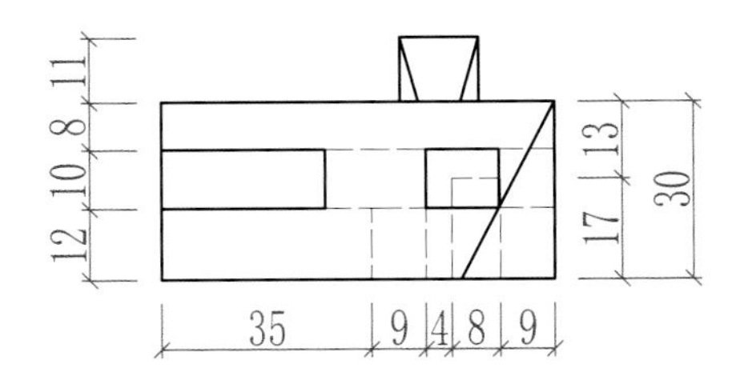
11
8
10
12
13
17
30
35
9
4
8
9

# 七十一、圆角柜门及腿和柜帽的结构 1

圆角柜在明式家具中是一类非常有个性的家具，独具匠心，家具本身是锥形体，重心感强。由于柜门倾斜于柜中心，所以柜门在打开后靠向心力可自动关上，这是明式家具圆角柜的一大特点，而且柜门的转动不是靠合页，而是靠门轴，有古朴感。

**应用部位：明式圆角柜柜门。**

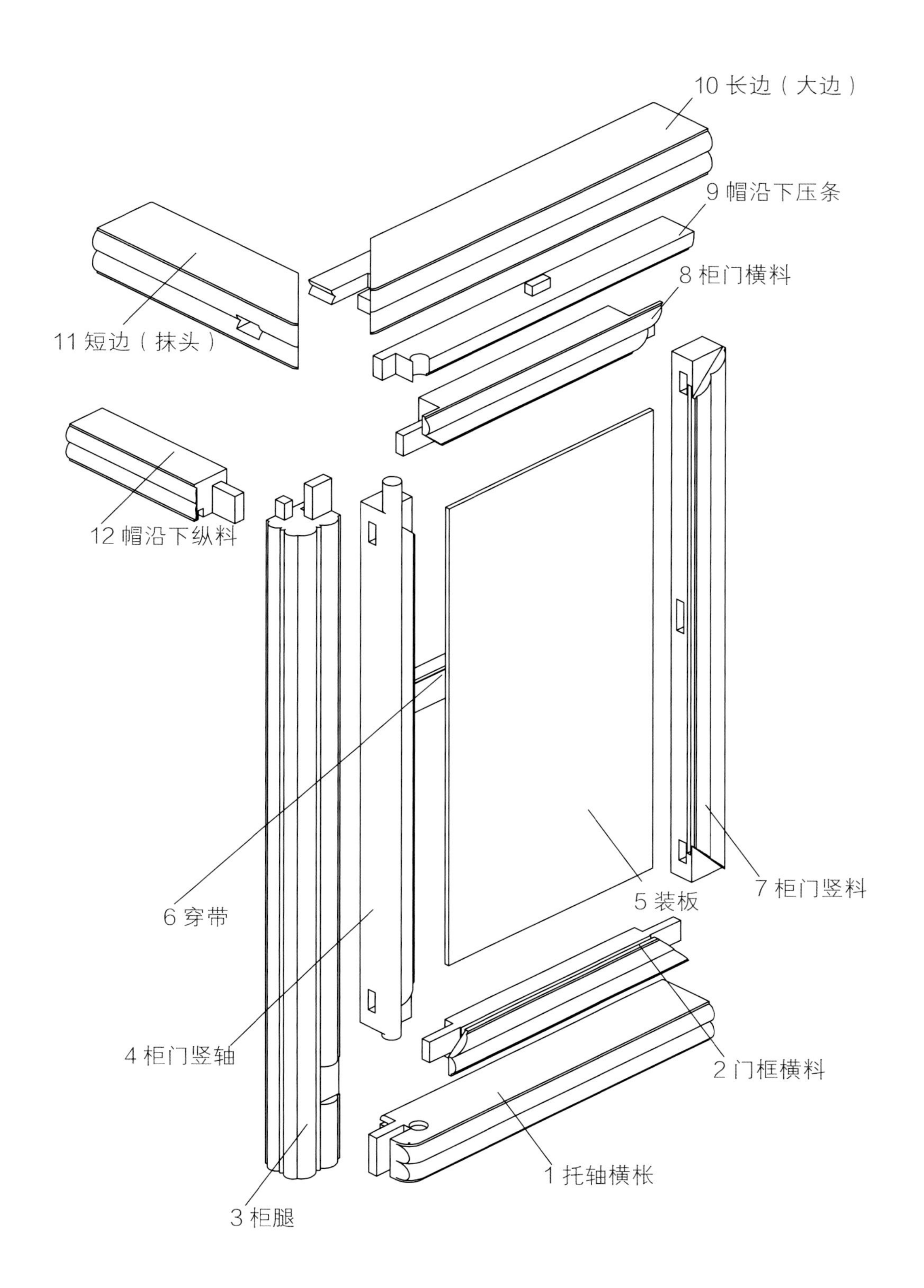


◆ **制作注意事项：** 制作圆角柜结构需要注意三点：一是门轴比柜腿的平面越高，开门的角度就越大；二是柜门上方的压条边线要和柜门边线保持在一个平面上才美观，压条的作用是能取下柜门；三是在打上下门轴圆孔时，确定好圆孔位置后有意打偏一点点，上轴向外靠柜腿方向偏几丝米来打，下轴向内靠柜中心方向偏几丝米来打，两门的中心门缝有意留上大下小，柜腿和柜门的间隙有意留上小下大，这样在日后使用中门缝会越来越均匀。

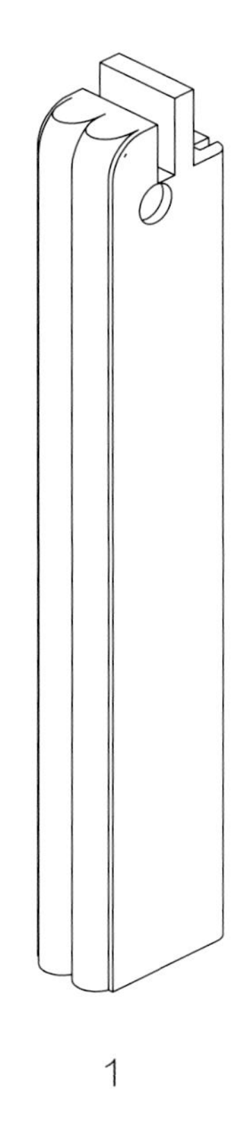

1

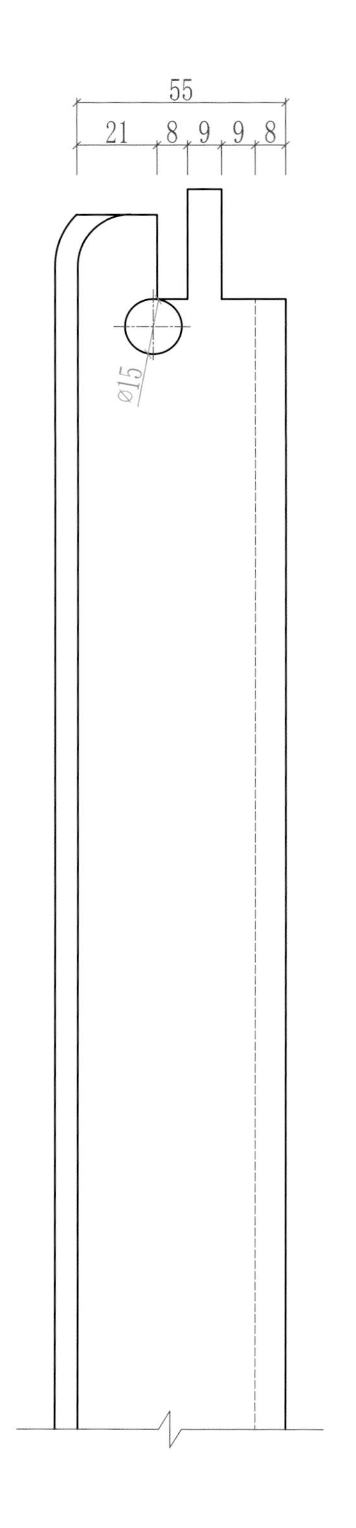


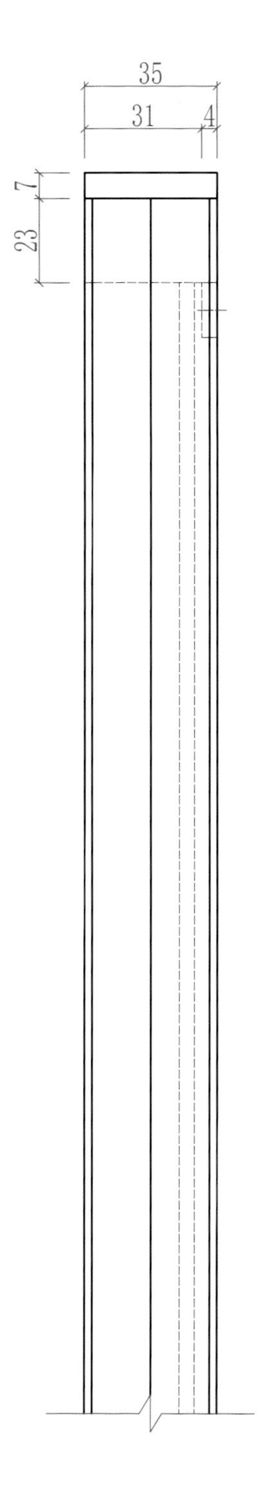

比例：1:2

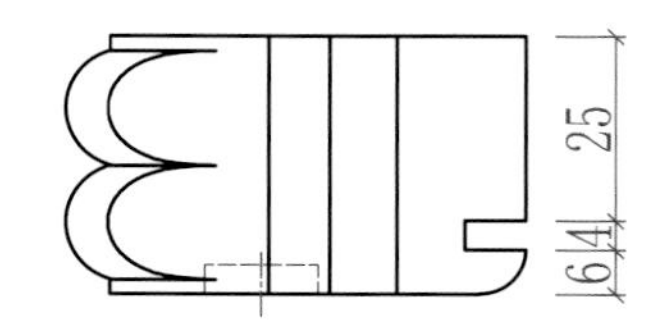

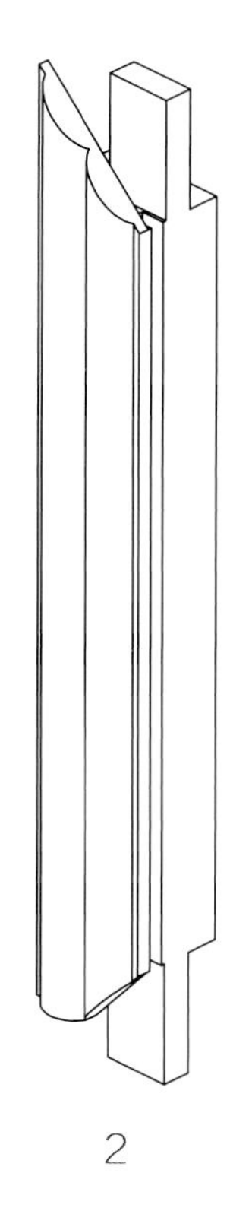

2

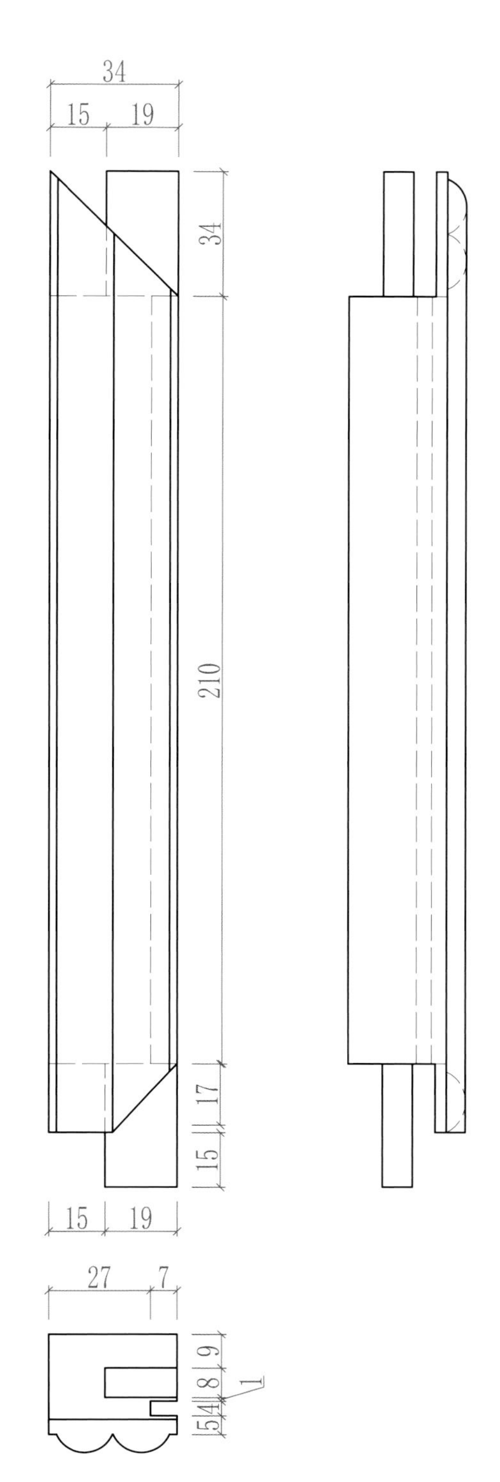

比例：1:2

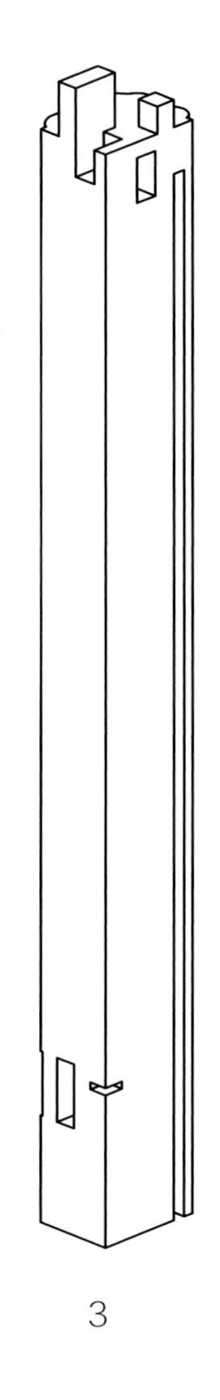

3

正视图
左视图
俯视图

比例：1:4

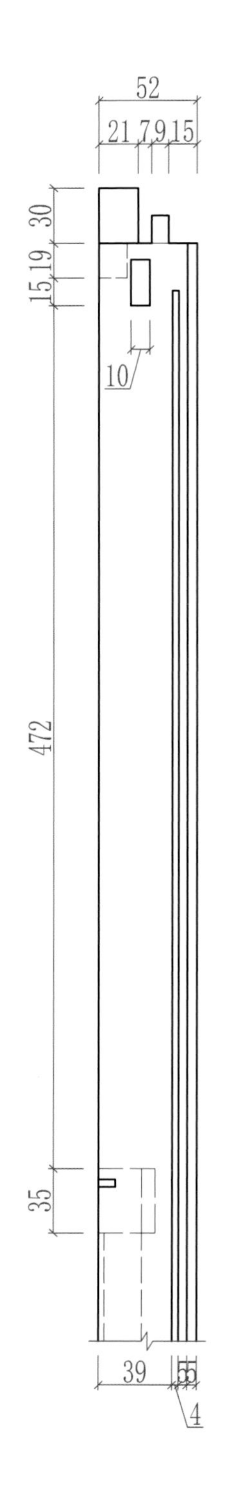
52
21
7
9
15
30
19
15
10
472
35
39
5
5
4

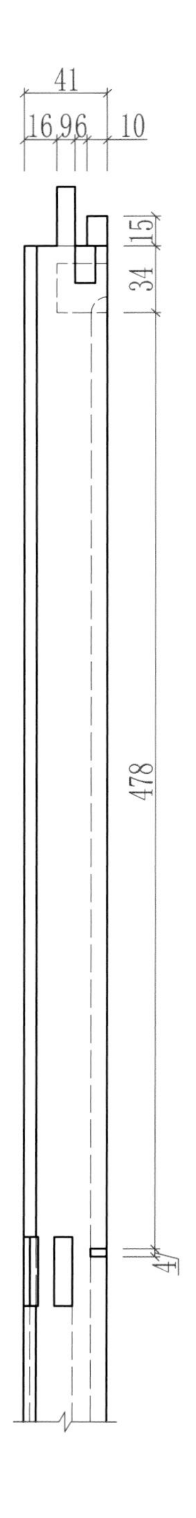
41
16
9
6
10
15
34
478
4

10
19
6
8
1
1
2

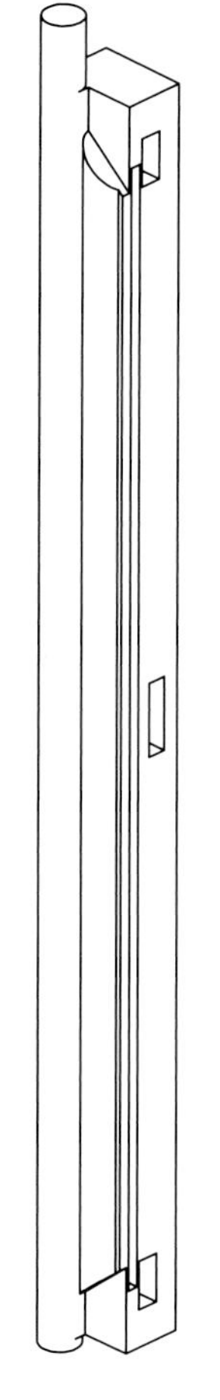
4

正视图
左视图
俯视图

比例：1:4

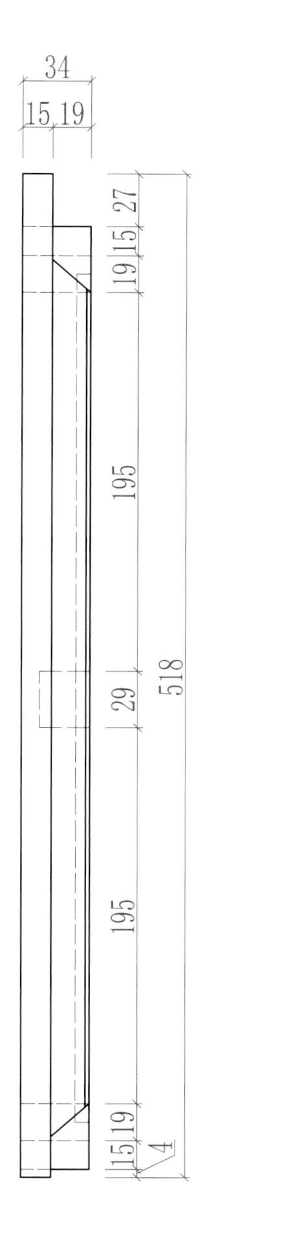
34
15 19
27
15
19
195
29
518
195
19
15
4

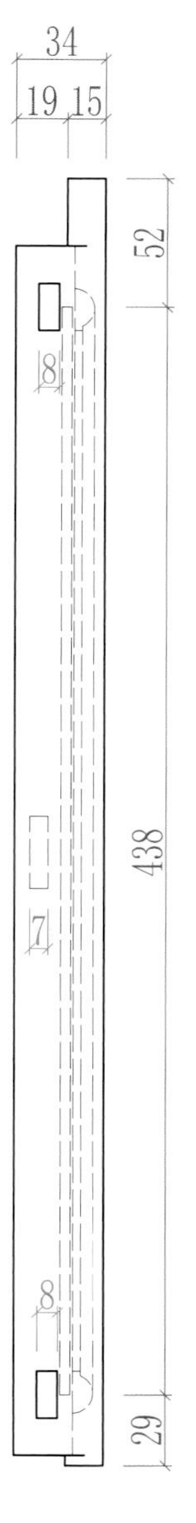
34
19 15
52
8
438
7
8
29

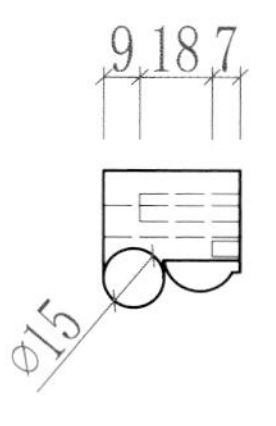
9 18 7
ø15

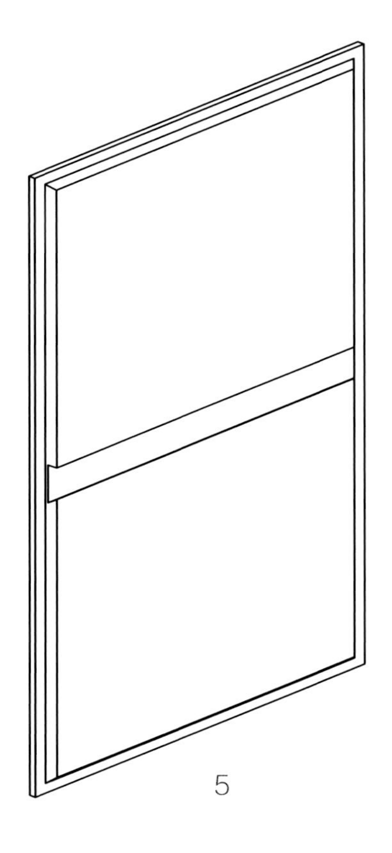

5

比例：1:4

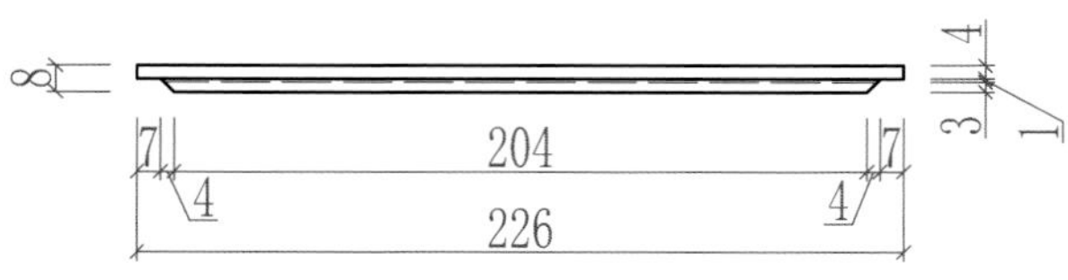

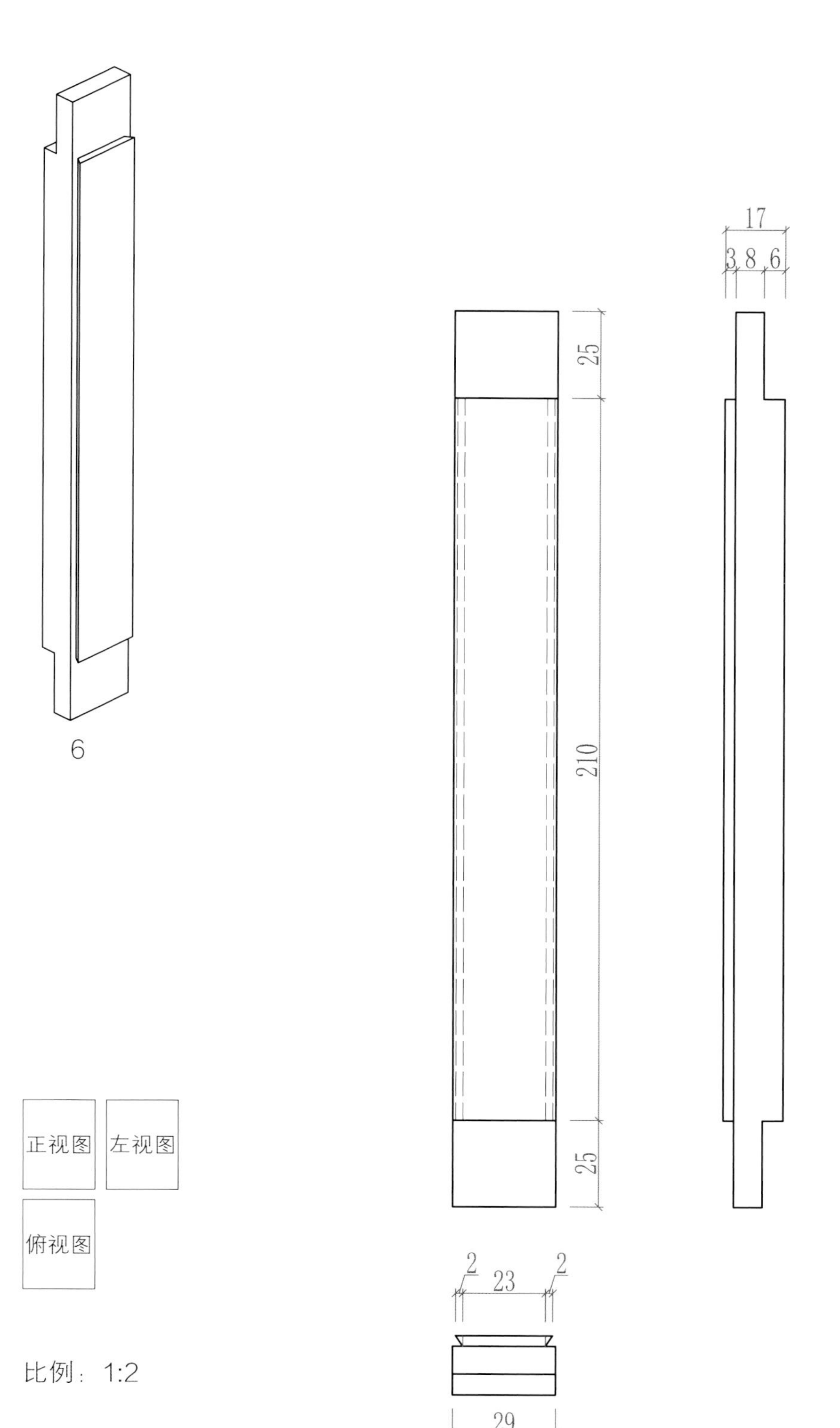
6
正视图
左视图
俯视图
比例：1:2
17
3
8
6
25
210
25
2
23
2
29

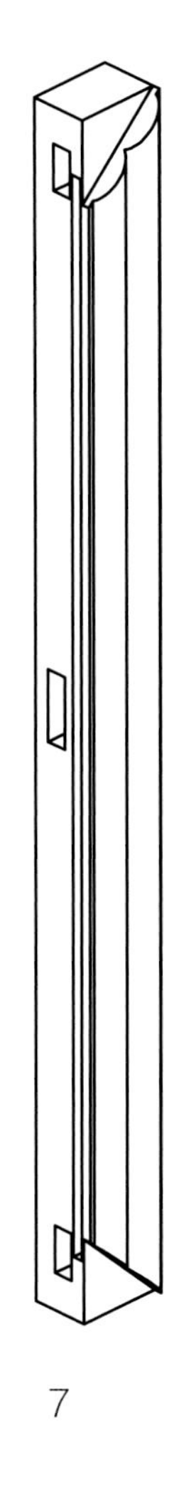

7

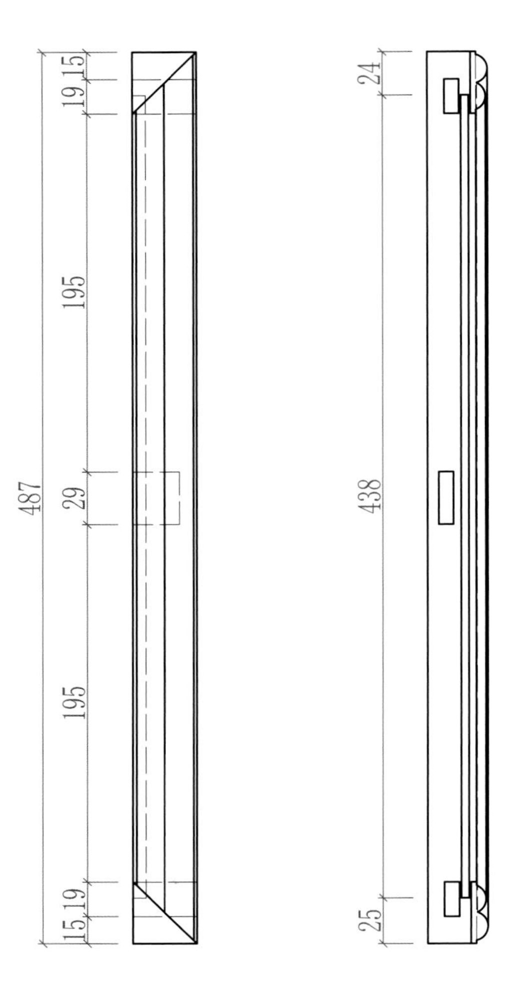

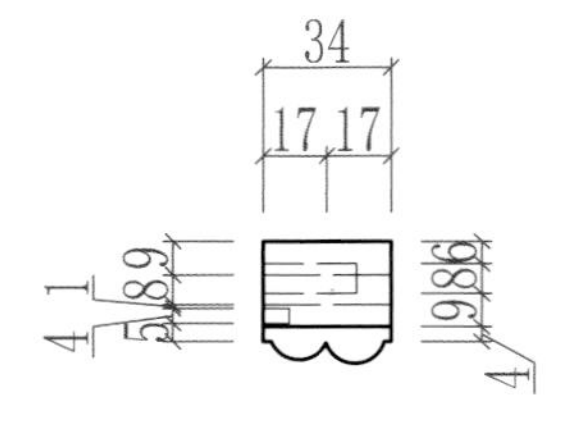


比例：1:4

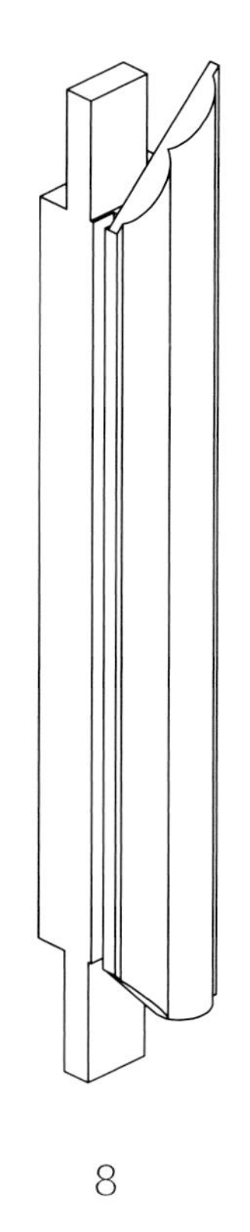

8

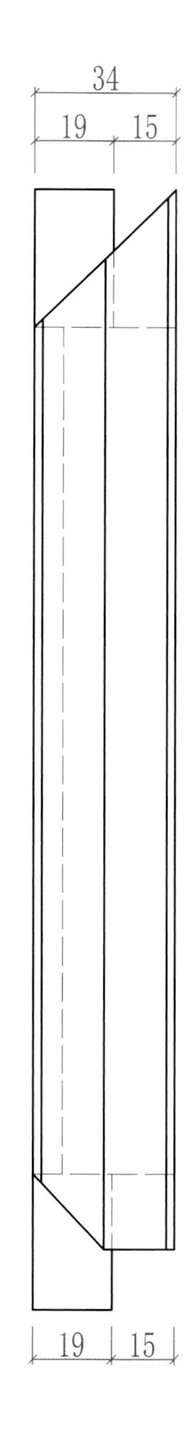


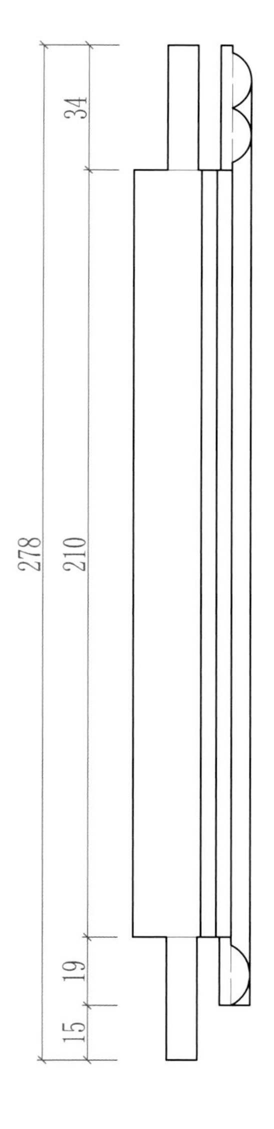

比例：1:2

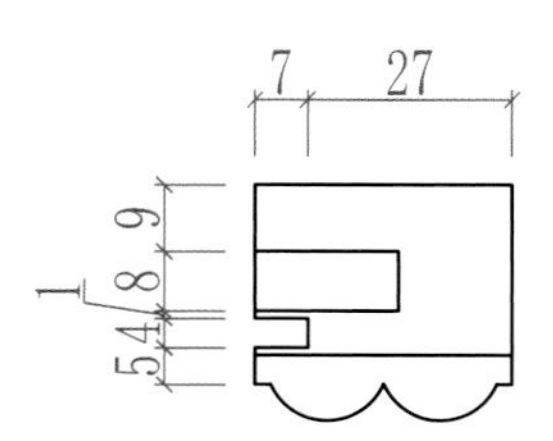

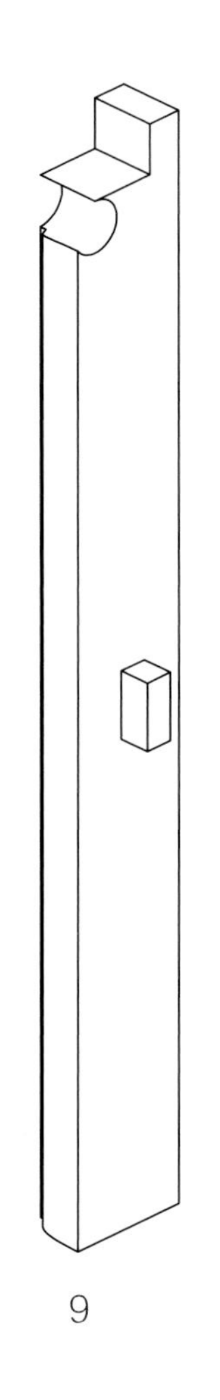

9

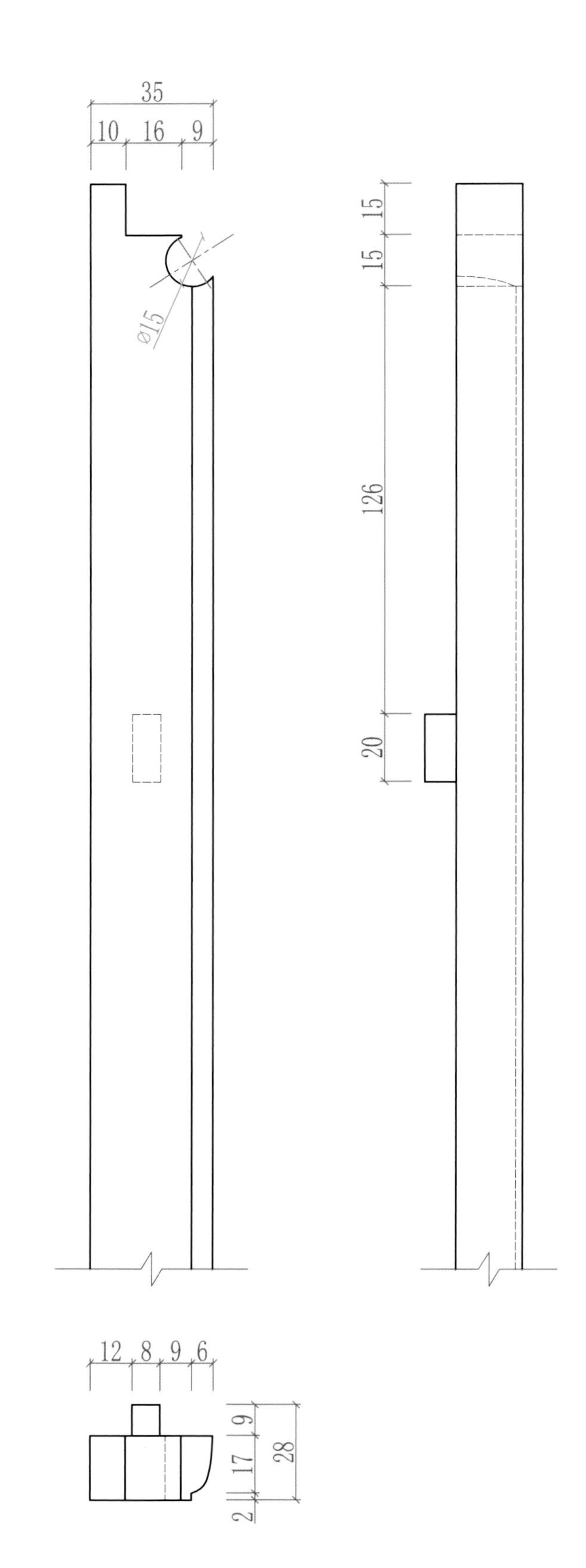

比例：1:2

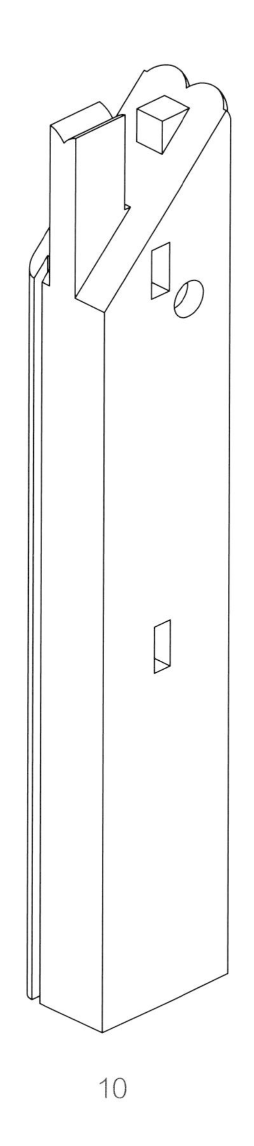

10

比例：1:2

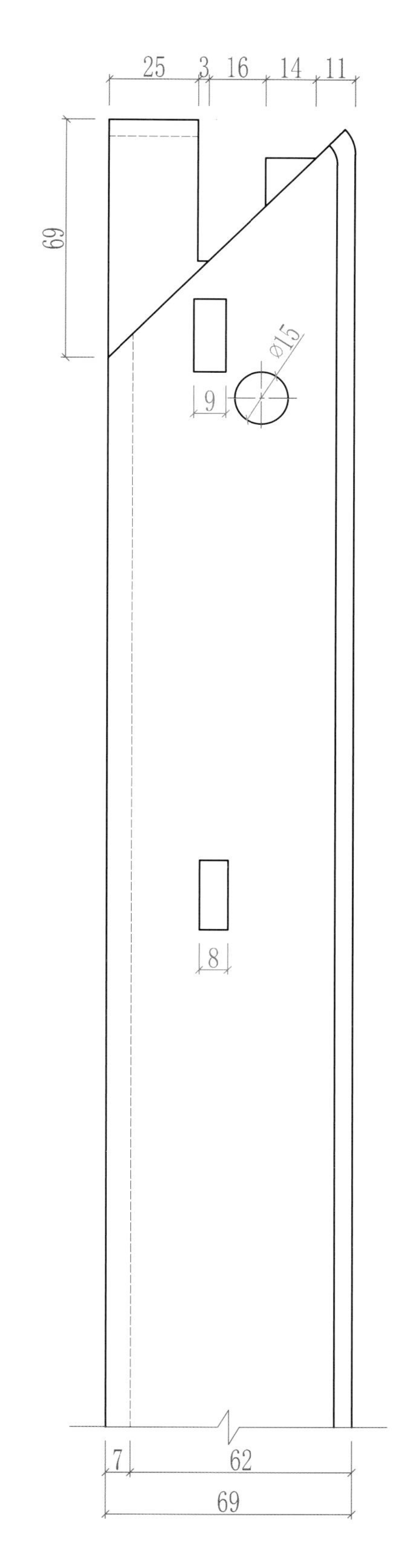


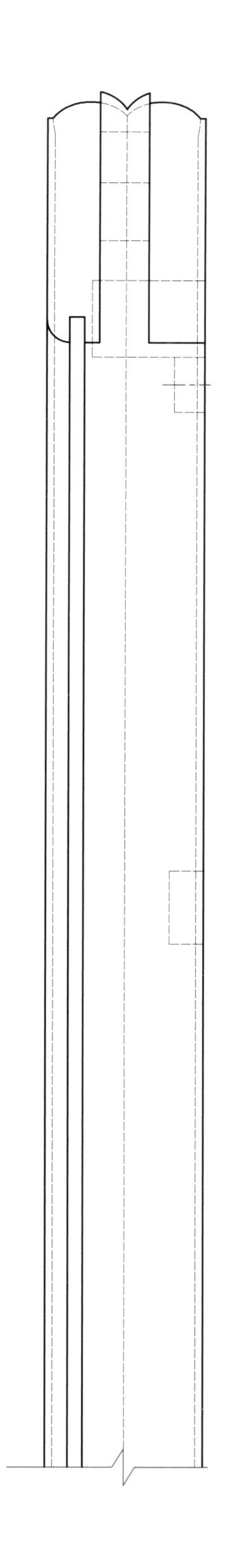

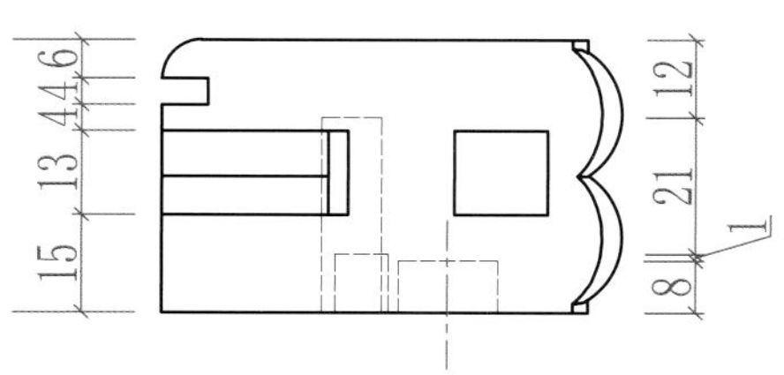


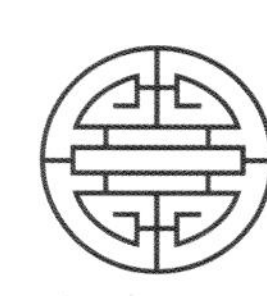

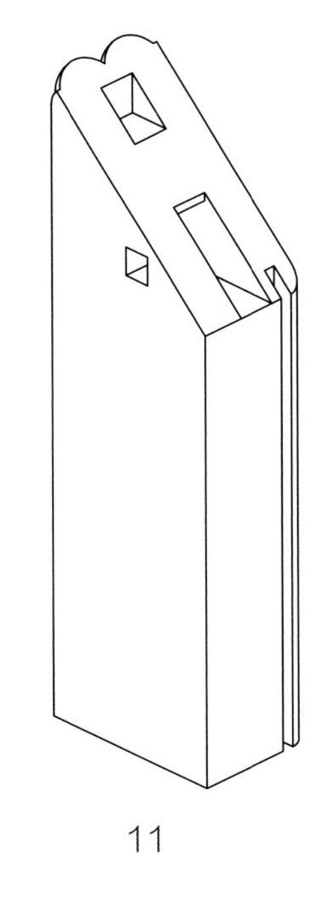

11

比例：1:2

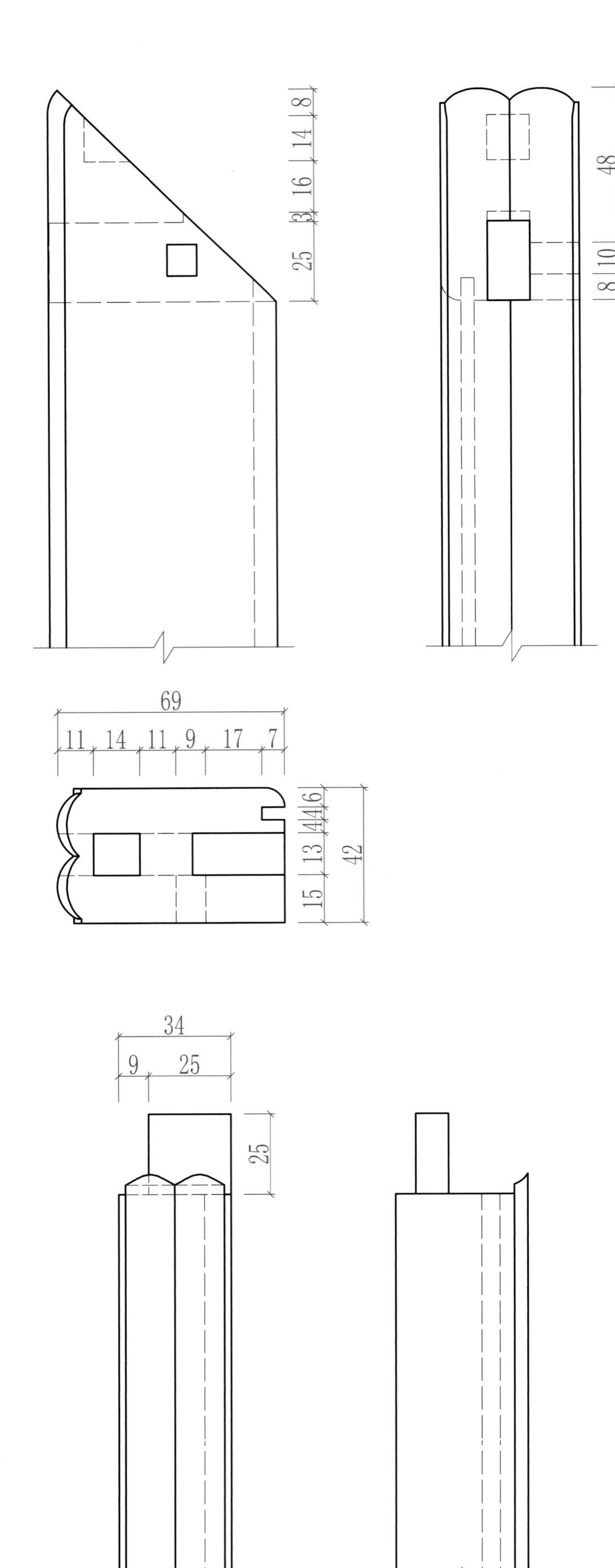


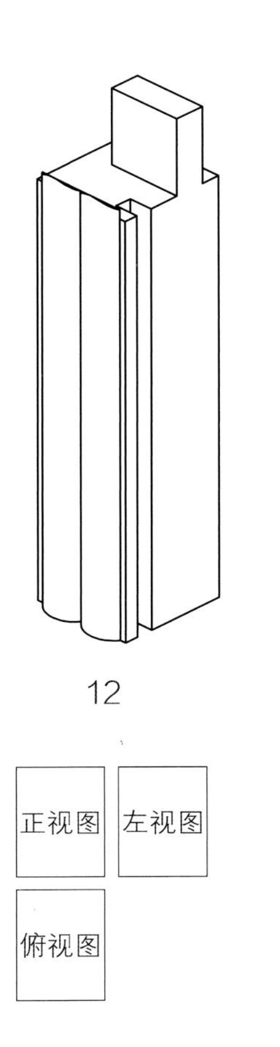


12

比例：1:2

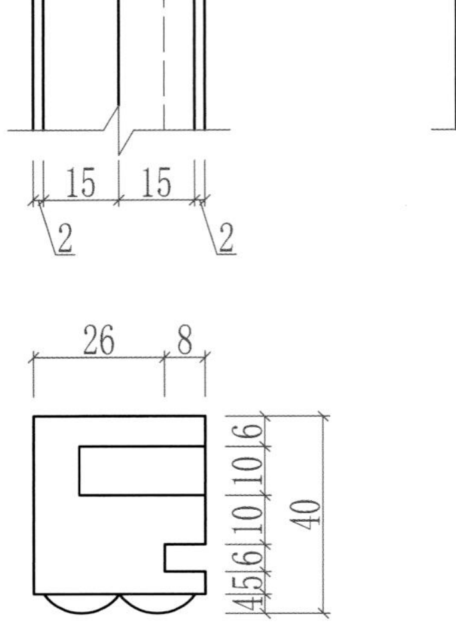

# 七十二、圆角柜门及腿和柜帽的结构 2

这是明式圆角柜上最常用的榫卯结构，和上一款瓜棱腿圆角柜的基本结构是一样的（瓜棱腿圆角柜属于个性化造型）。圆角柜器型美不美关键是各部件料大小的比例及各部件的位置关系，圆角柜的器型很难把握。圆角柜的基本形式是一样的，但每个匠师设计的器型还是有差异的。

**应用部位：圆角柜柜门。**

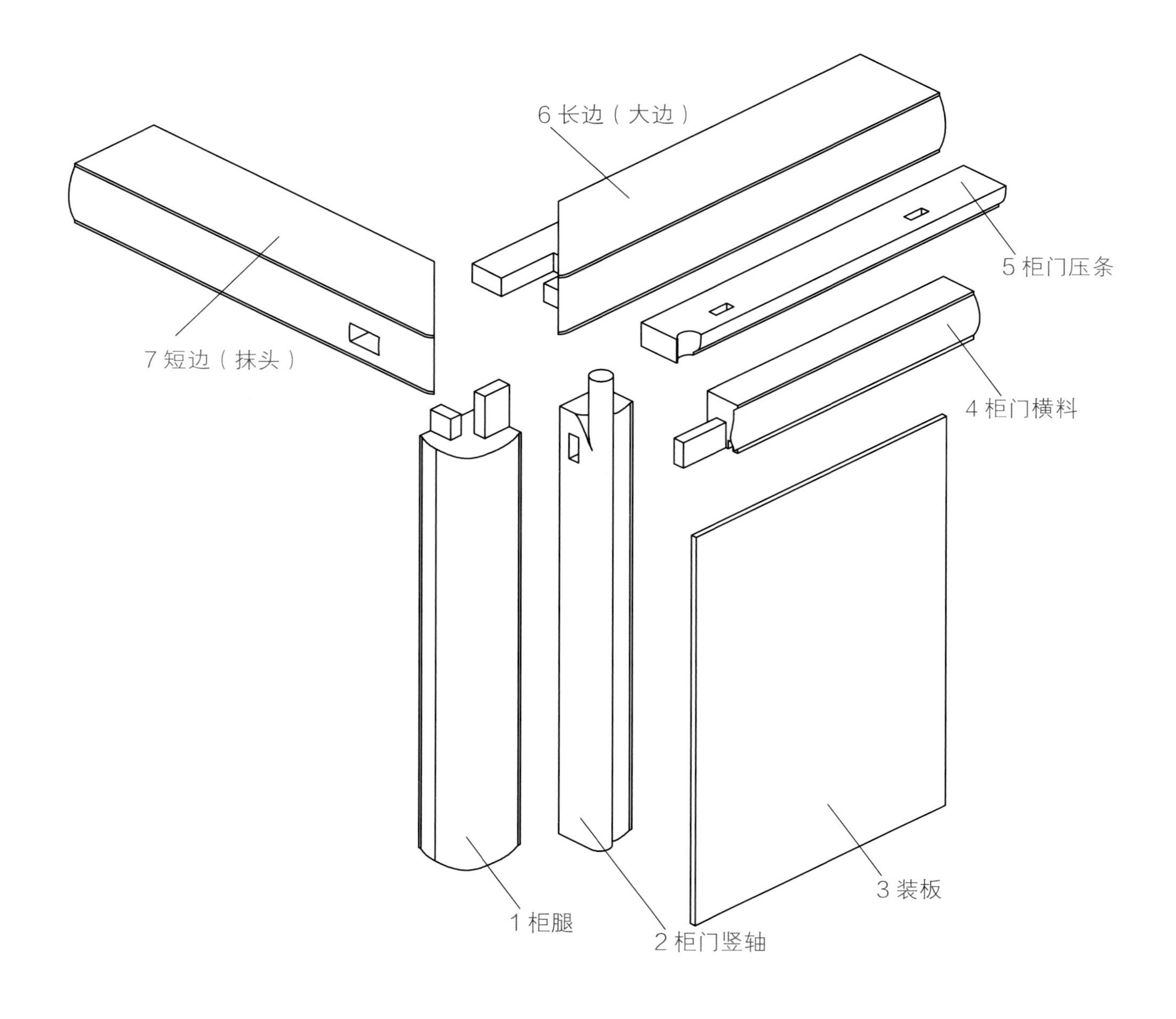


◆ **制作注意事项：** 在设计圆角柜时，应注意圆角柜四个立面是有夌度的，大部分标准夌度是圆角柜的上帽沿和腿的落地点等宽；其次是注意柜门和腿及柜帽的位置关系，至于各部件截面大小的比例是由设计者的爱好而定。

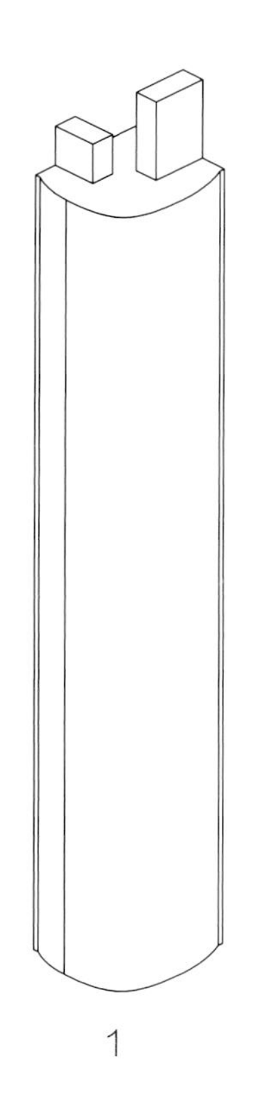

1

比例：1:2

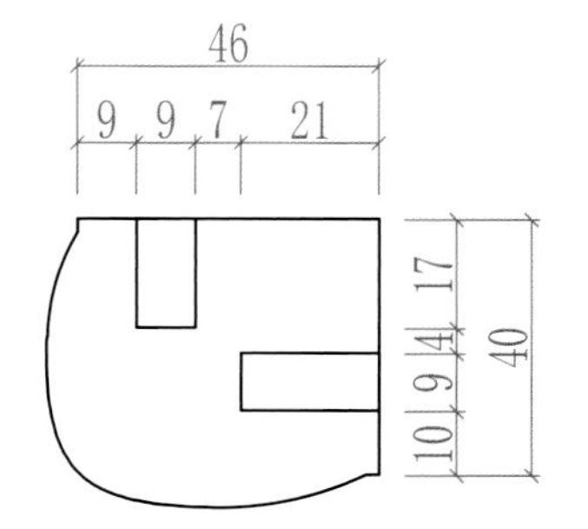

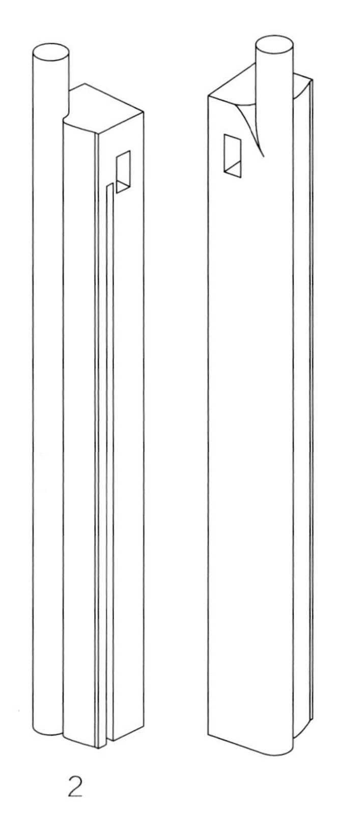


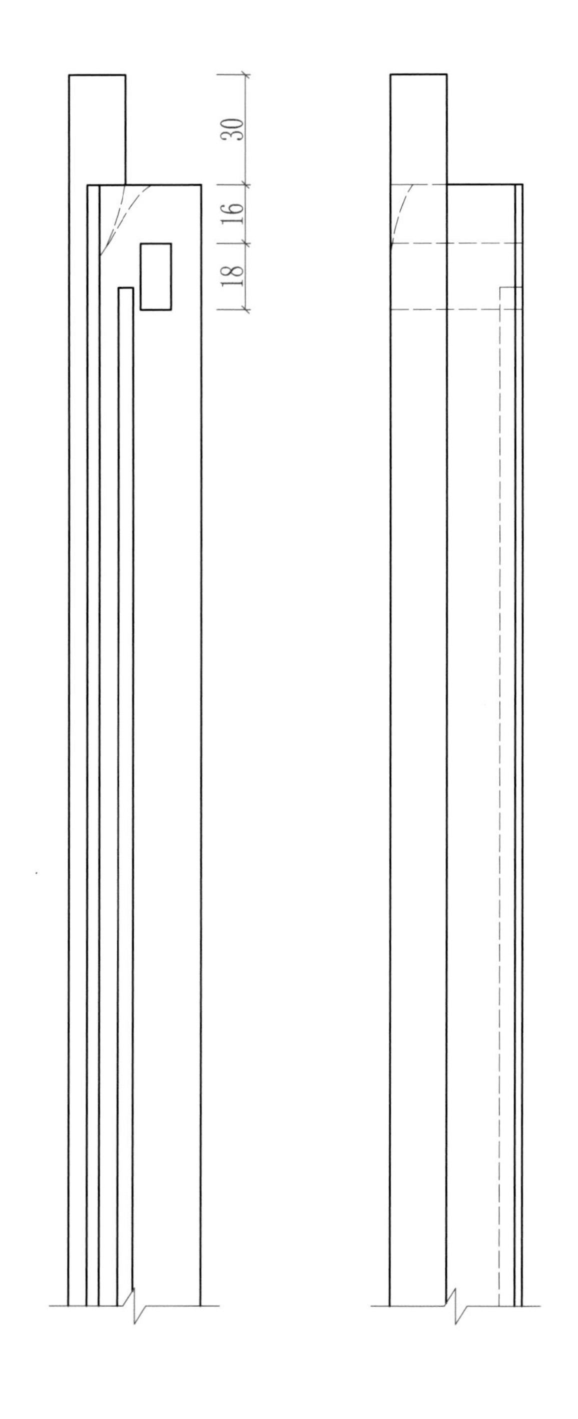

比例：1:2

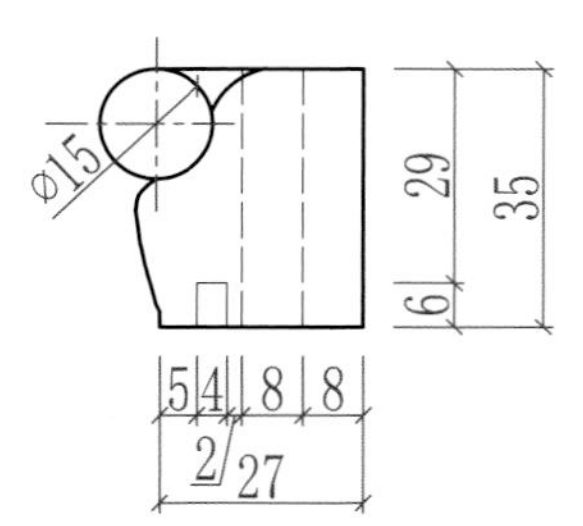

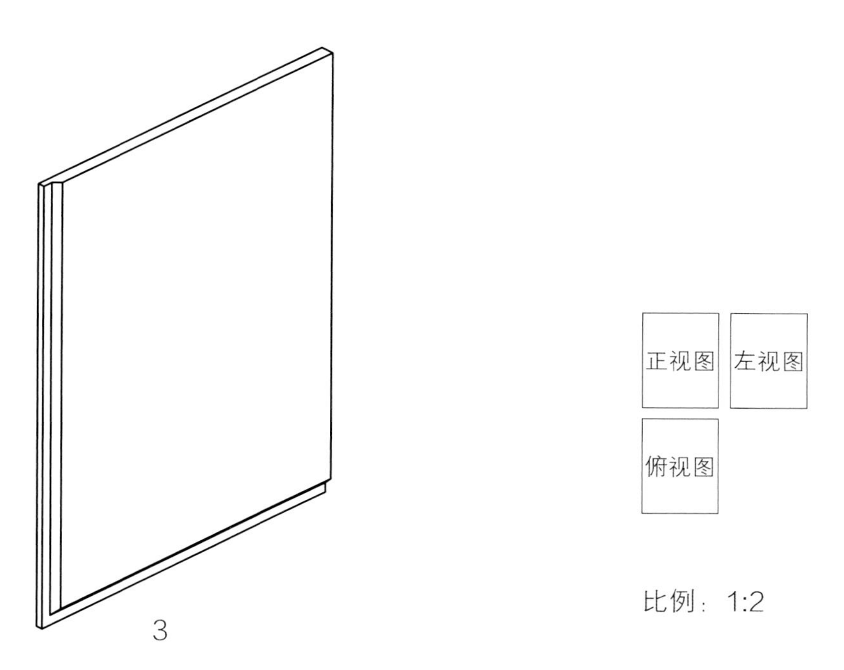


| 正视图 | 左视图 |
| --- | --- |
| 俯视图 | |

比例：1:2

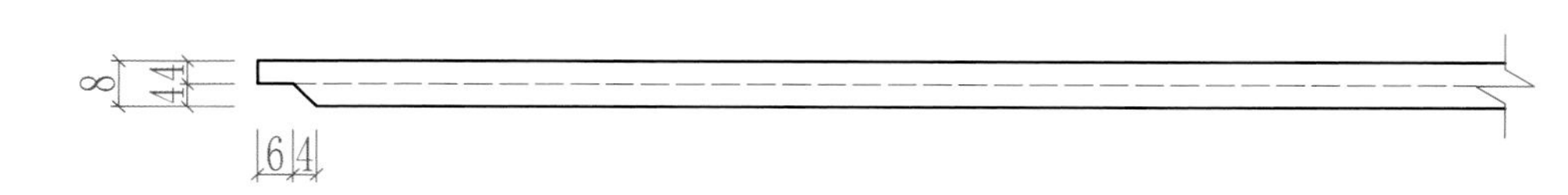

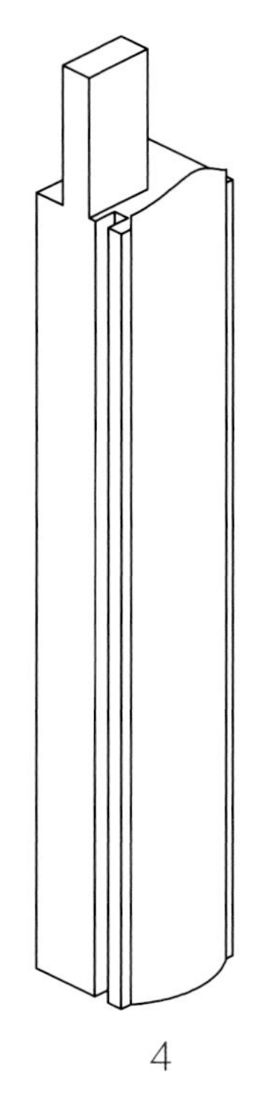


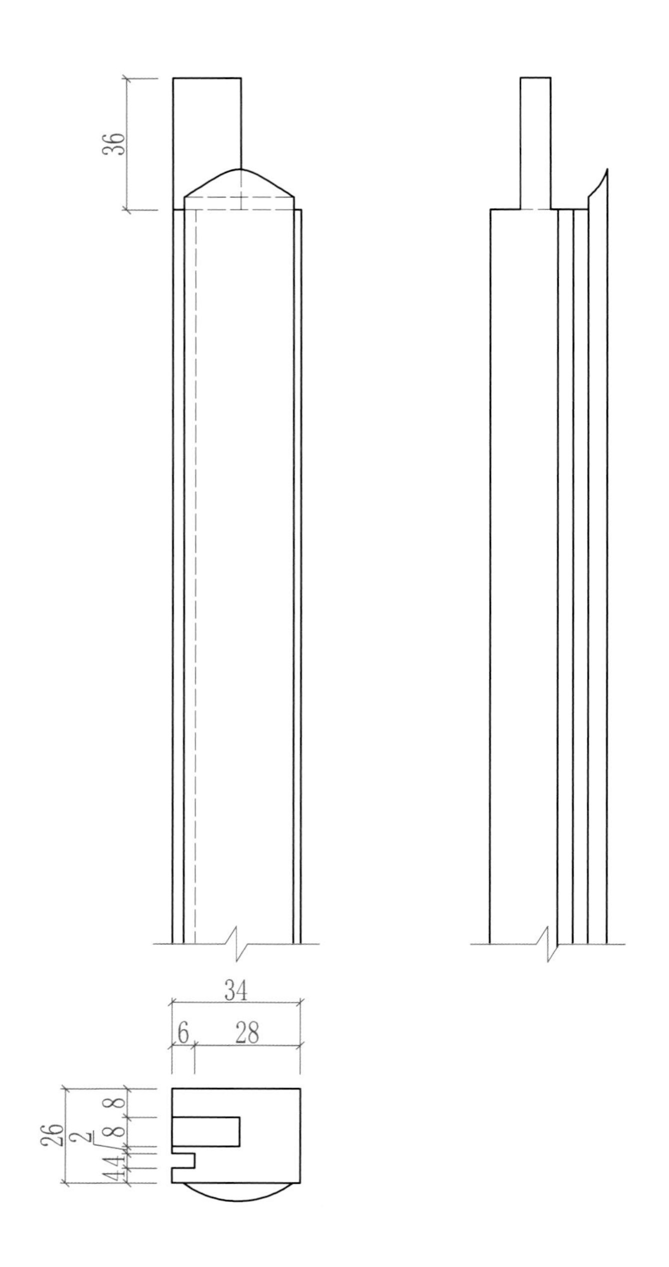

比例：1:2

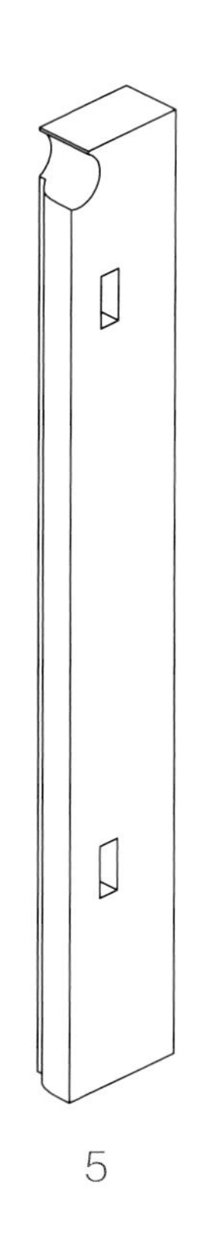

5

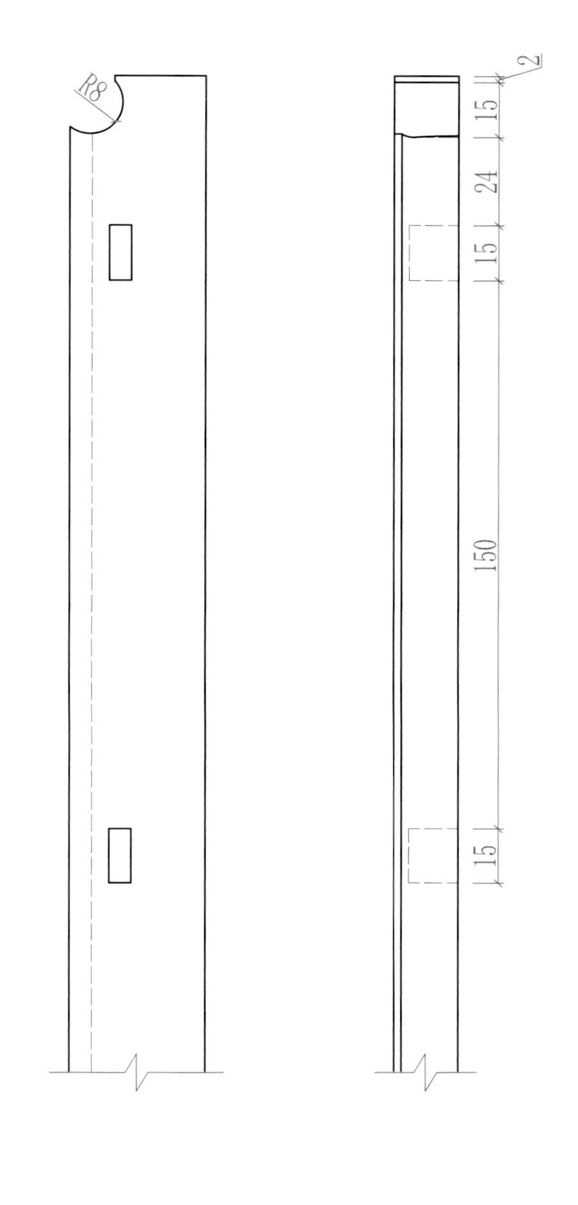

比例：1:2

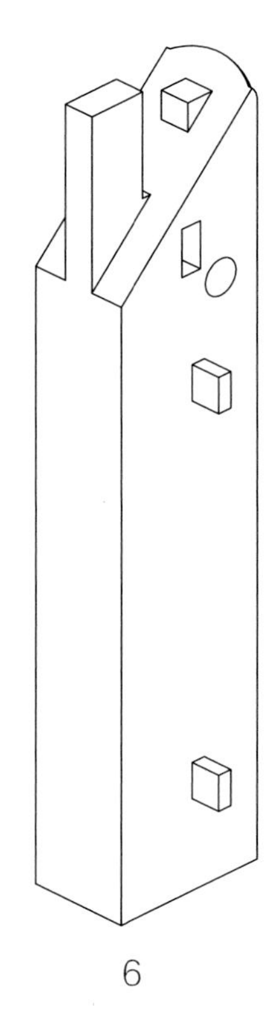

6

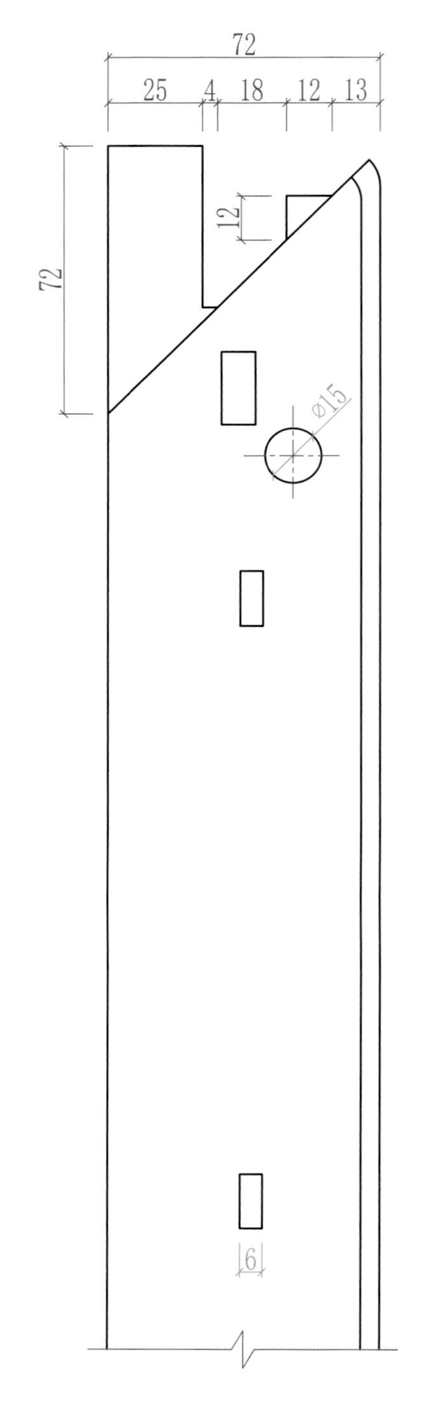
72
25 4 18 12 13
12
72
ø15
6

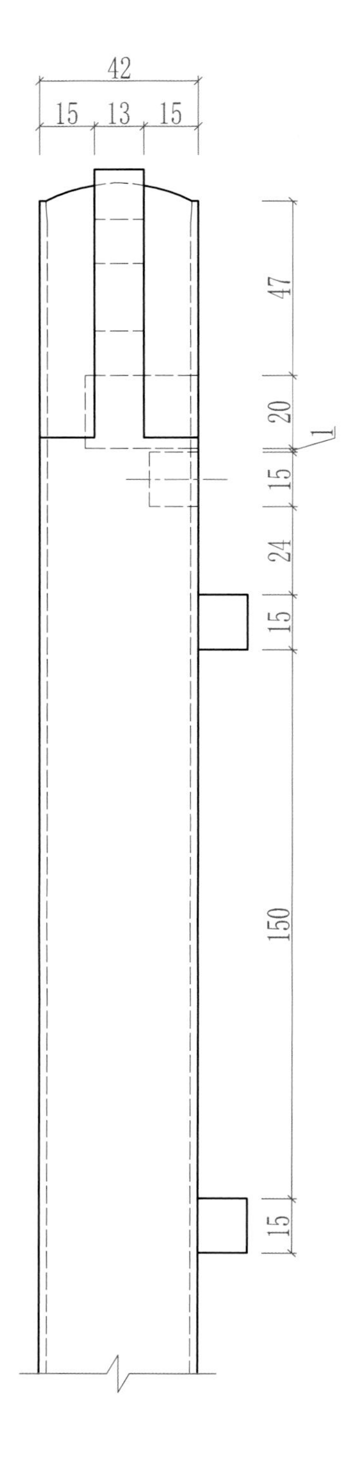
42
15 13 15
47
20
1
15
24
15
150
15

正视图
左视图
俯视图

比例：1:2

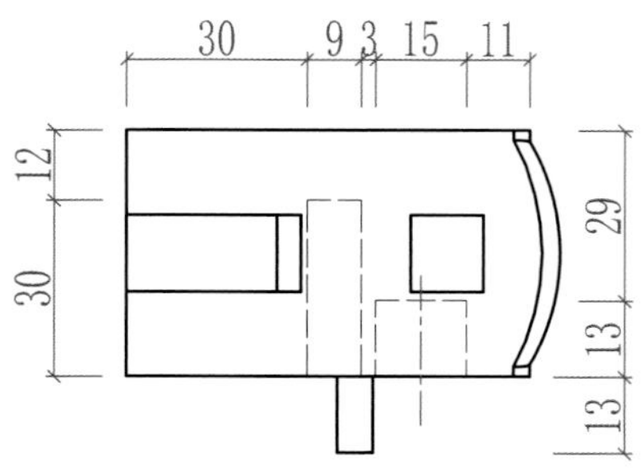
30 9 3 15 11
12
30
29
13
13

7

比例：1:2

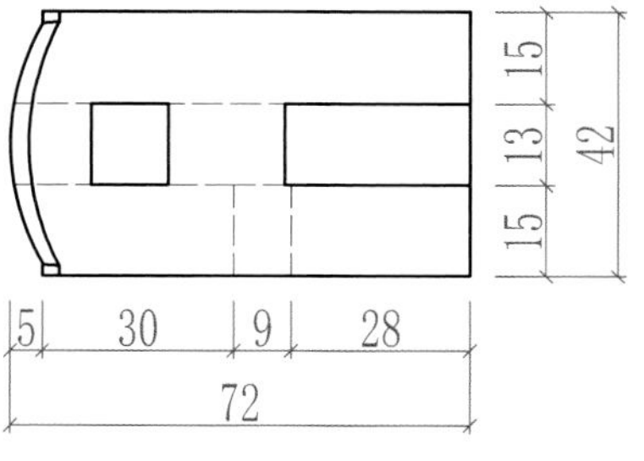

# 七十三、箱盖结构 1

箱体结构是传统家具中的细木工，尤其是小箱小盒箱体的木板都很薄。讲究的结构都采用暗燕尾榫来连接，要求加工要精致。现在机械发达了，很容易做，但旧时手工做就很难了。这种箱体结构形式被固定了下来，很难改变。在箱体结构中，箱盖的结构是箱子类的主要部分，它的做法和精巧程度影响了箱子的品质，这一款箱盖结构是最传统的精致做法。箱体类的家具都很单薄，不受力，所以旧时的箱盒大部分都有金属包角，一方面为了美观，更是为了牢固。

**应用部位：箱盒类。**

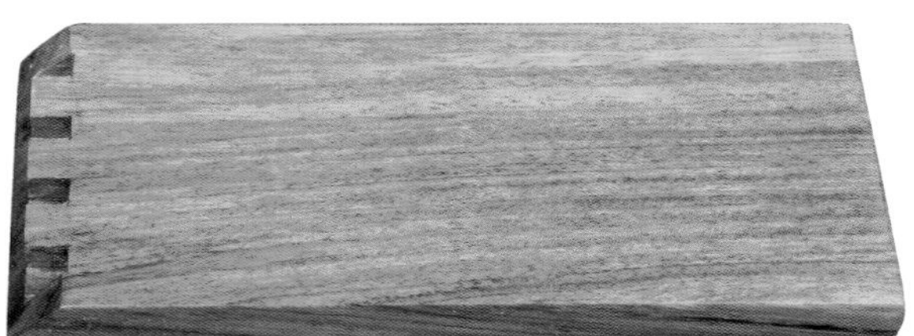

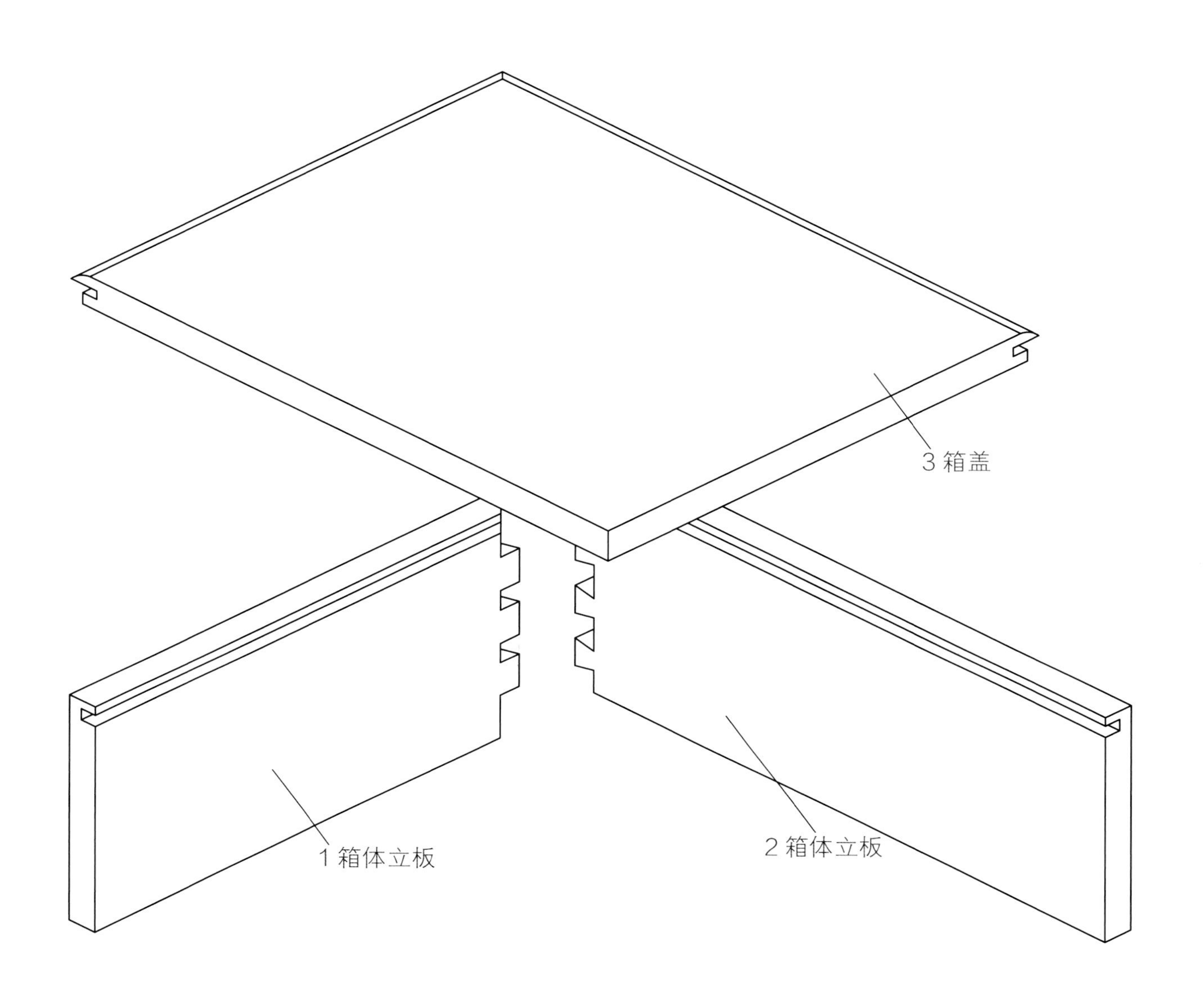


◆ **制作注意事项：** 在制作箱盖榫舌榫槽时，榫舌入槽要松一点，榫槽的上边缘太单薄，不受力容易“崩口”。箱底的做法这里没有绘出，所有的箱底都是打槽装板，大的衣箱箱底装板还会加穿带。

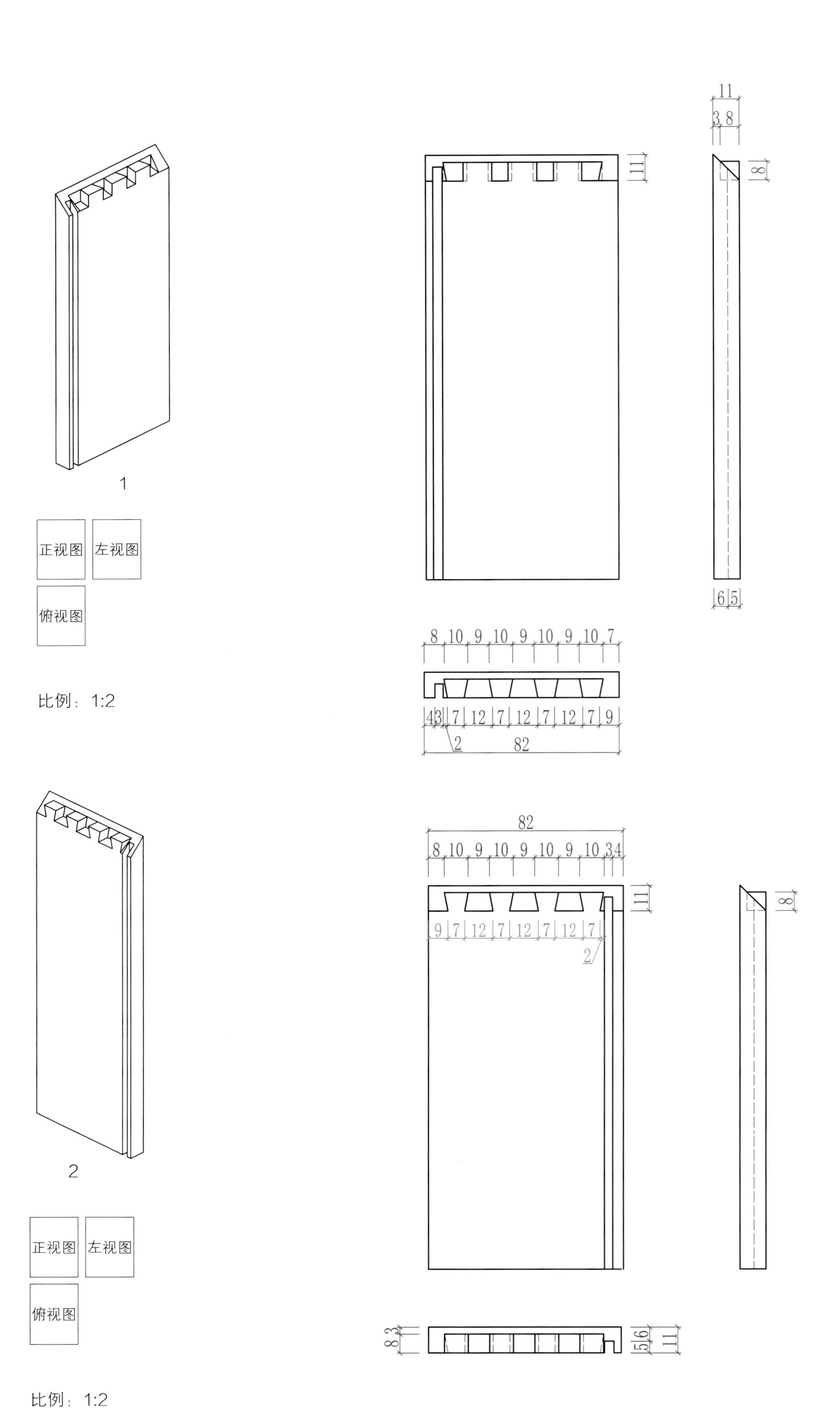
1
正视图
左视图
俯视图
比例：1:2
11
3 8
11
8
6 5
8 10 9 10 9 10 9 10 7
4 3 7 12 7 12 7 12 7 9
2
82
2
正视图
左视图
俯视图
比例：1:2
82
8 10 9 10 9 10 9 10 3 4
11
9 7 12 7 12 7 12 7
2
8
8 3
5 6
11

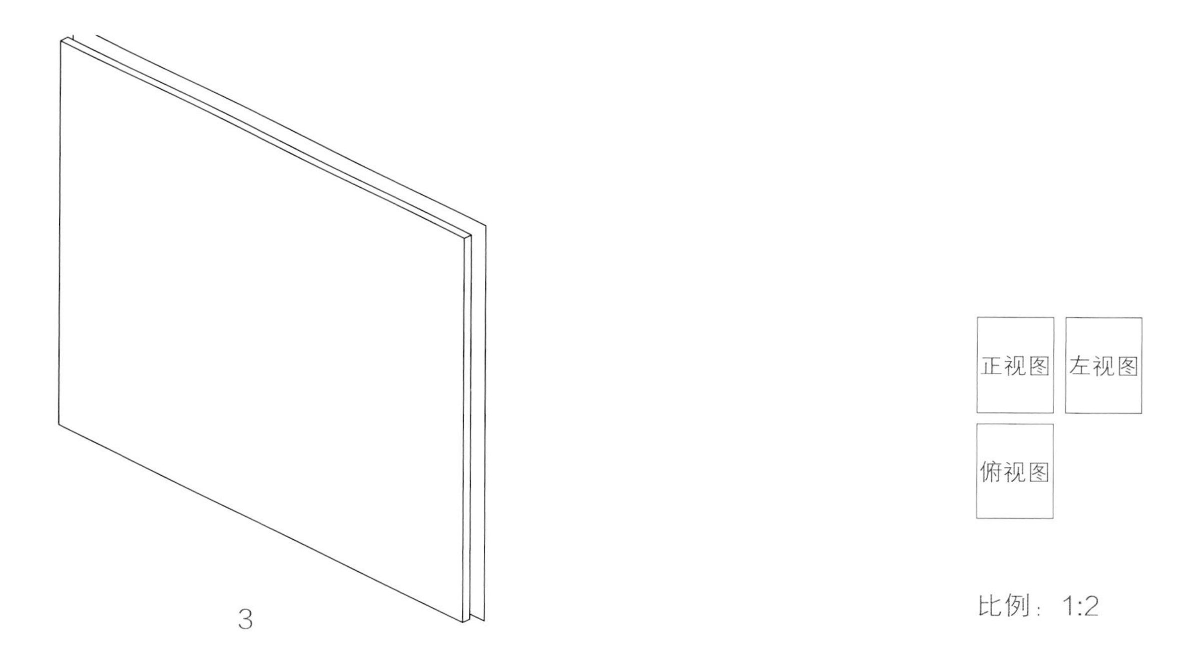
3
正视图
左视图
俯视图
比例：1:2

11
3
4
4
5
6

# 七十四、箱盖结构2

这种箱盖结构是比较简易的榫卯结构，是工匠们常说的“偷活”，传统的实物中这种结构不多见，但现在红木家具行业中有不少这种做法，盖的连接主要靠胶粘，如果没有金属包角很容易损坏。箱盒的木材缩胀对箱盒质量影响很大，所以制作箱盒类家具，木材处理更重要。

**应用部位：箱盒类。**

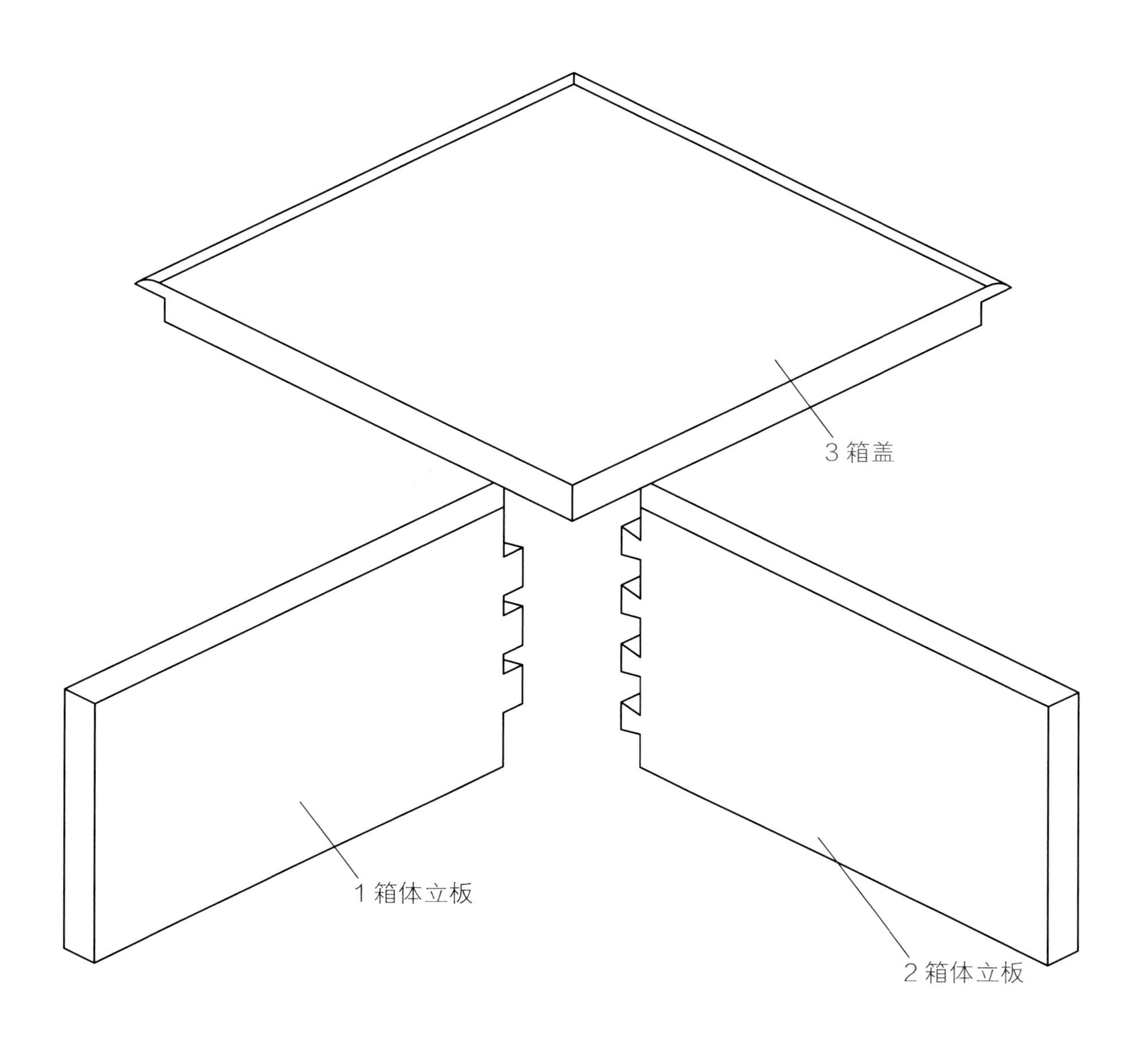


◆ **制作注意事项：** 这个结构还是比较简单的，只要箱体的暗燕尾榫做好，箱盖比较容易做。箱体暗燕尾榫的大小要根据板的厚度而定。这种结构箱盖必须安装金属包角，固定包角的钉子也能使箱盖和箱体连接更牢。

1

正视图
左视图
俯视图

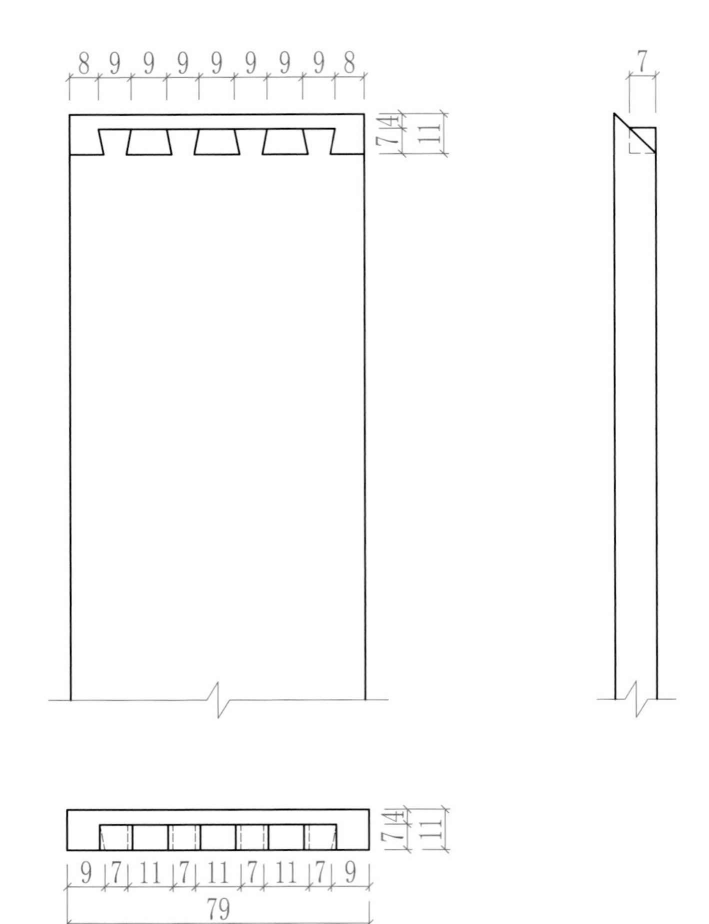
8 9 9 9 9 9 9 9 8
7 4 11
7
7 4 11
9 7 11 7 11 7 11 7 9
79

比例：1:2

2

正视图
左视图
俯视图

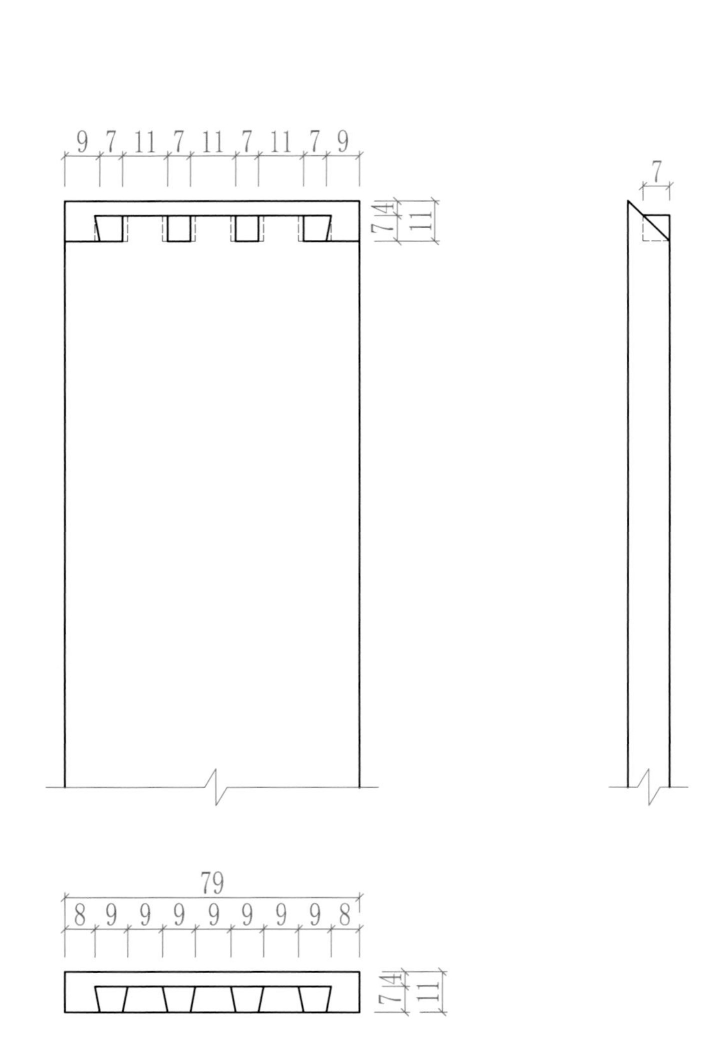
9 7 11 7 11 7 11 7 9
7 4 11
7
79
8 9 9 9 9 9 9 9 8
7 4 11

比例：1:2

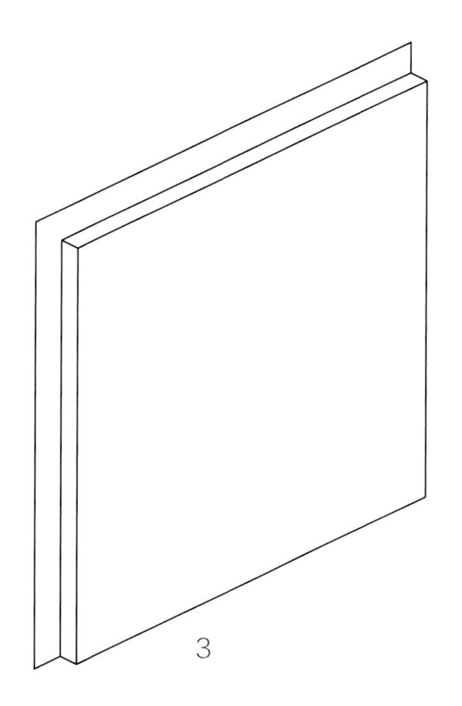

比例：1:2

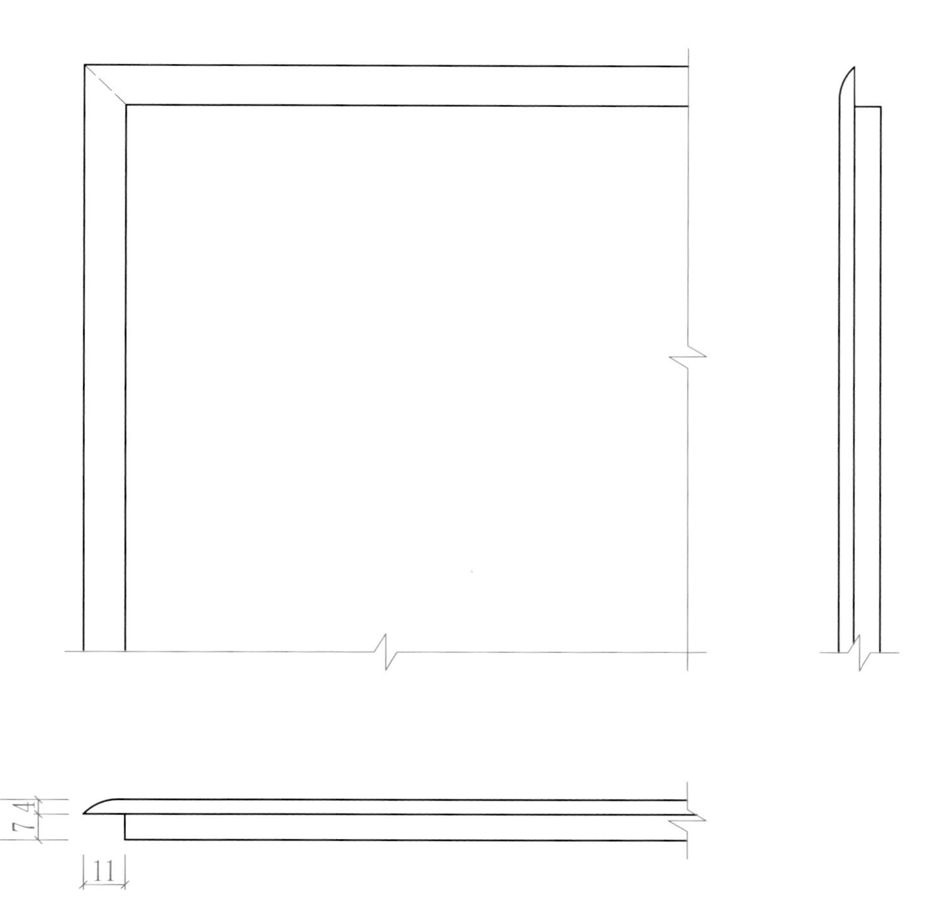

# 七十五、角牙栽榫接合

角牙的作用有两个：一是装饰，二是增加家具的牢固程度。角牙轮廓造型多种多样，雕刻手法有浮雕、透雕、阴雕等。角牙厚度有厚有薄，一般比较厚的用栽榫方法和家具边框接合，薄的用打槽装板做法和边框接合。角牙用栽榫的方法接合，制作简单、组装容易。牙角是家具制作中的重要组成部分。有的家具带墩座，墩座上装站牙，如座屏风、灯台等，本书没有例举，这里站牙也是角牙的概念。

**应用部位：家具横、竖材交接处。**

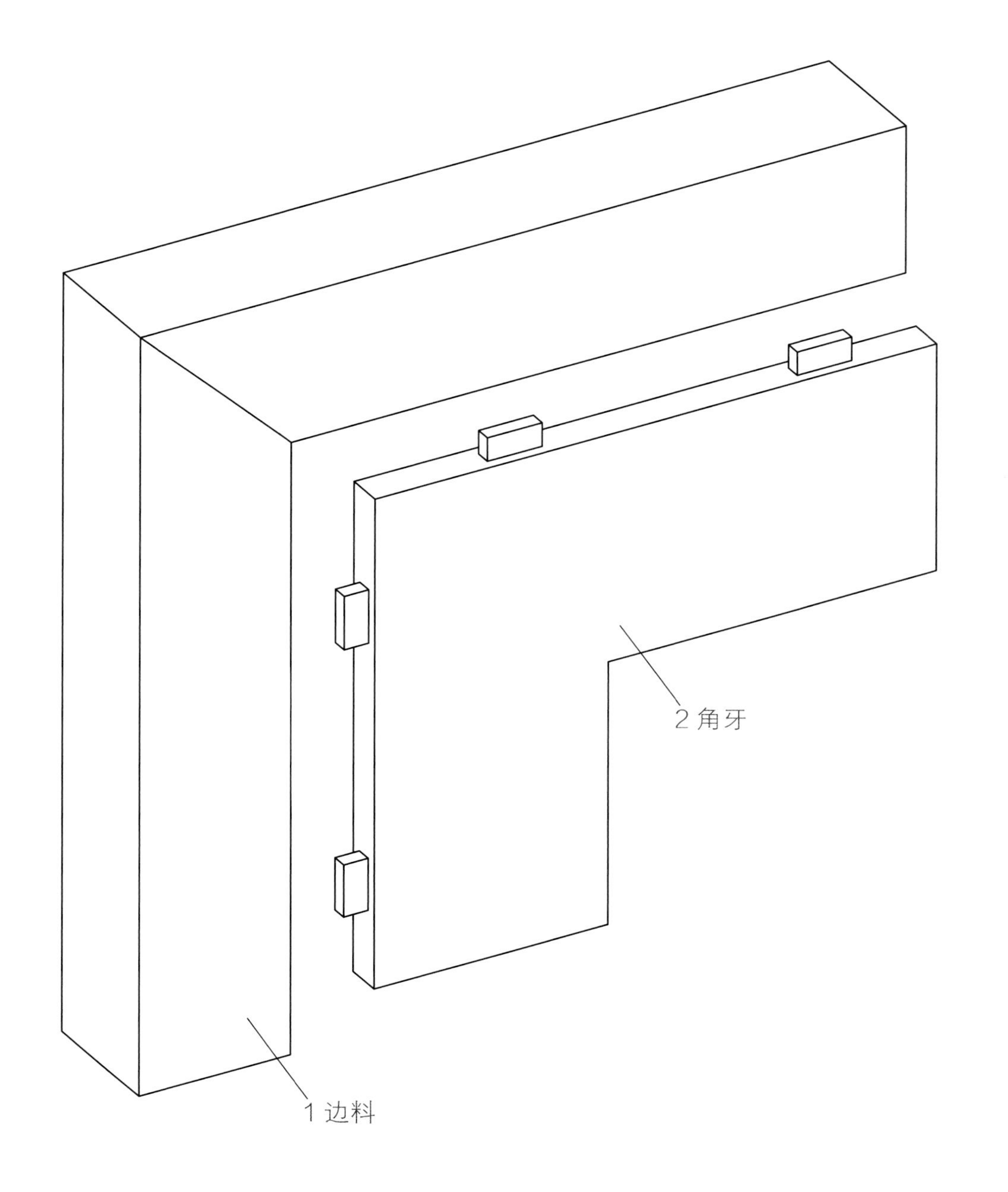


◆ **制作注意事项：** 用裁榫法接合的角牙都是先完成雕刻后再确定榫眼的位置和大小，这样的顺序比较合理，安装时要注意牙角和框之间容易产生缝隙，如果是透雕角牙，在安装时受力太大角牙会开裂。角牙和框的接合也是多种多样的，有的角牙是一边打槽装一边榫头连接，也有的角牙是一边出榫头一边栽榫和横竖材连接，角牙用什么方法接合要根据用在什么地方而定，另外栽榫的用处很广，有时构件和构件连接经常用到栽榫。

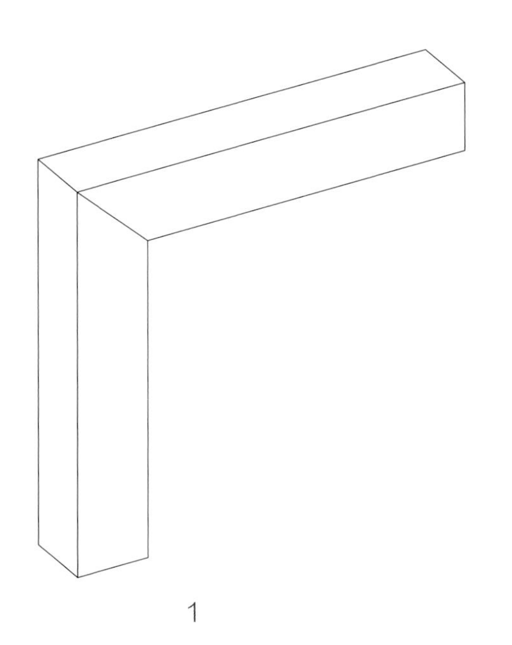

比例：1:2

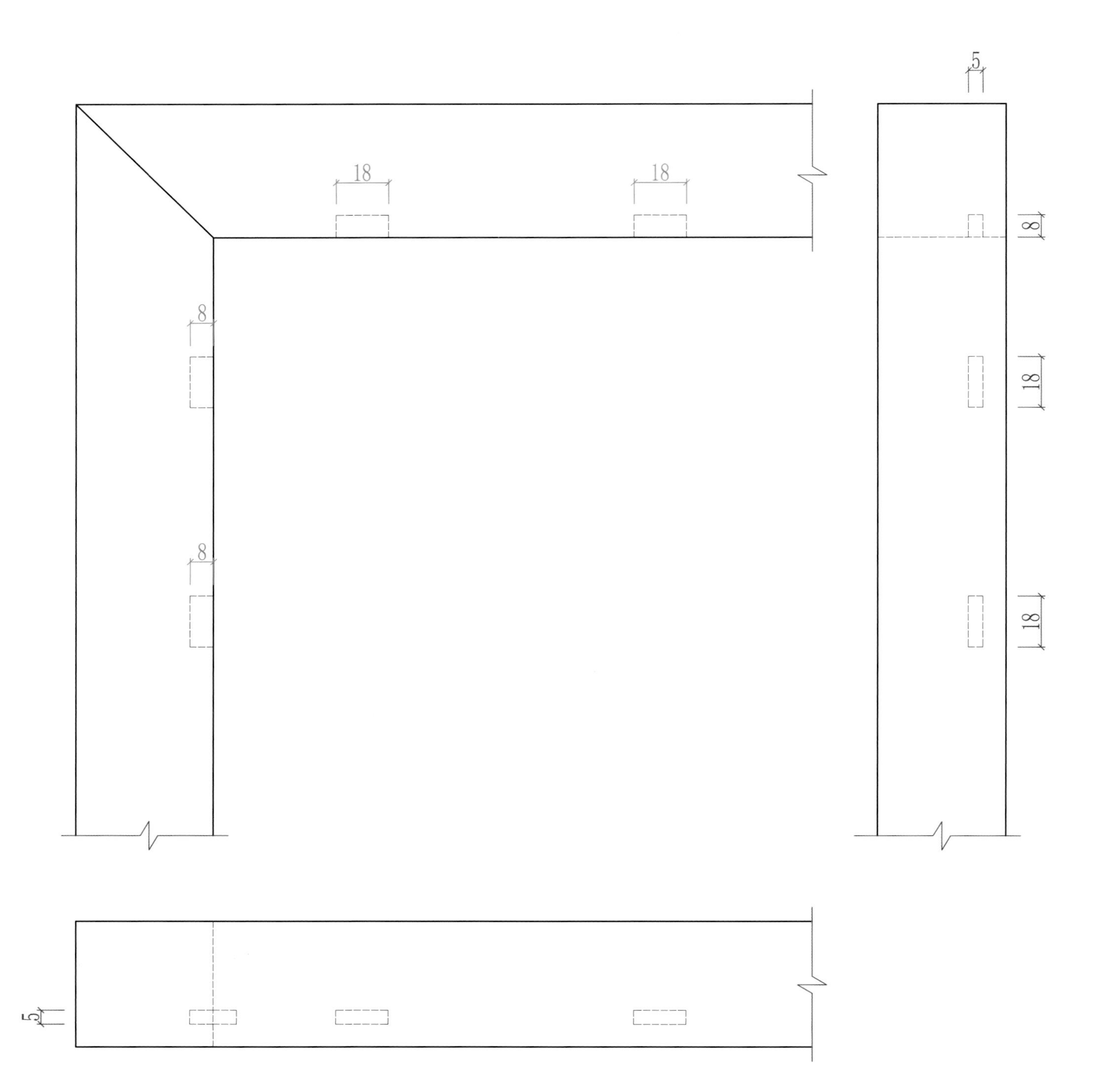

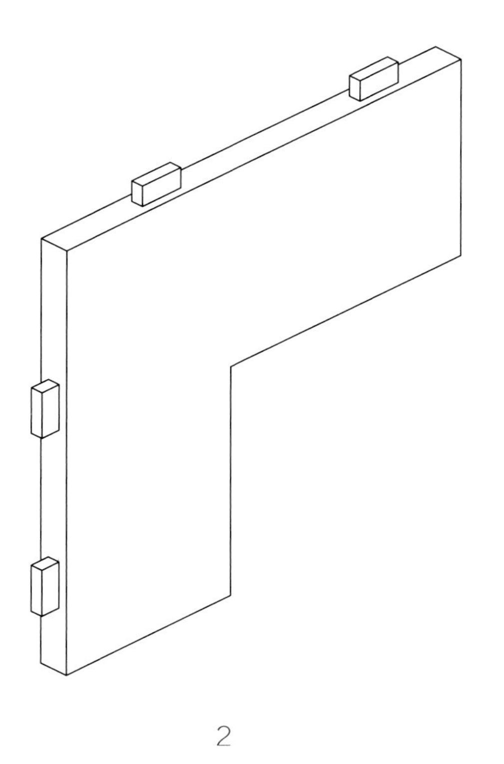

2

比例：1:2

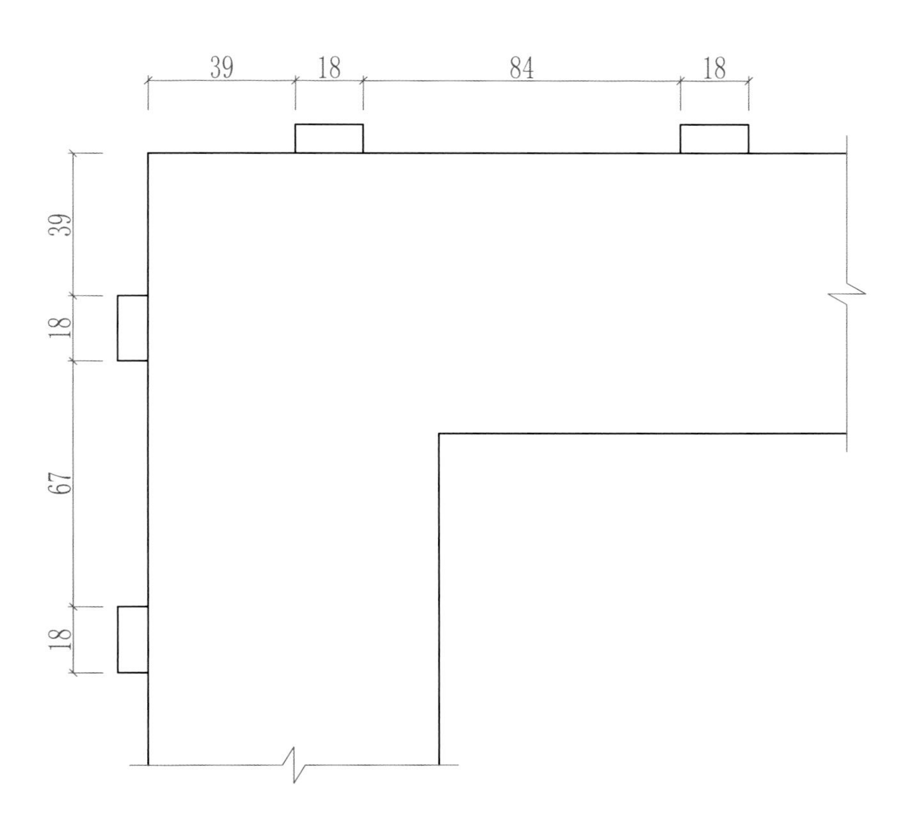


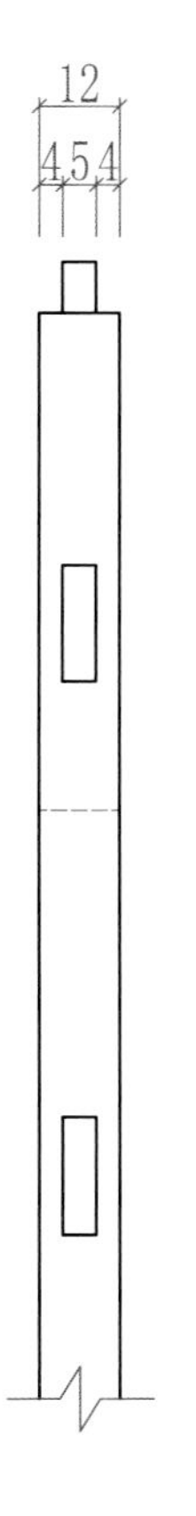


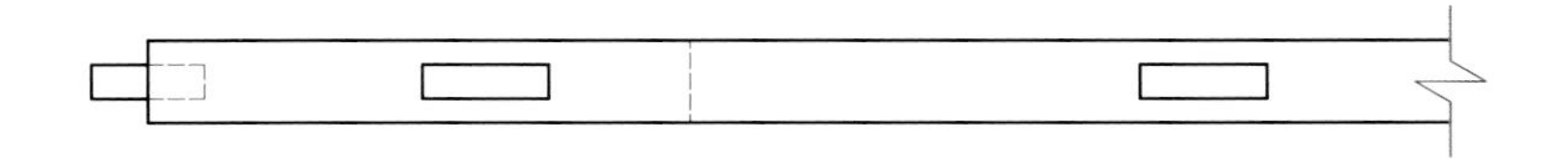

# 七十六、角牙裁口接合

一般情况下，牙板比较薄，适合用裁口装板的方式和边框连接，角牙裁口接合的优点是不会因缩胀使角牙和边框产生缝隙，如果牙板比较长时，有的还要在牙板背面装上燕尾销和框连接，增加角牙的强度。

**应用部位：适合所有家具装饰角牙。**

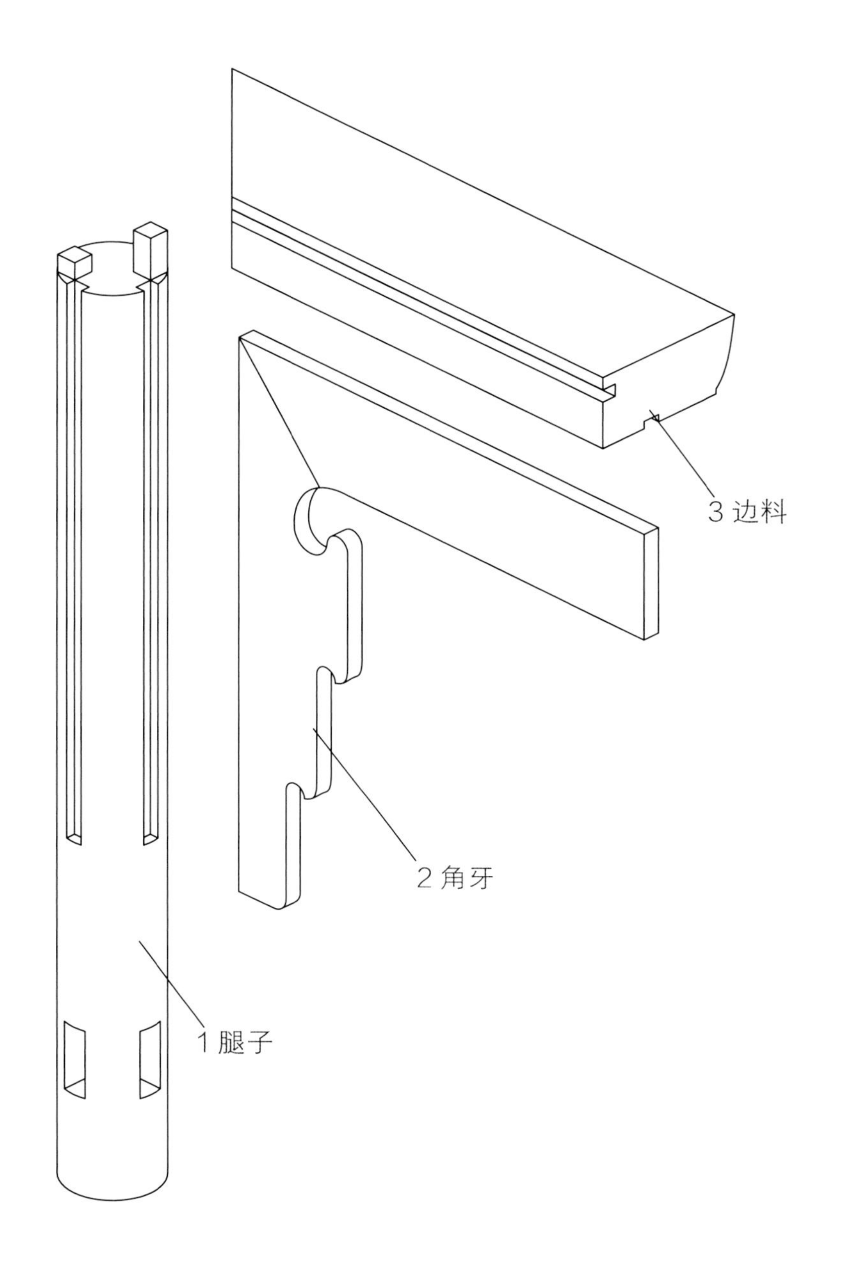


◆ **制作注意事项：** 角牙打槽和边框接合不同于装板和面框接合，装板和面框接合要保证榫舌在槽口中能滑动，角牙和边框打槽接合不用考虑这些，越严紧越好。

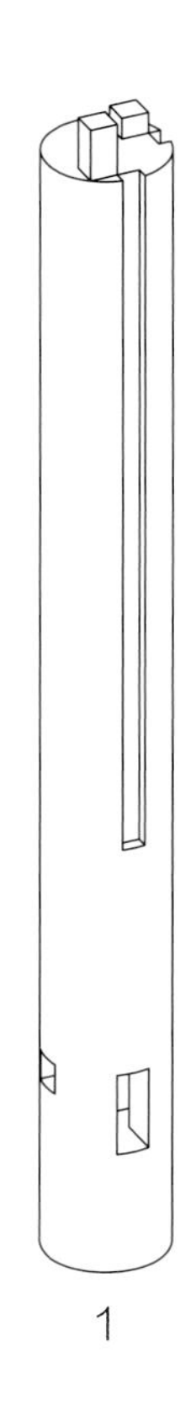

1

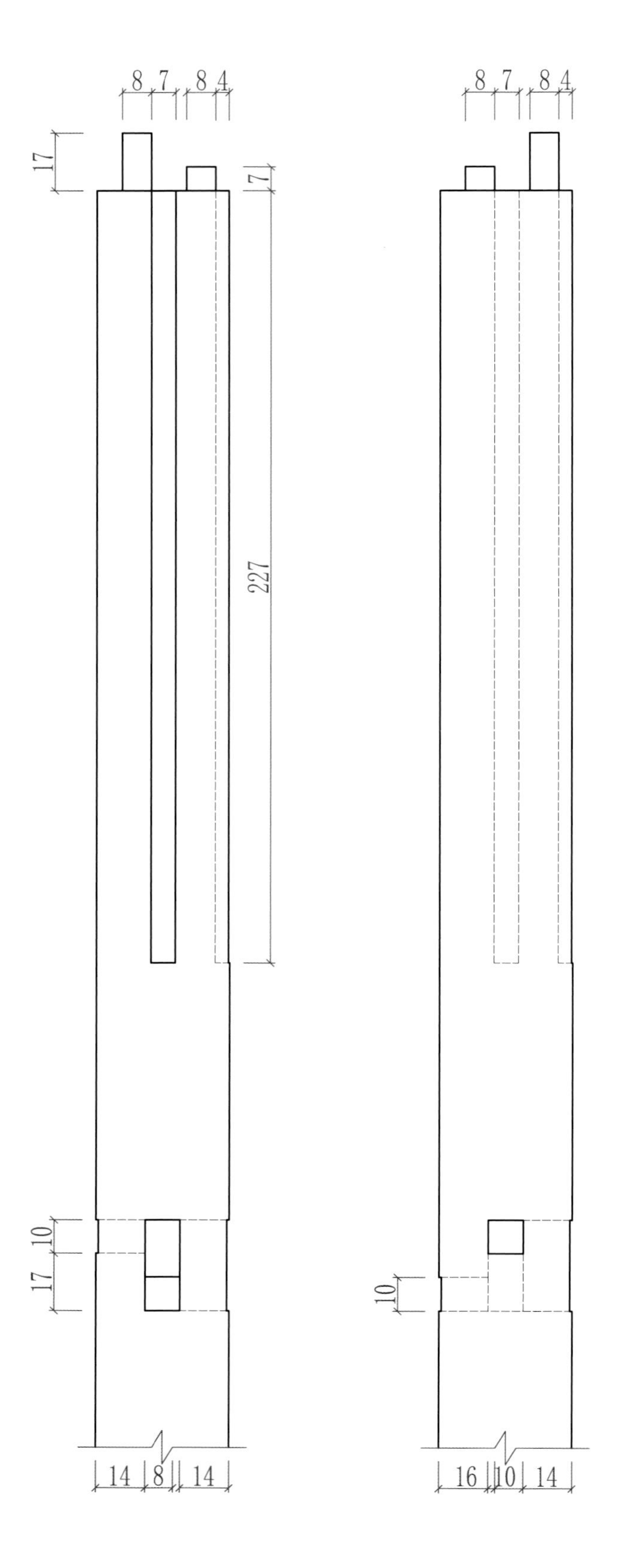


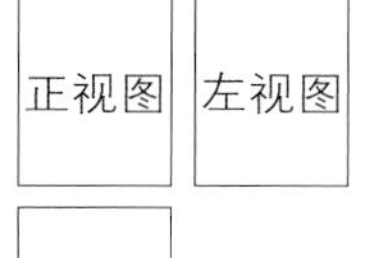


比例：1:2

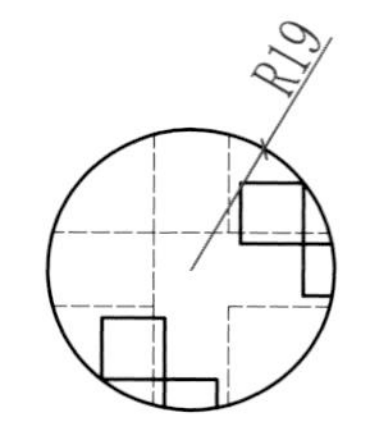

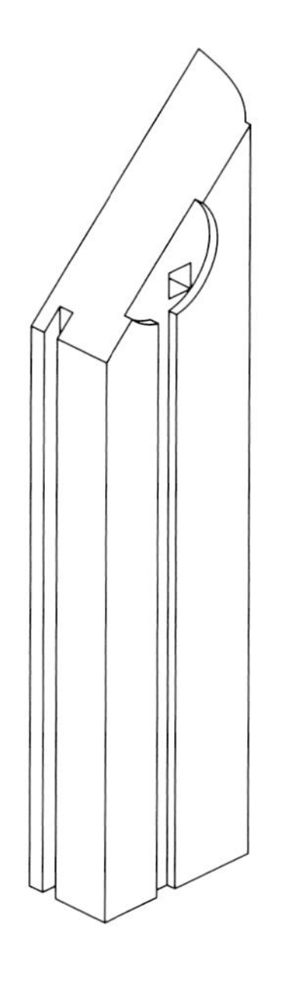

2

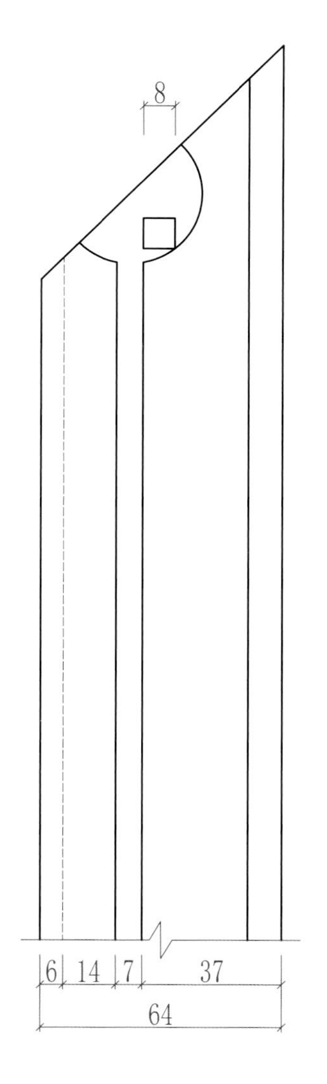


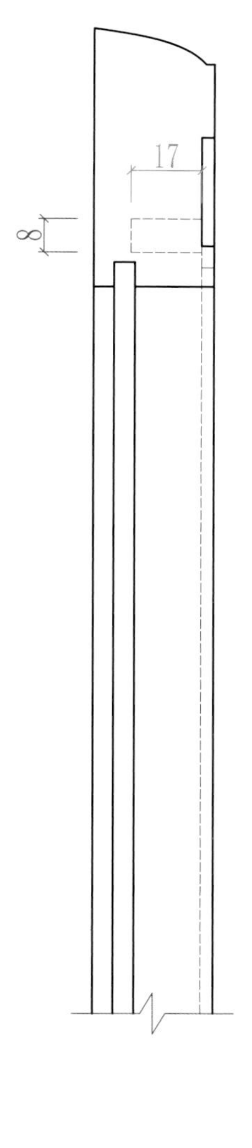

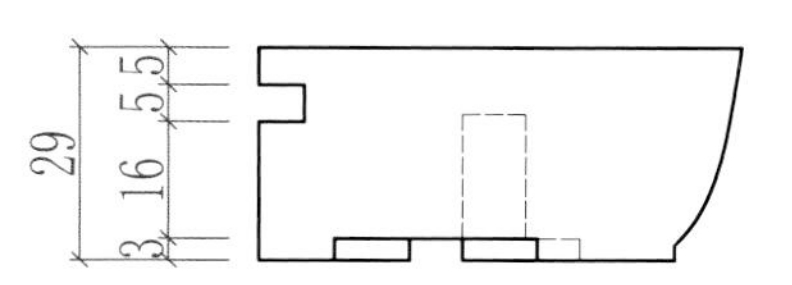


比例：1:2

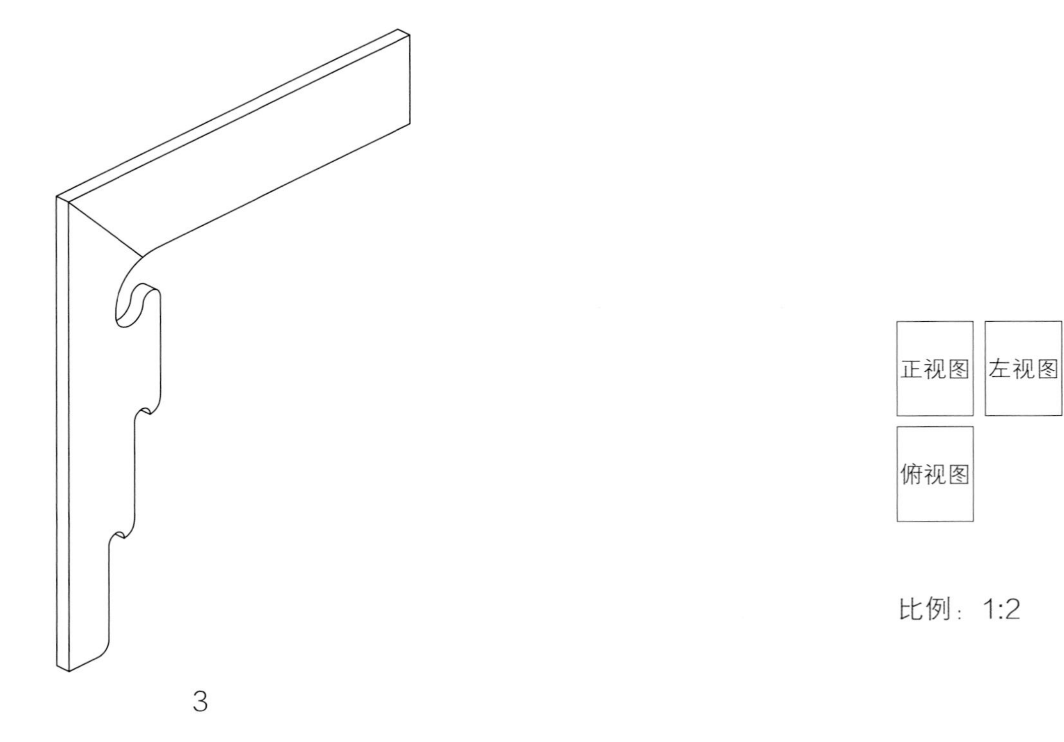
正视图
左视图
俯视图
比例：1:2
3

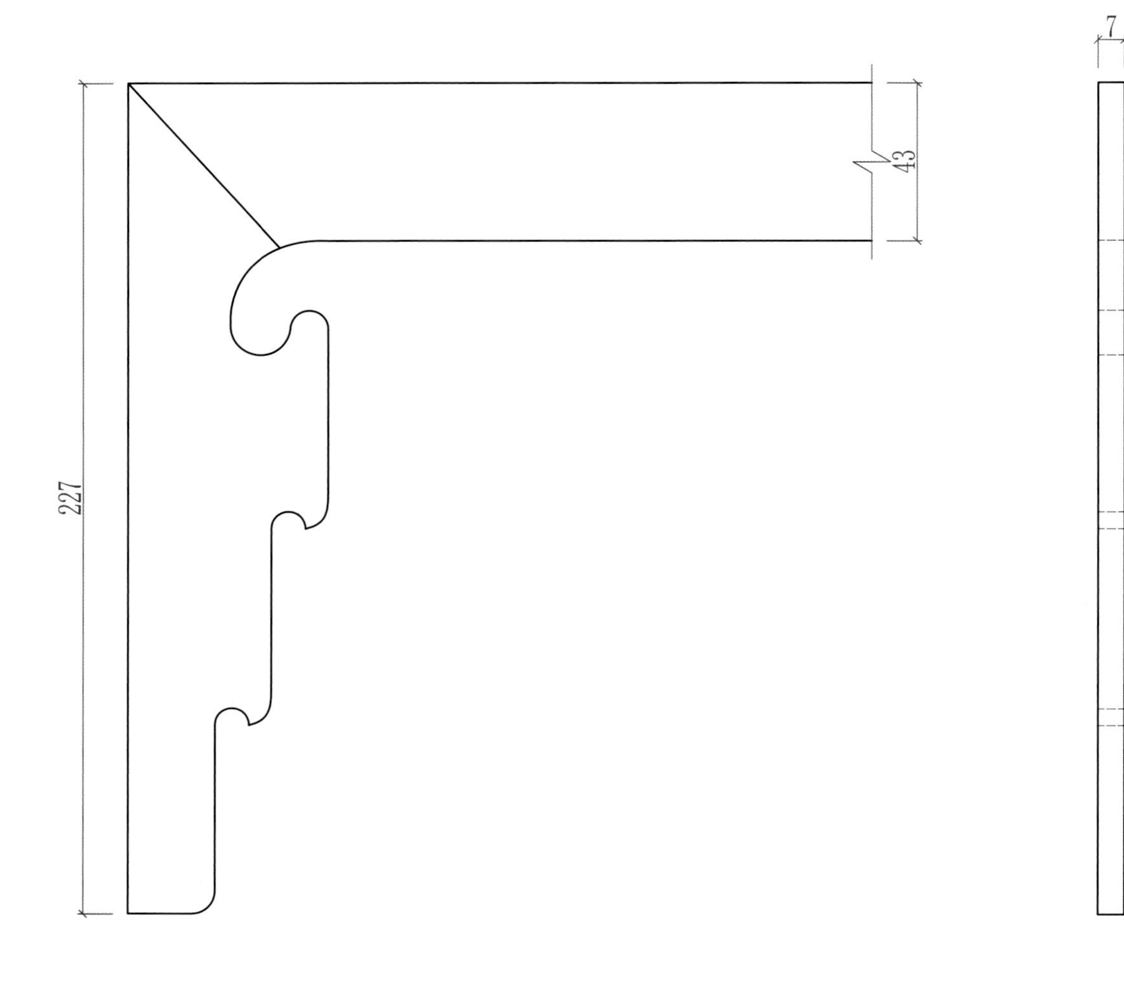
7
43
227

# 七十七、单榫走马销连接 1

在传统家具制作中，有时家具各独立的部件需要连接在一起，为了便于拆装，古人发明了走马销。走马销也是燕尾榫的一种叫法，是特制的栽榫，形状各异，榫头从方口插入推向有斜面的一端，从而达到锁住的作用。在连接帐截面不大的情况下使用单榫走马销。

**应用部位：用于家具各部件之间的连接。**

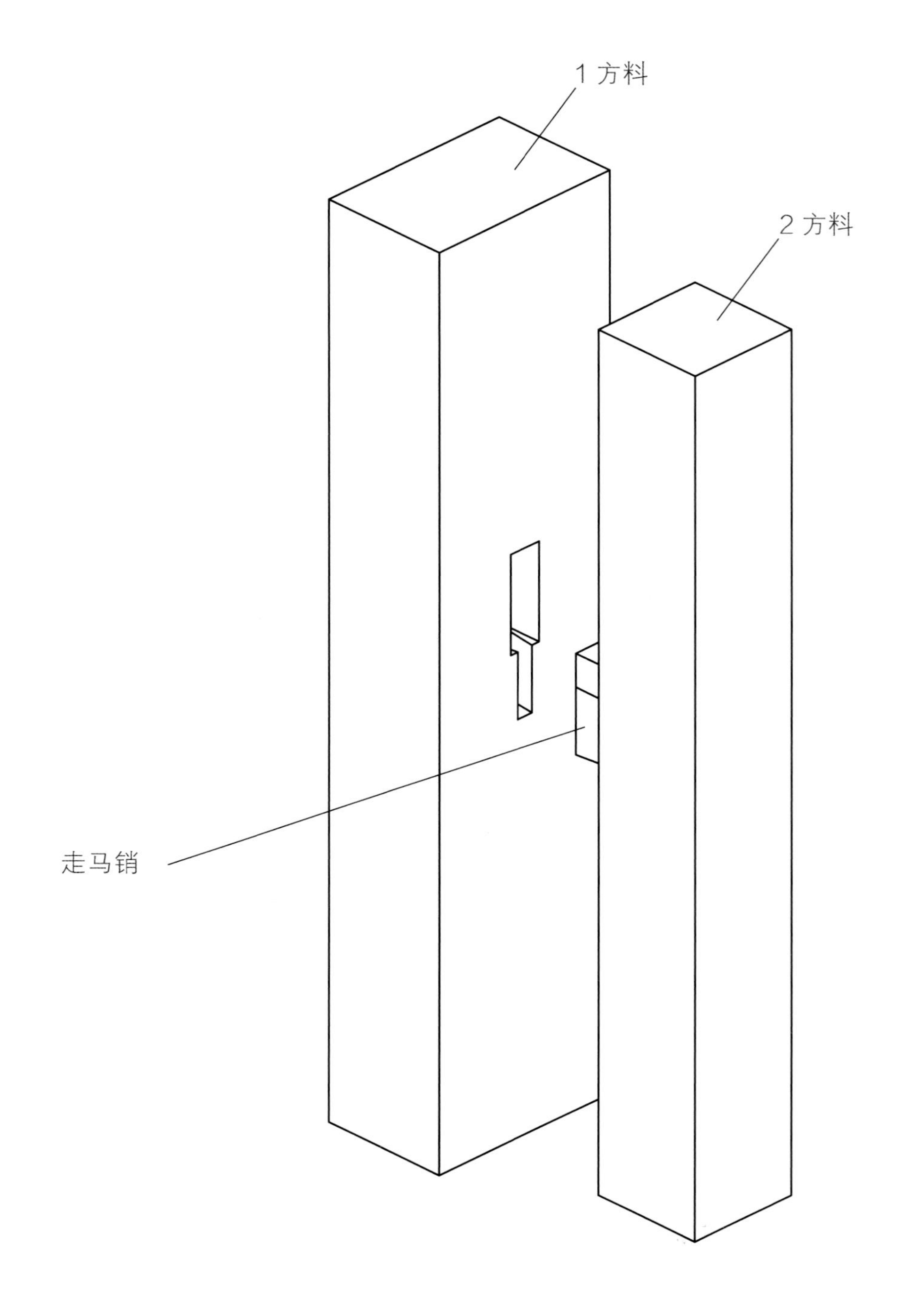


◆ **制作注意事项：**走马销的长短宽窄和燕尾斜度的大小视料的截面大小而定，有一定的灵活性。严格来讲，整体上走马销前端应略微小于后端，而且走马销应有微小的倒角，这样做的目的是在拆装时，避免走马销损坏，走马销每拆装一次它的牢固程度会减弱。木材毕竟不是金属，不耐磨，走马销不宜拆装次数过多，拆装次数过多会松动。

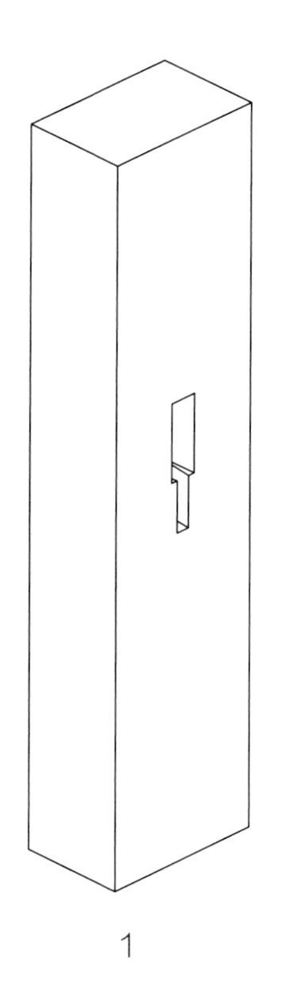

1

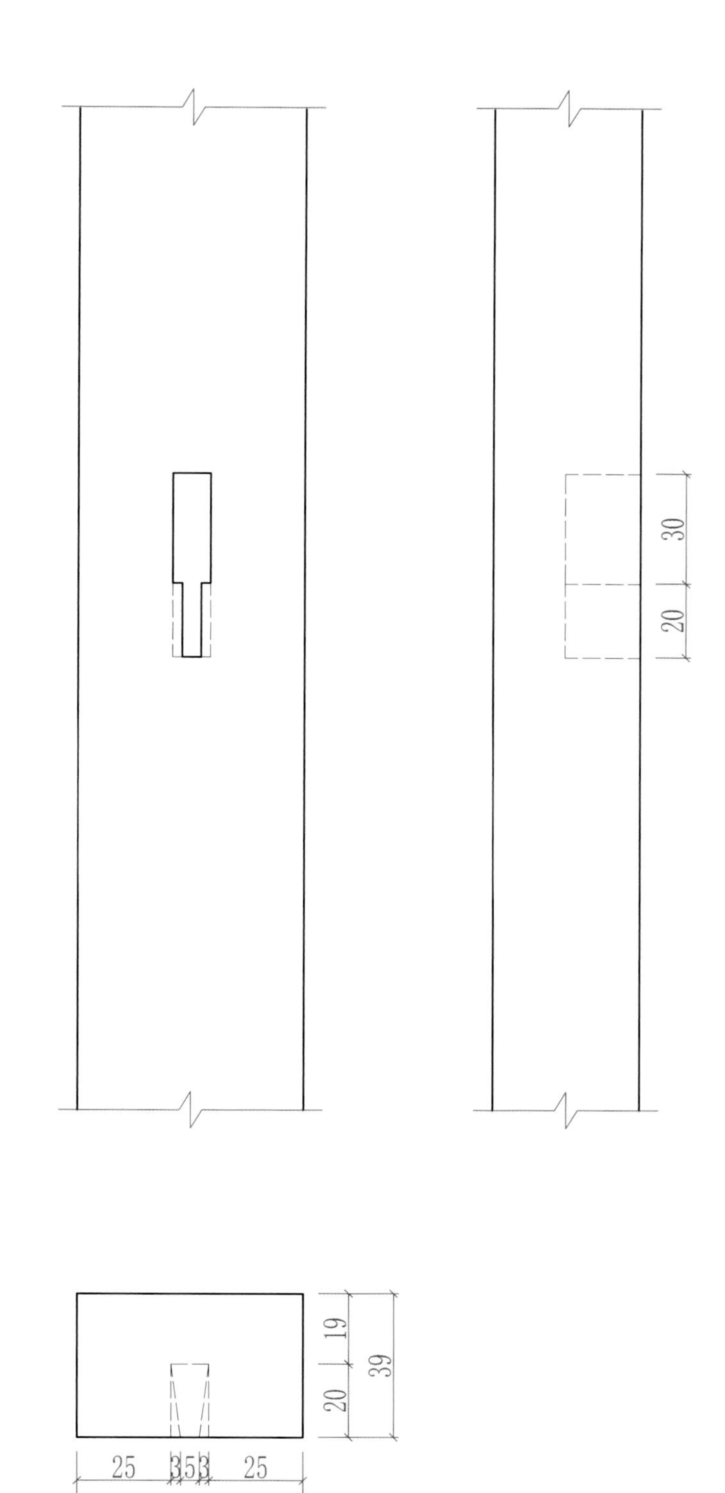

比例：1:2

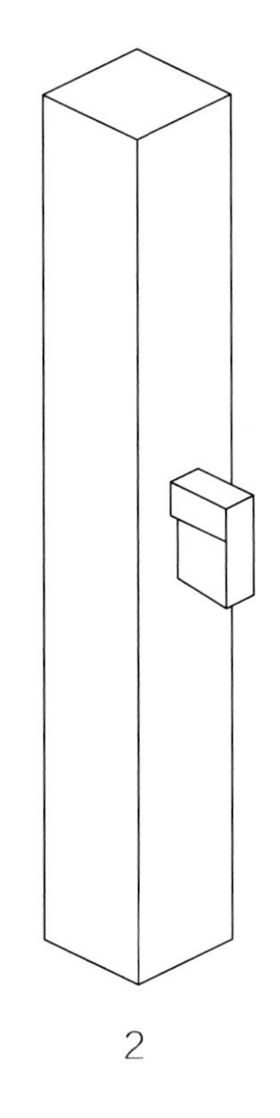


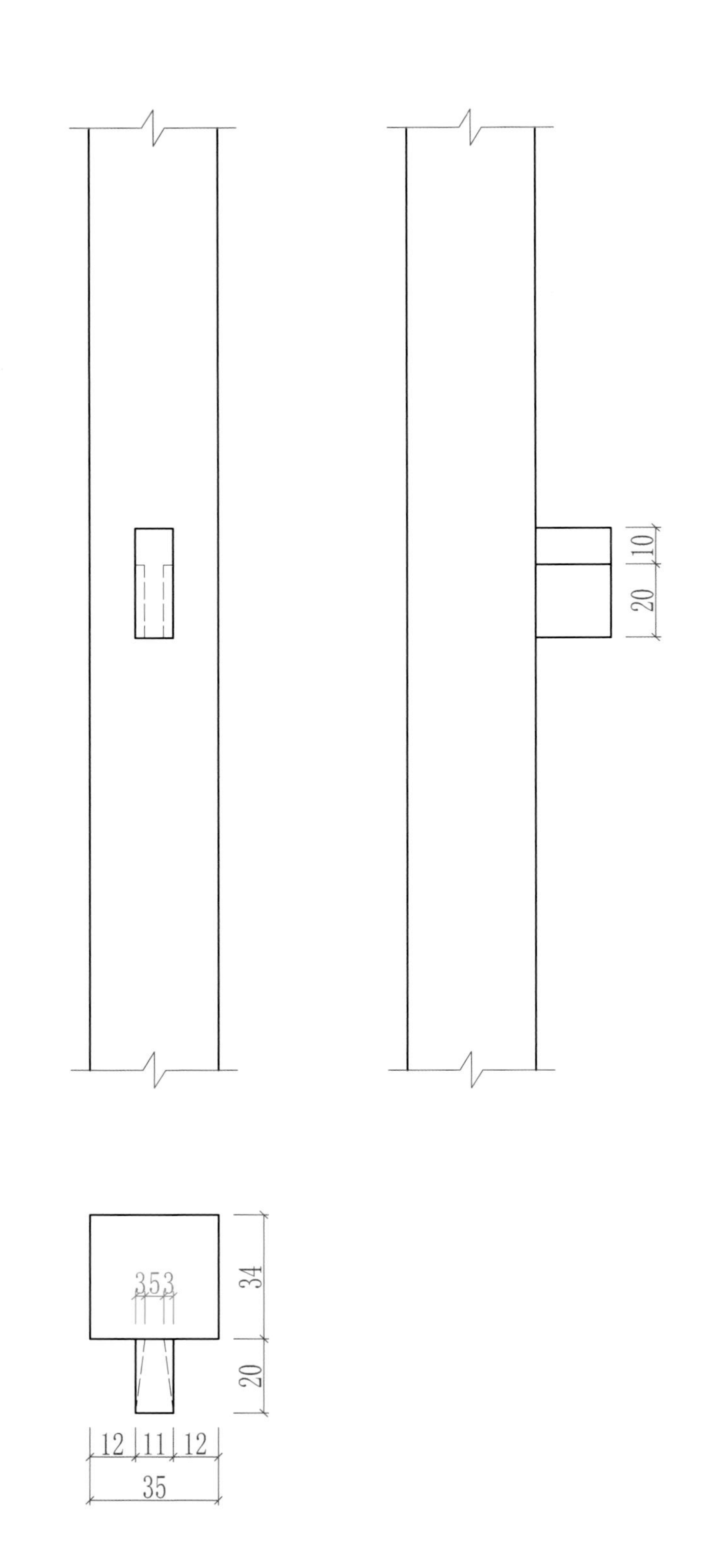

比例：1:2

# 七十八、单榫走马销连接 2

走马销应用的位置不同，它的形状也有所改变，这一款走马销专用在床类和沙发类后背与座面的接合。家具在使用的过程中由于自身的重量和外加的荷载重量，面边有下沉的倾向，随着座面边长度的增加，座面边下沉的弧度会增大。一般床类和沙发类的后背围子都有一定的强度，在重量的作用下它的中间部位下沉会很少。当走马销把后背围子和座面销在一起时，就可以制约座面边中心部位下沉的程度。

**应用部位：床类和沙发类后背围子和座面边的接合。**

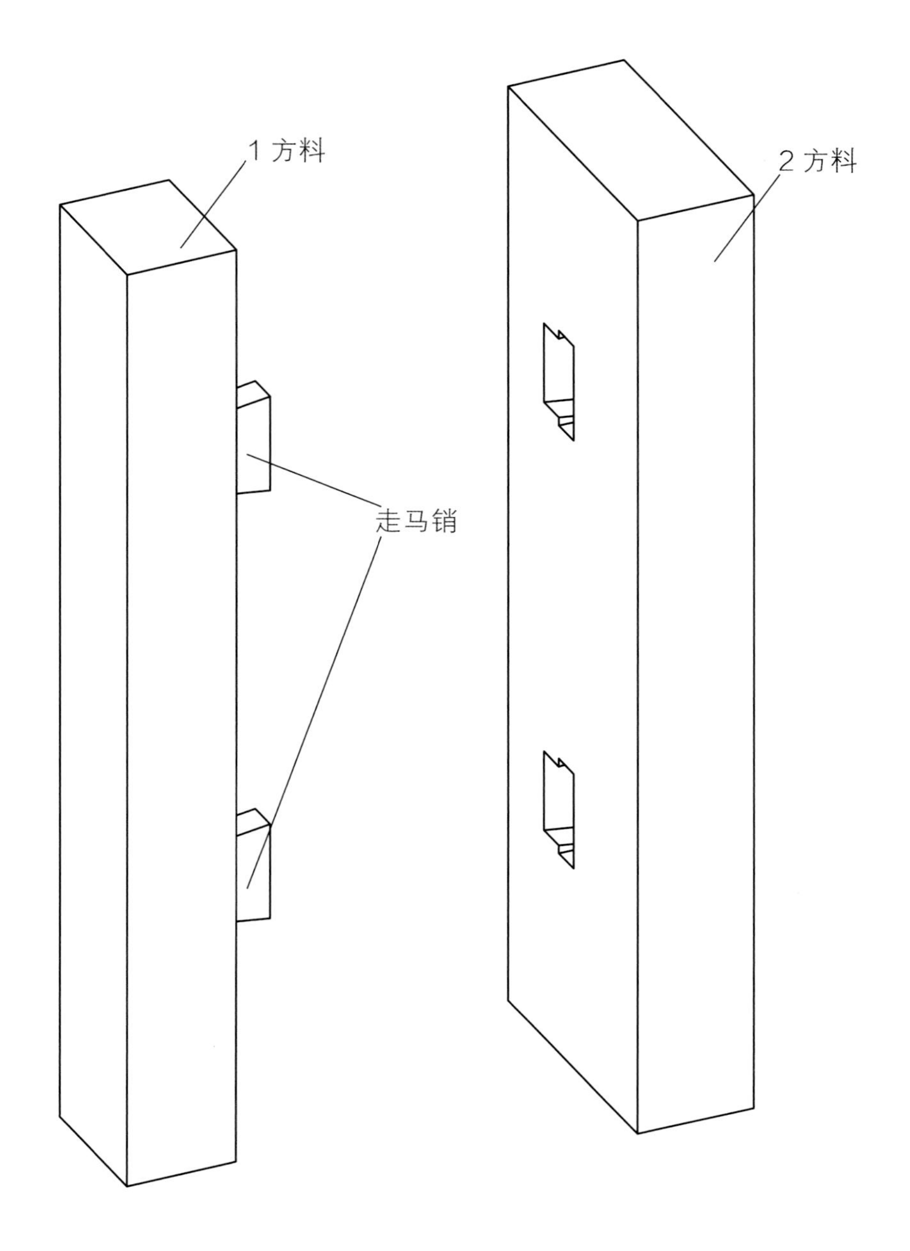


◆ **制作注意事项：** 这里讲一下组装顺序，家具沙发类和床类上部分由三面围子组成，先把两侧围子装到座面上，再把后背围子和两侧围子连接好，最后三面围子整体向后推到底，这样三面围子都销在了座面上。再有随着后背的长度增加走马销的间距应越小，也就是后背围子越长走马销的数量应越多。

1

比例：1:2

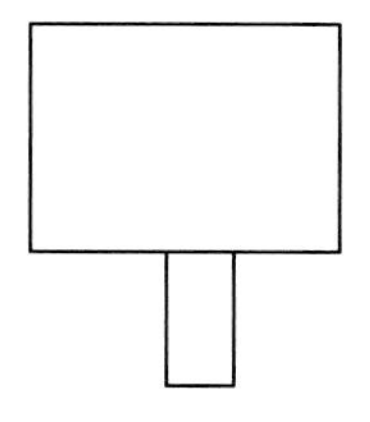

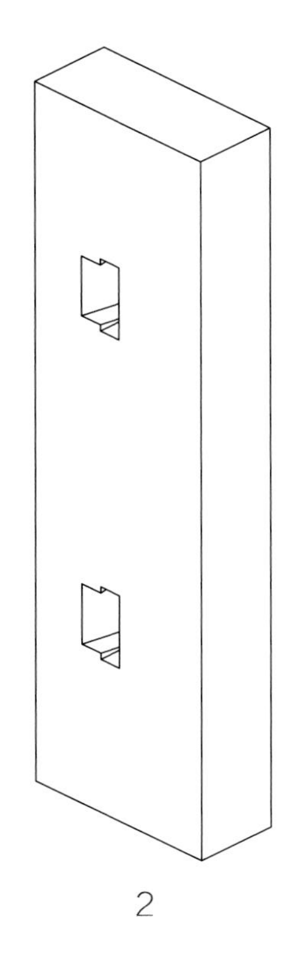


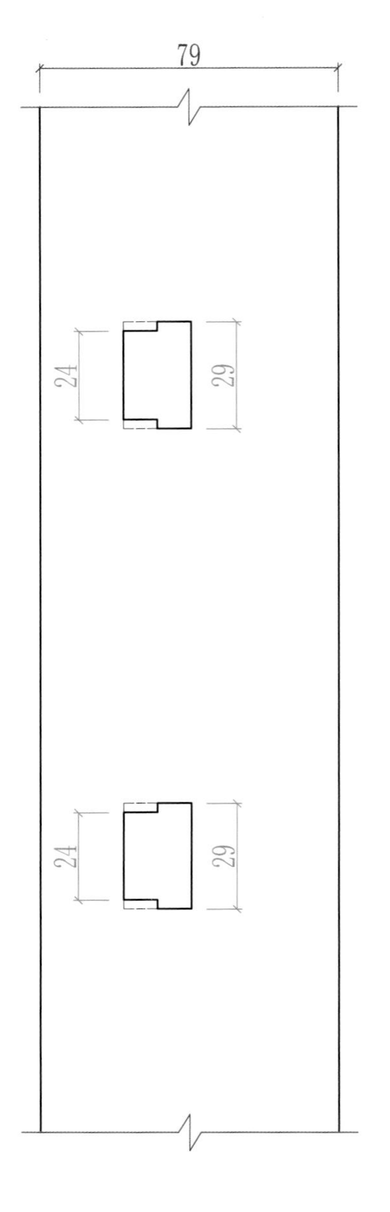


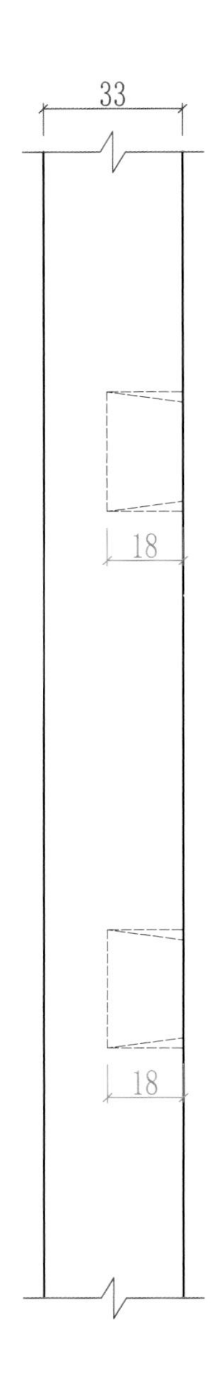

比例：1:2

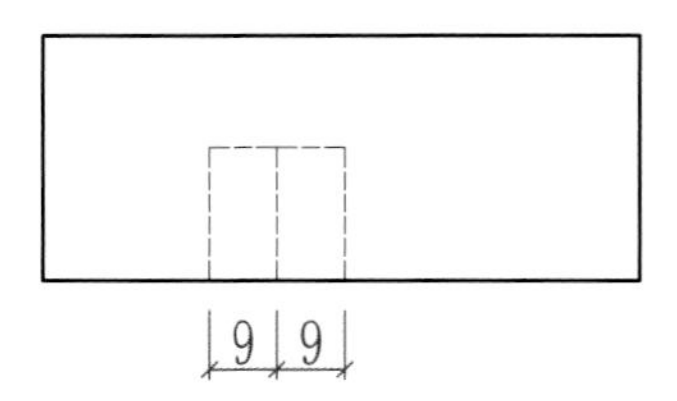

# 七十九、双榫走马销连接

在古典家具制作中走马销应用广泛，起到了现代金属连接件的作用。双榫走马销与单榫走马销外形相似，制作方法类似。它的细节要求和单榫走马销相同，同时还应注意走马销的斜度不宜过大，榫根细影响强度。

应用部位：双榫走马销连接适用于接触面比较大的部件，比如沙发扶手和下座的连接，它要比单榫走马销牢固和稳定很多。

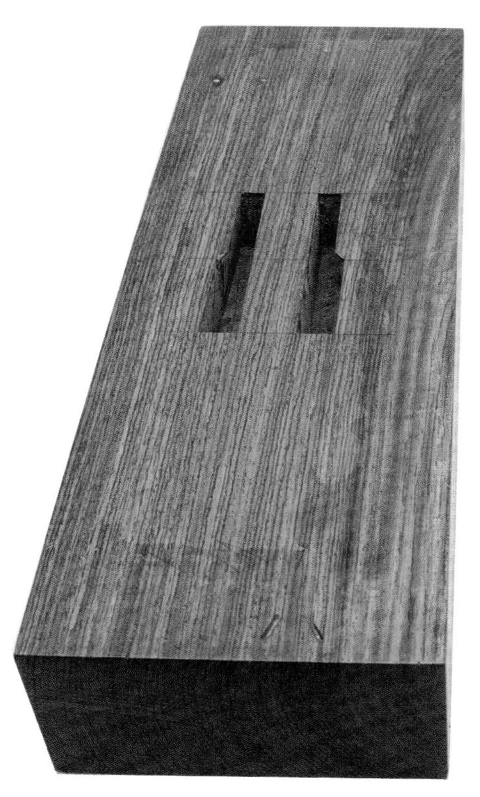

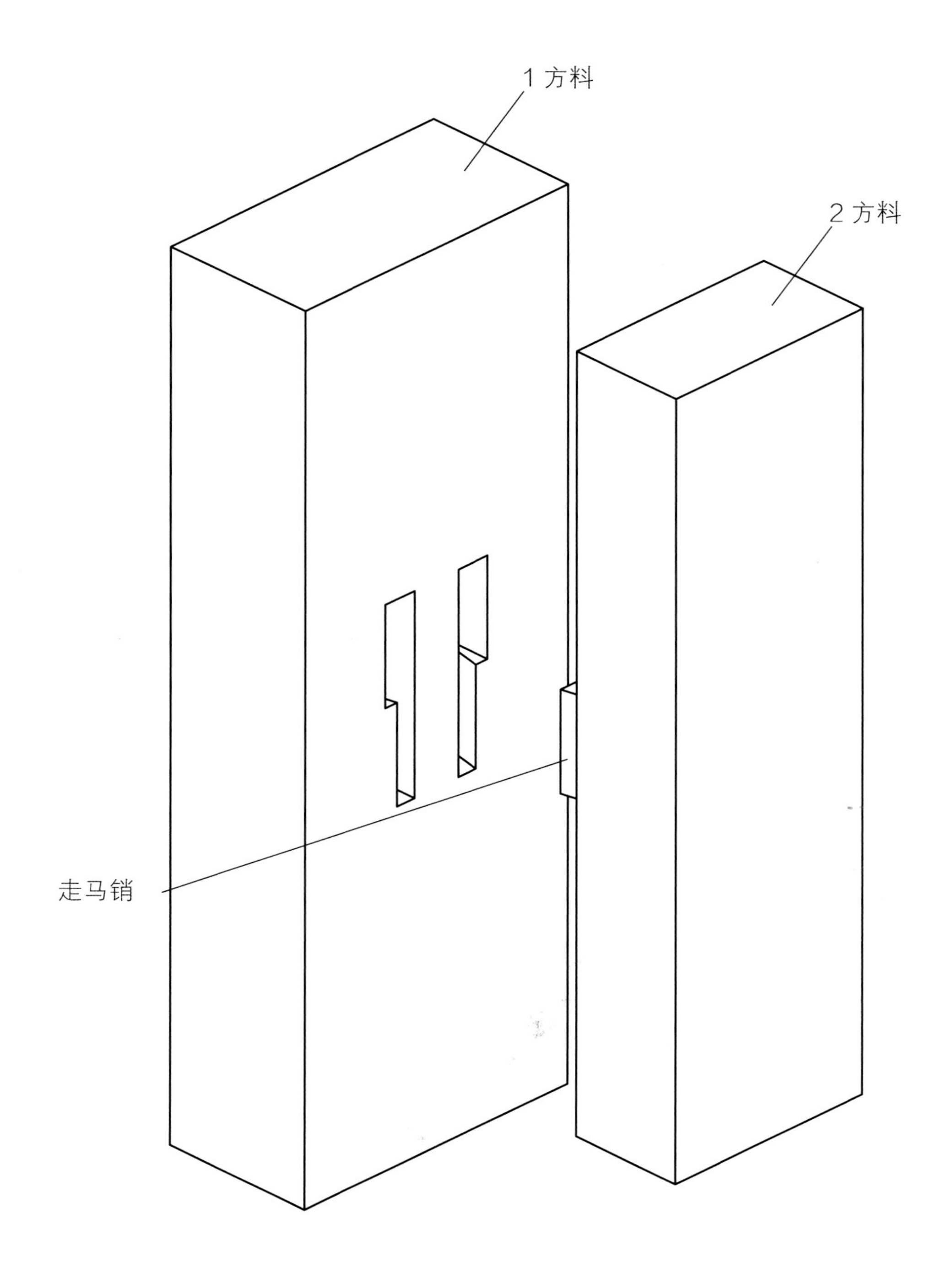


◆ **制作注意事项：** 双榫走马销不必每个榫两面都做成斜面，把榫外侧面做成斜面即可。但要注意，走马销都是栽榫，栽榫的选材尤为重要，要选没有腐烂、裂纹，有强度的木材，尤其不要选木材的心材做榫头。它的细节要求和单榫走马销相同，同时还应注意走马销的斜度不宜过大，榫根细影响强度。

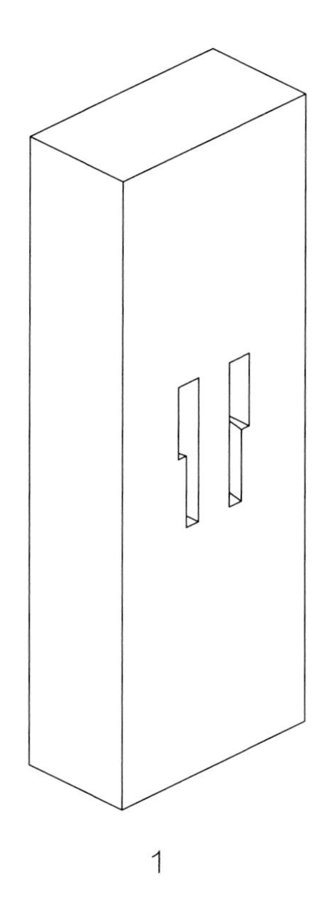

1

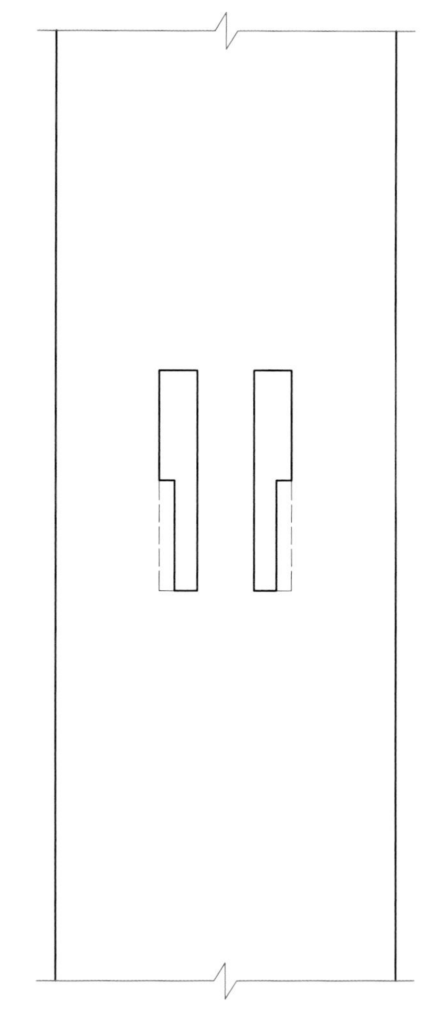

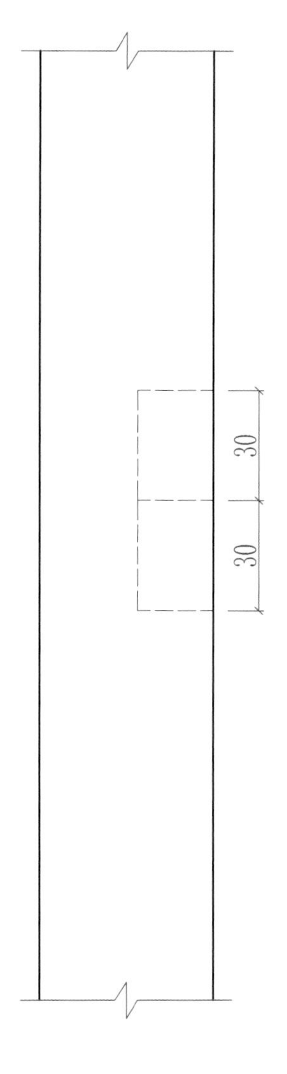

比例：1:2

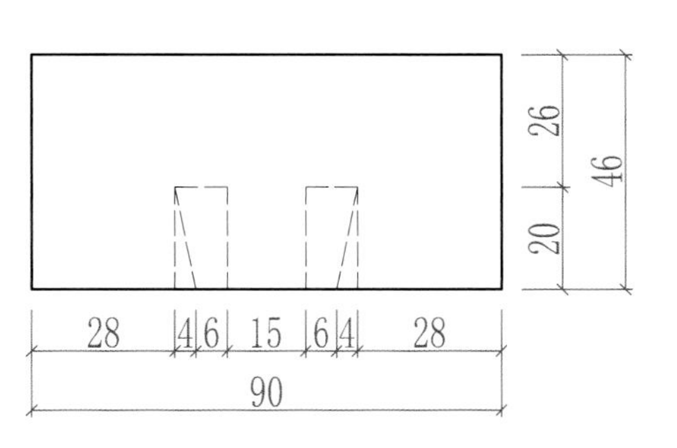

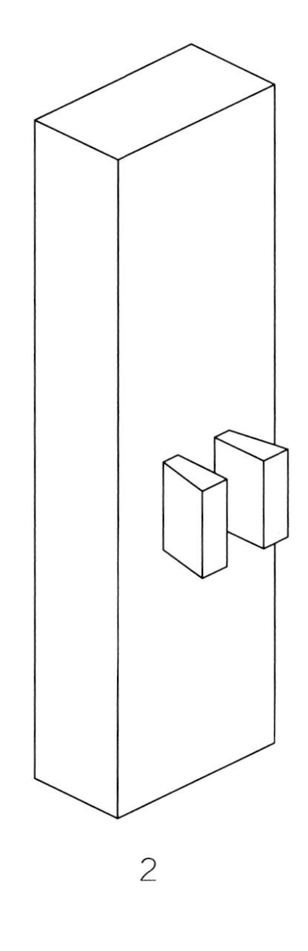

2

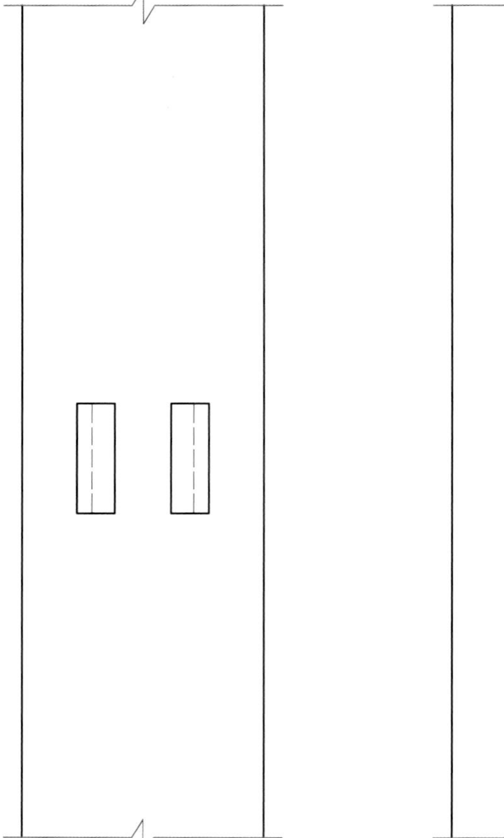

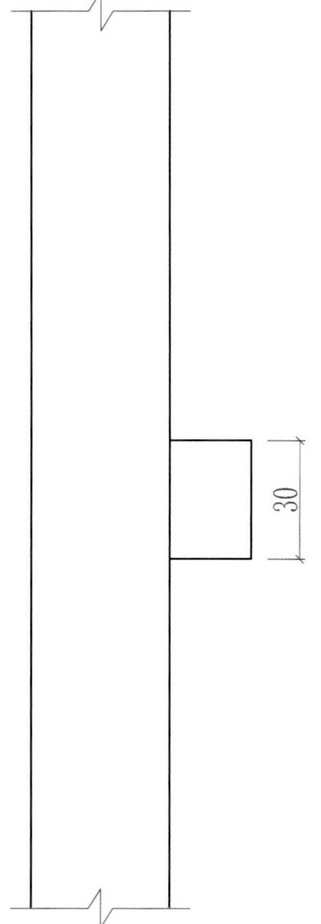


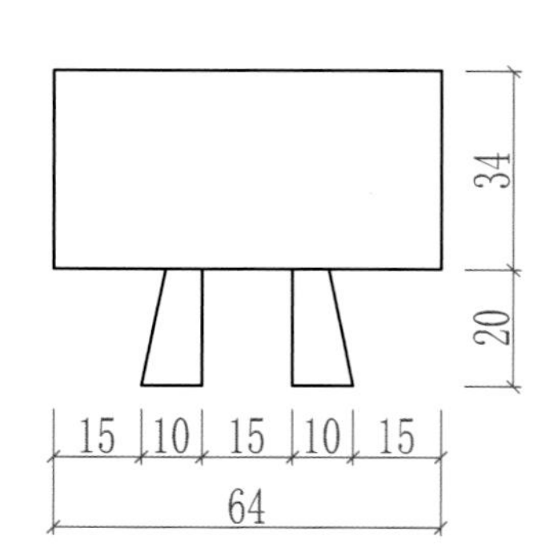


| 正视图 | 左视图 |
| --- | --- |
| 俯视图 | |

比例：1:2

# 八十、穿销1

这个形状的燕尾穿销很常见，制作也比较简单，应用广泛，此种结构中围板和束腰的背面在一个平面上。燕尾穿销在家具结构中作用很大，它不但能使面边、束腰和围板接合紧密，最重要是它能制约家具下垂的各构件。

**应用部位：用在比较长的围板上。**

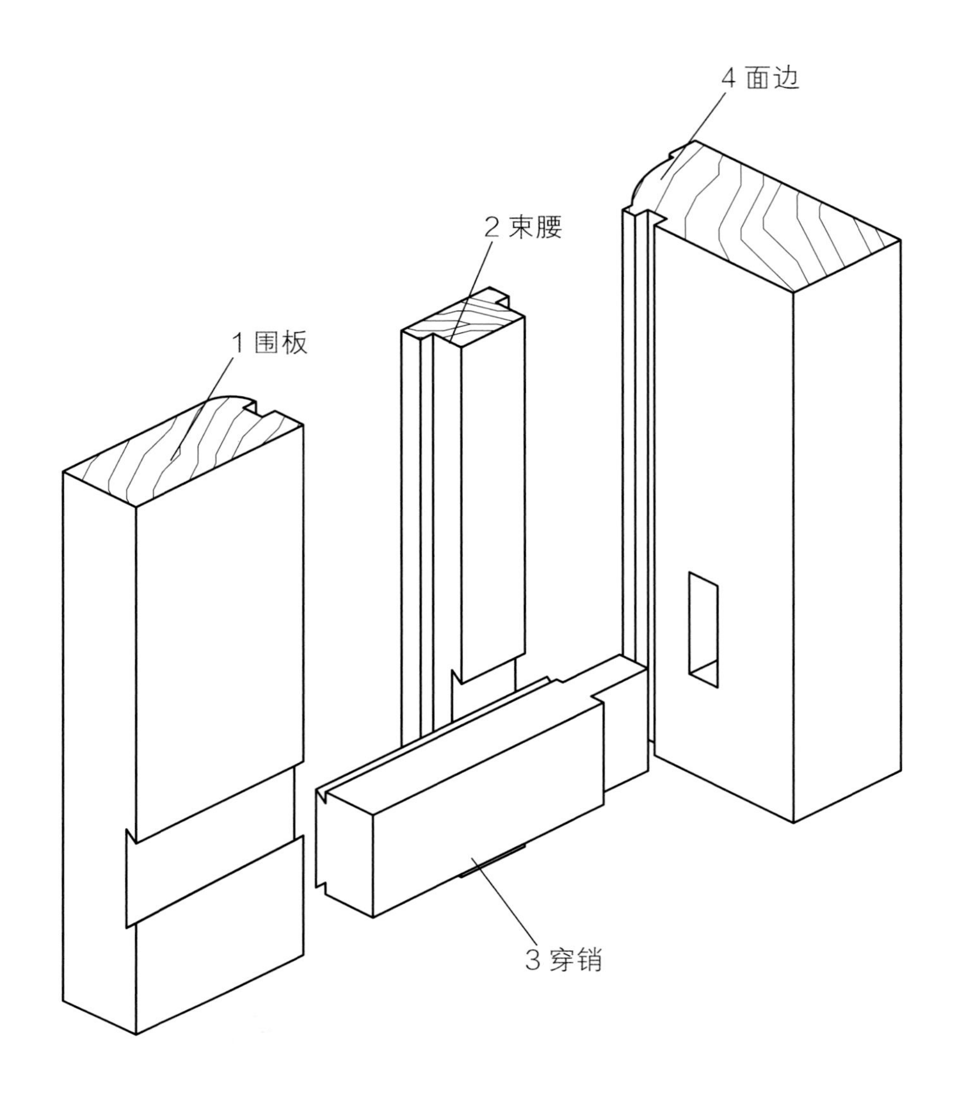


◆ **制作注意事项：**在制作燕尾穿销时应注意：燕尾穿销相对面边的角度和腿足上的燕尾榫角度一致，穿销的大小要视围板的大小而定。

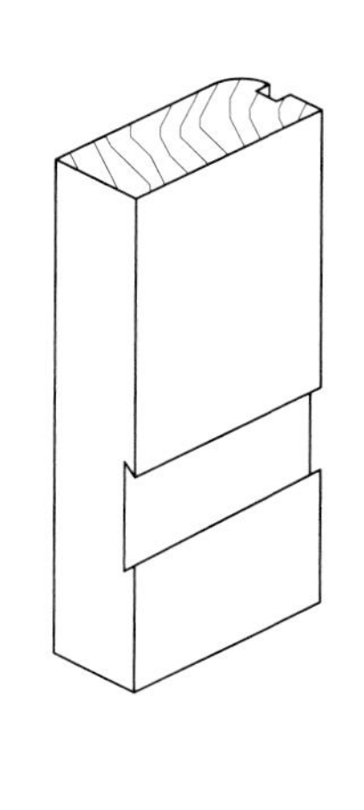

1

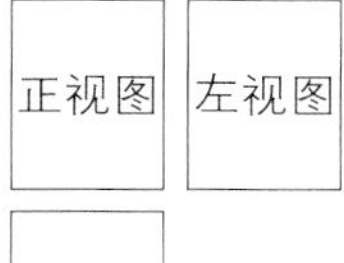


比例：1:2

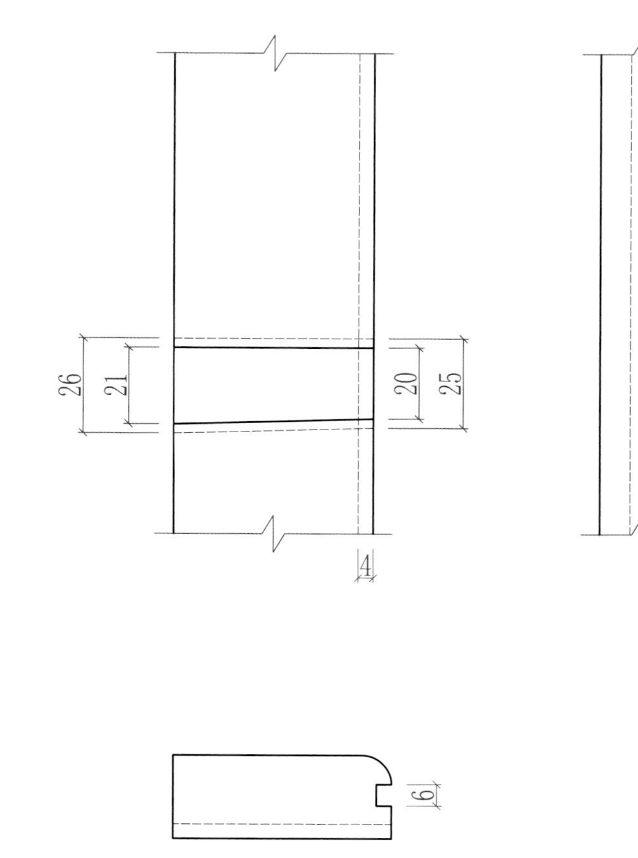


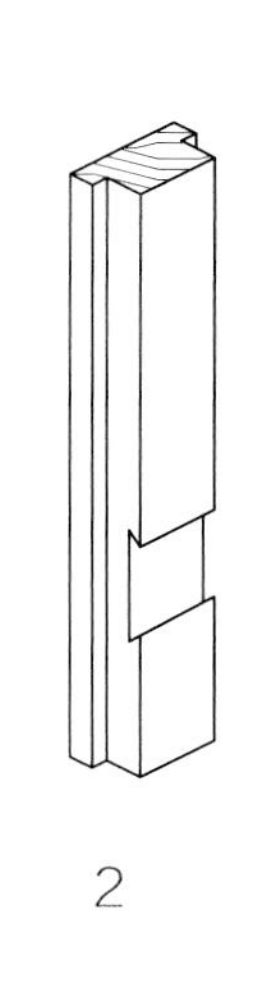

2

比例：1:2

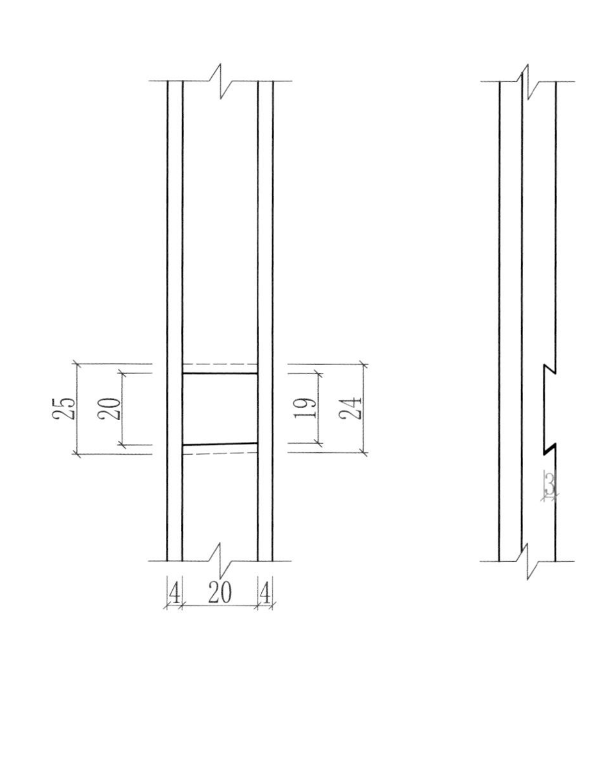


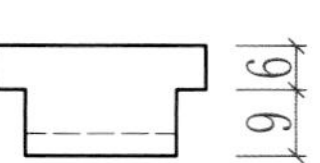

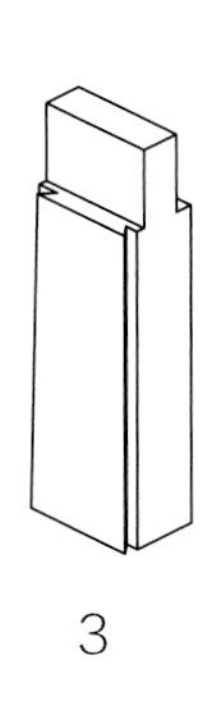

3

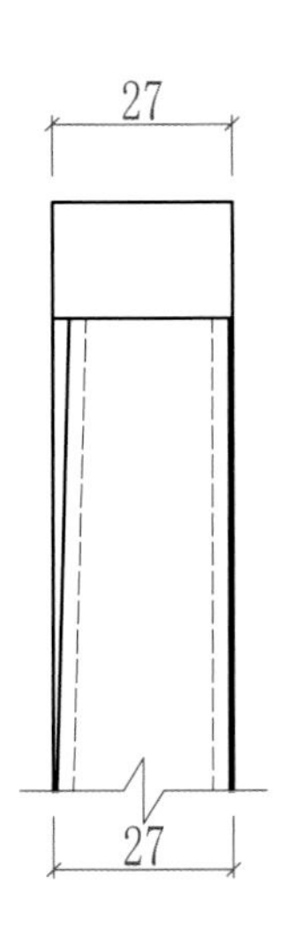


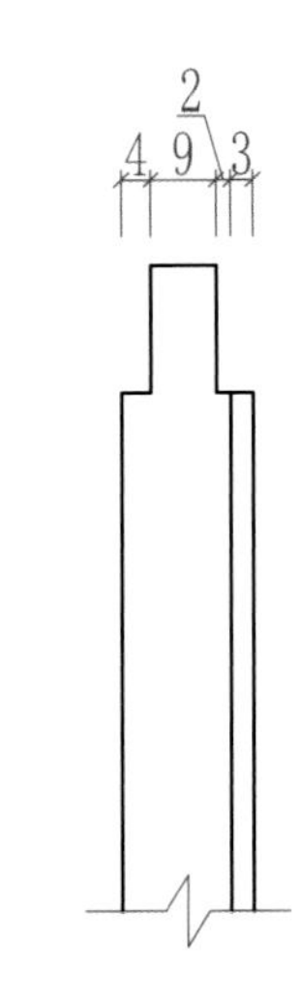

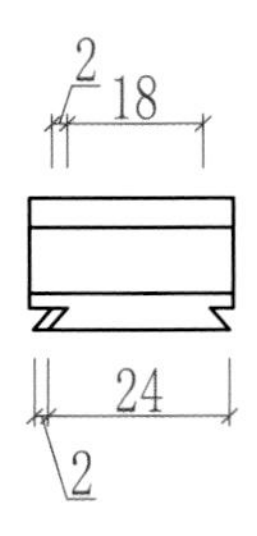


比例：1:2

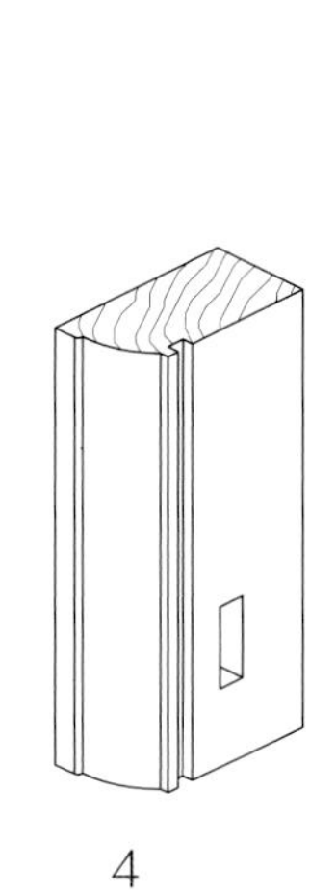

4

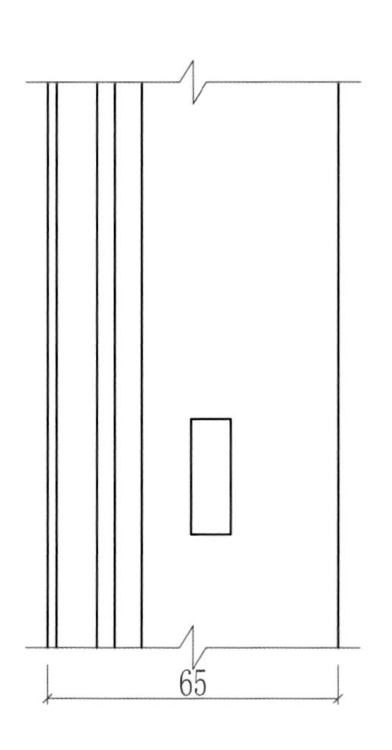


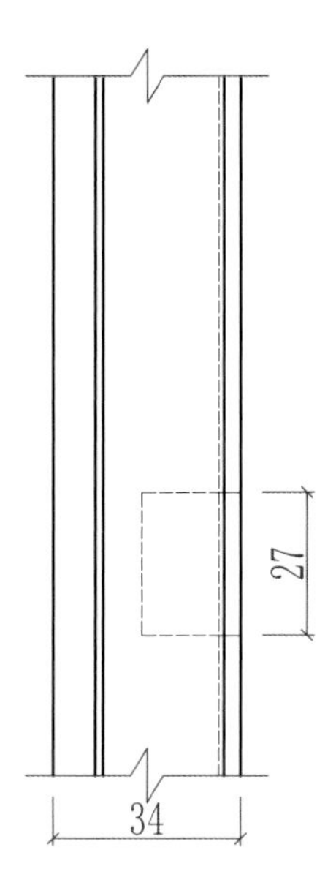

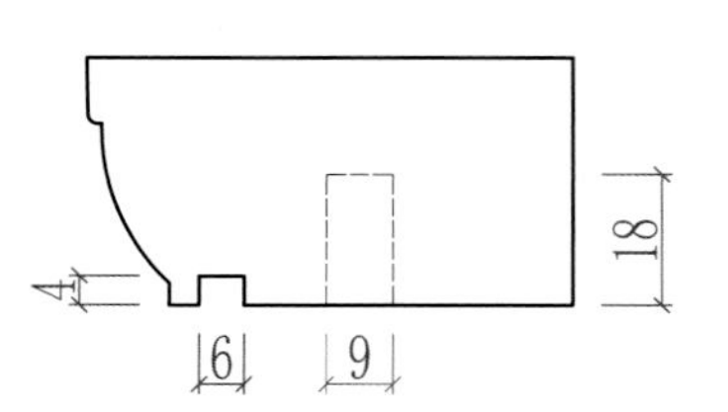


比例：1:2

# 八十一、穿销2

燕尾穿销在家具制作中经常用到，它的作用不可忽视，对家具的变形起到一个很大的延缓作用。当桌案的围板、床类座面下的围板和沙发座面下的围板有一定长度时，就应该安装燕尾穿销，它的形状是下大上小，从下边向上穿，把围板、压条、束腰和面边紧紧穿到一起。一块围板上最少要有两个燕尾穿销，位置还要放在围板中部作用才大，这样在日后使用中，不但围板、压条、束腰和面边之间的拼缝会严，最大作用是面边不会因重力而下沉，就是日久面边中部下沉的弧度会很小，这就像卡车轮子上方的弓子板，它有弹性，容易弯，如果用两个铁销把弓子板的两端穿起来，它就没有那么容易变形了，就有了强度，就是这个道理。

**应用部位：用在比较长的围板上。**

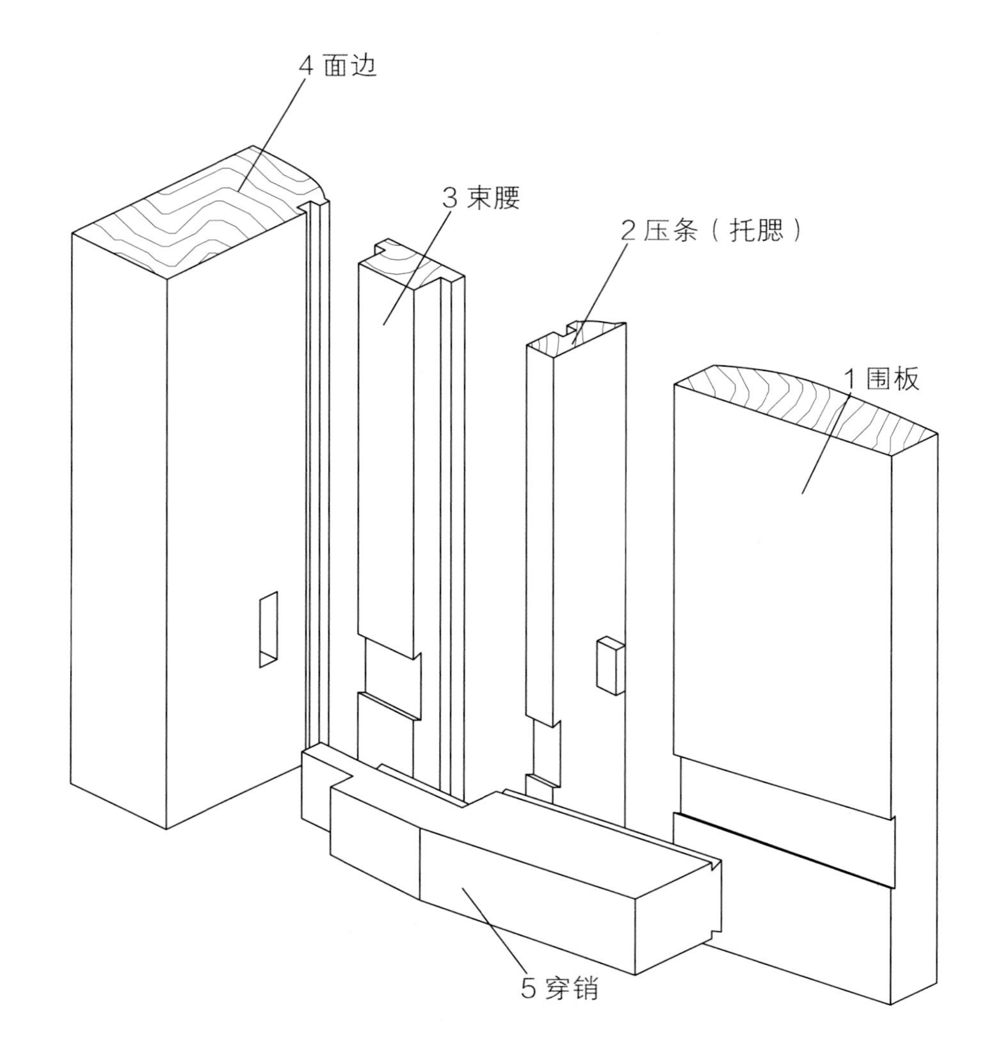


◆ **制作注意事项：** 这种燕尾销的制作主要需要把握好燕尾销的角度，燕尾销每段的角度必须和相对应部件的斜度相吻合。

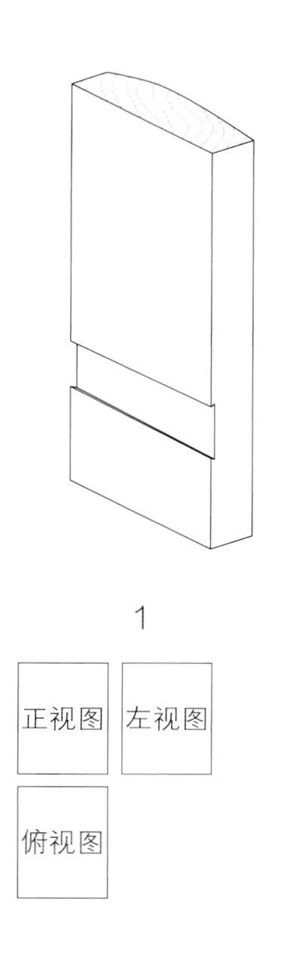

1

正视图 左视图

俯视图

比例：1:2

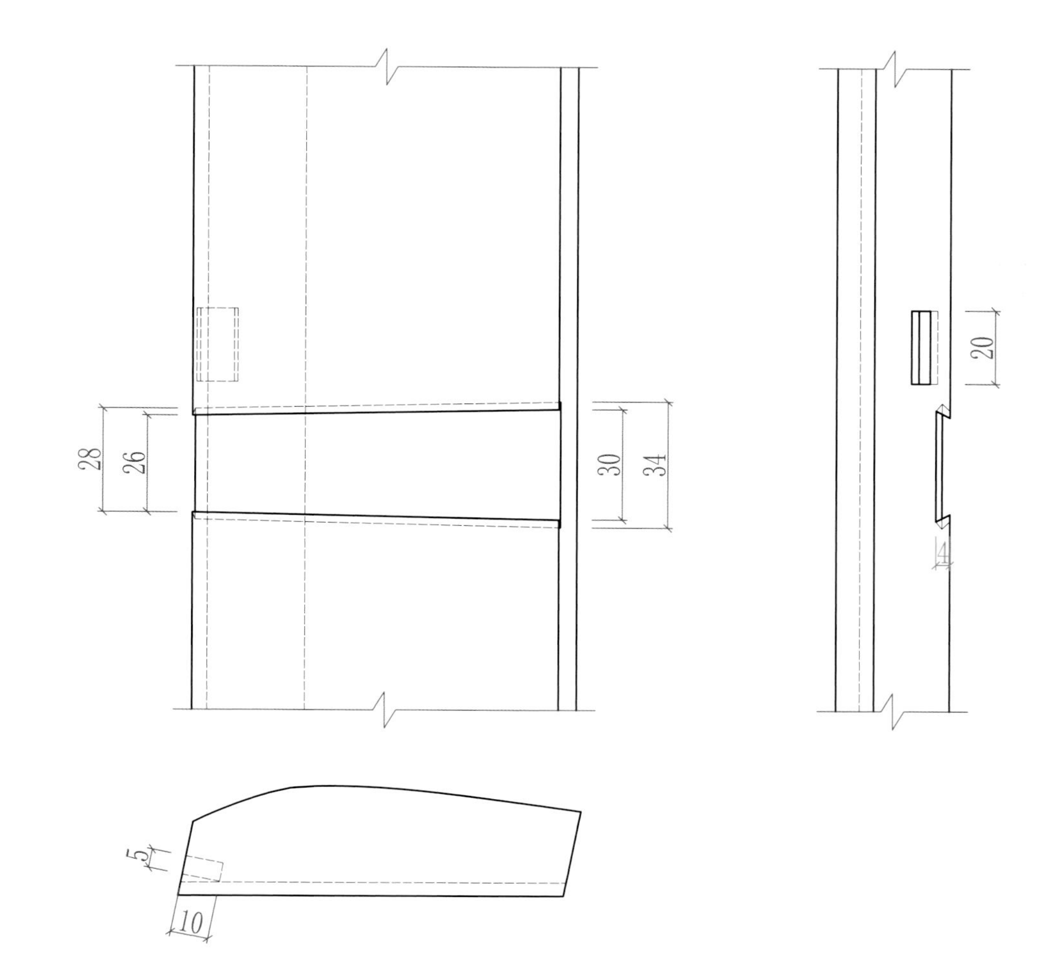


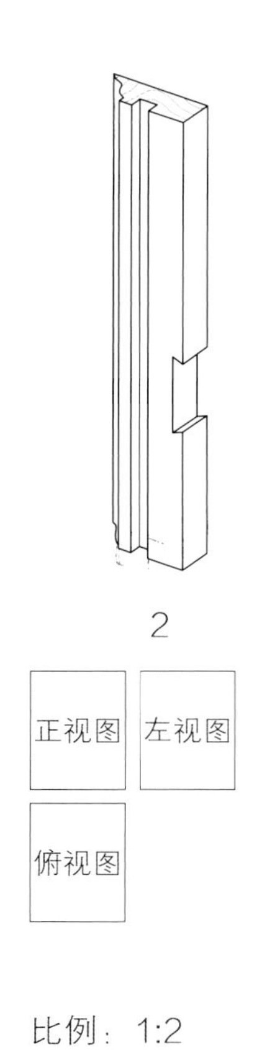

2

正视图 左视图

俯视图

比例：1:2

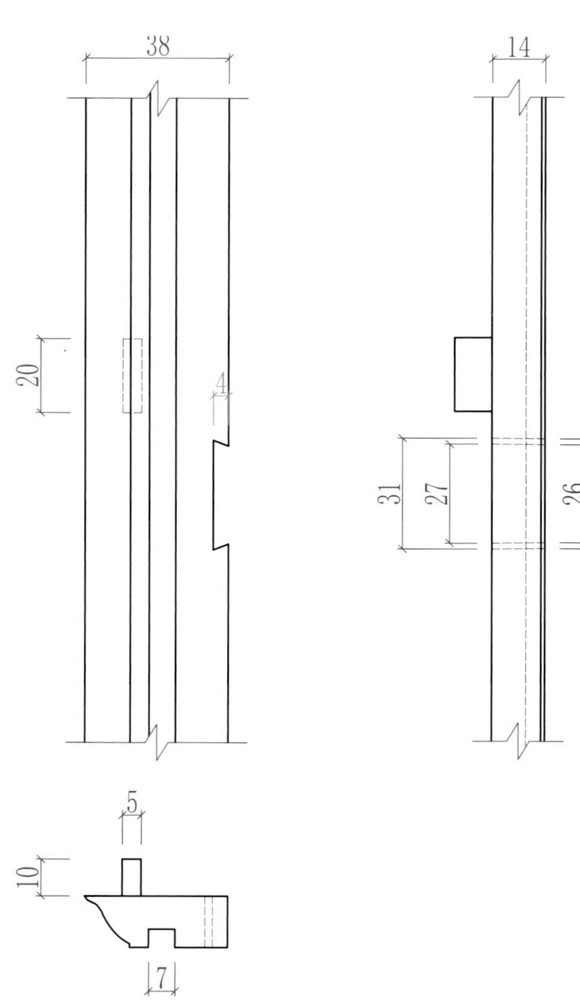


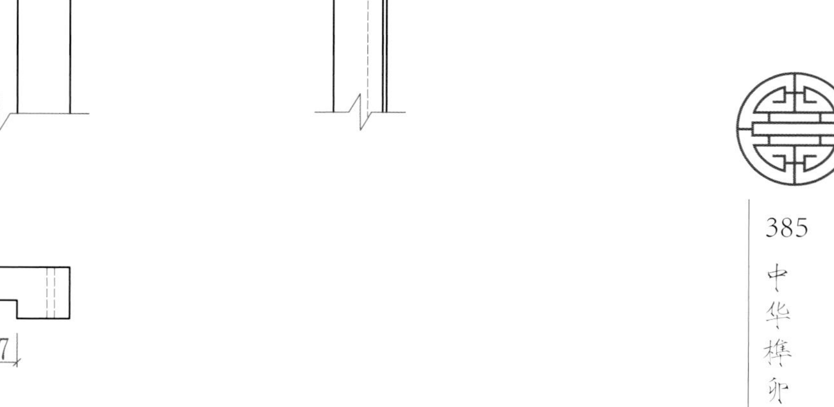

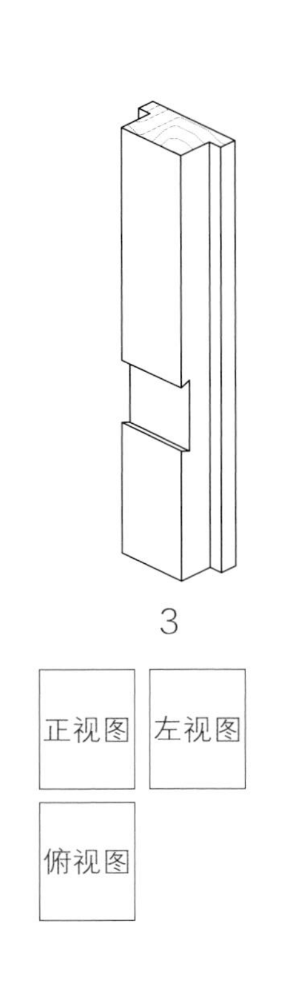
3
正视图
左视图
俯视图

比例：1:2

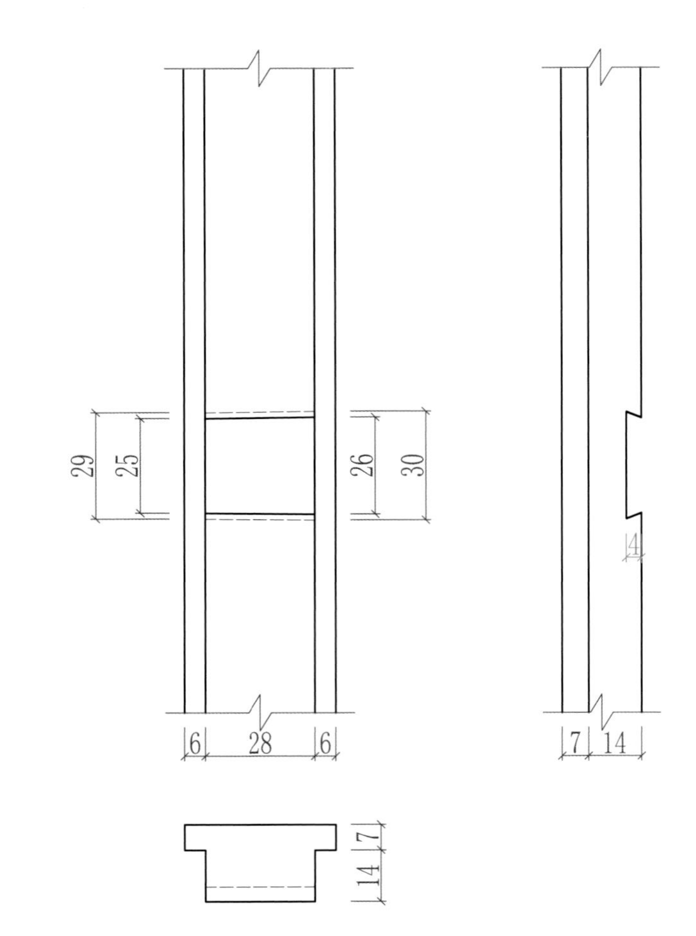
29
25
26
30
4
6
28
6
7
14
7
14

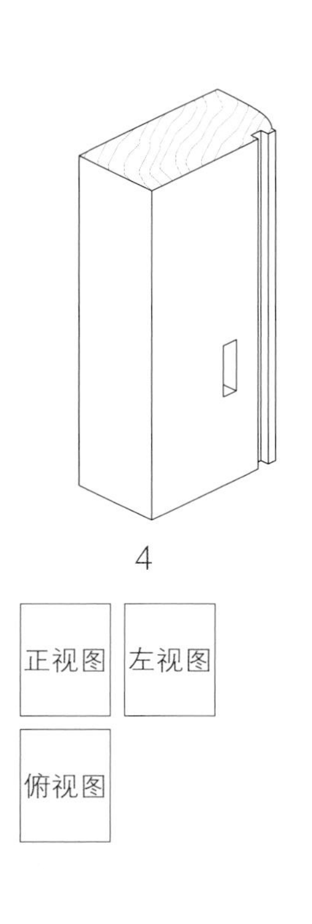
4
正视图
左视图
俯视图

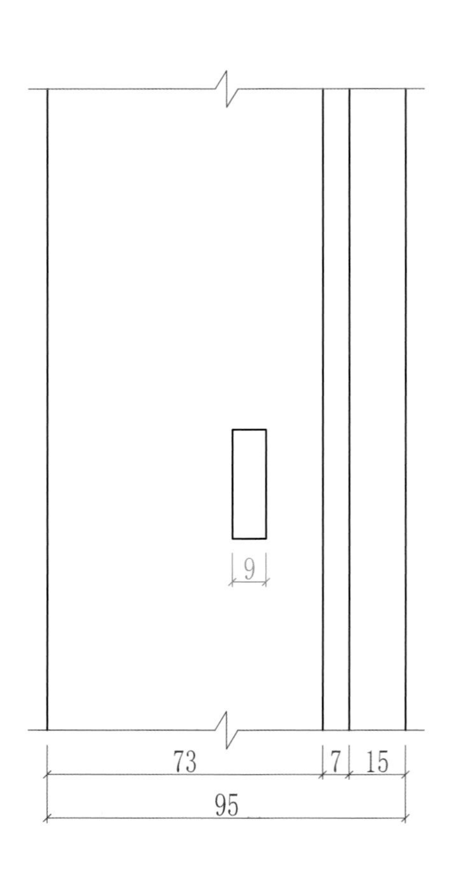
9
73
7
15
95

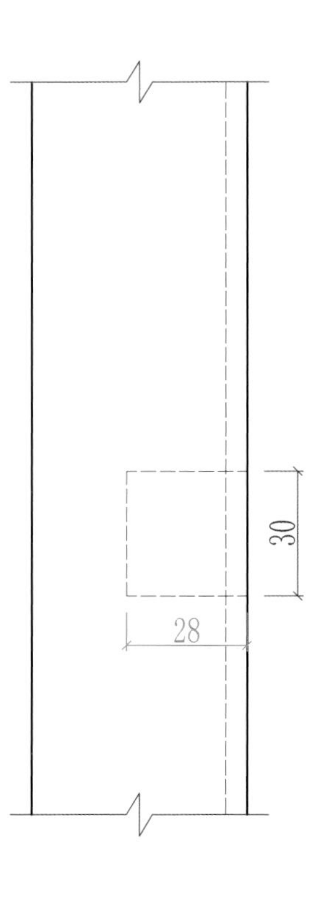
30
28

比例：1:2

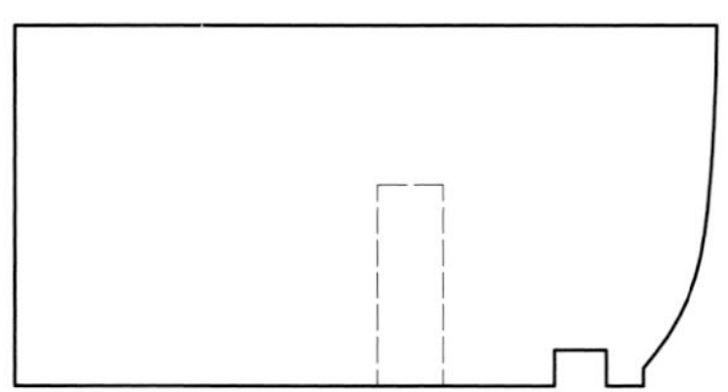

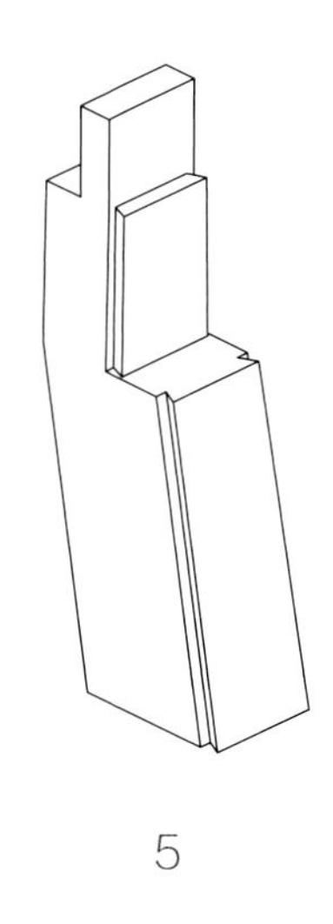

5

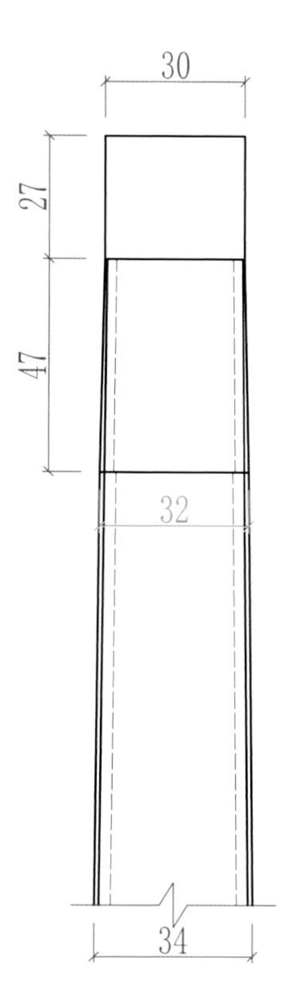


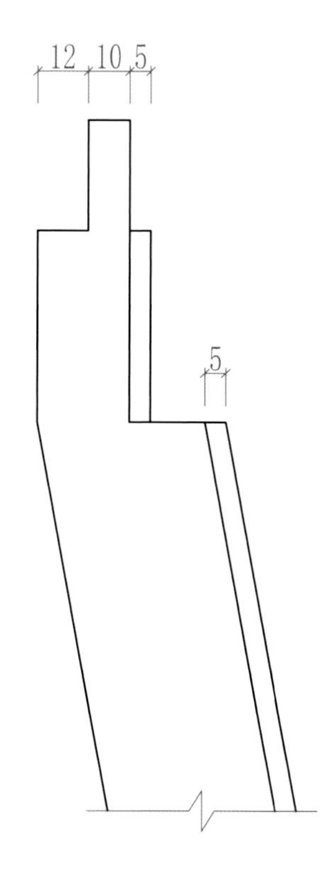


正视图 左视图

俯视图

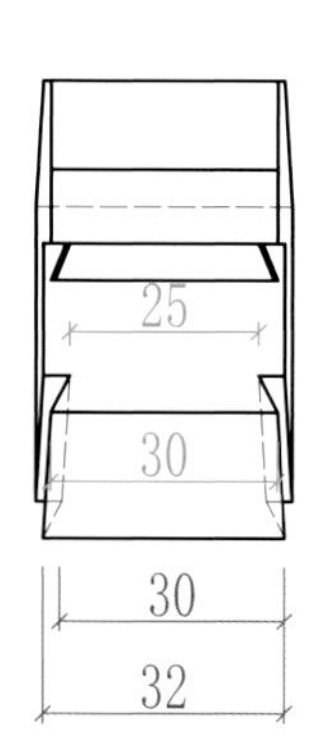


比例：1:2

# 榫卯力学

## 榫卯牢固的三要素

榫卯牢固程度取决于三个因素：

（1）选料；

（2）榫卯形状和大小；

（3）榫卯要严紧。

第一选料，出榫卯的地方选料很重要，榫卯的位置不能有严重的斜纹、结疤、腐烂、裂纹，有这几种毛病的木材不能用来做榫卯。

第二是根据家具的器型和家具用料截面的大小设计榫卯的大小和形状，在设计榫卯时特别需要注意的是要考虑如有打槽装板不要伤到榫头，如果打槽装板伤到榫头，说明榫卯设计不合理。有时也要考虑榫卯的交叉，榫卯大小的合理性。

第三榫卯贵在严紧，在保证榫眼内壁和榫头表面光滑的前提下，把榫卯做严，才能使榫卯受力最大，如何把榫卯做严紧体现了工艺水平，也体现了匠人的态度和责任，考究的榫卯结构是中式家具之魂，家具的榫卯做不好就体现不出中式家具的特点。

（1）榫眼横向呈凸形

一般来讲榫卯能做到严紧已经不错了，但想让榫卯受力达到峰值，只靠严紧还是不够的，可把榫眼两壁做成凸形，如图所示，榫头的宽度做到和榫眼外部等宽，榫头的厚度和榫眼厚度等厚，因木材有微量的可塑性，在组装时榫头通过榫眼凸面时受到挤压，组装后在自然环境下时间放一段时间，榫头会吸潮，被挤压的榫头端头可胀回到原来的尺寸，榫头窄面便形成了凹形，这样榫头就不易从榫眼抽出，从而达到榫头和榫眼之间产生最大摩擦力的作用。榫眼纵接触面受力太大容易开裂，纵接触面只能做成平面，只要做光滑做严就可以了。榫眼两壁呈凸形和榫眼四个面都是平面的榫卯，通过拉力试验，榫眼两壁呈凸形的榫卯拉力比榫眼四个面都是平面的榫卯拉力大约大 23%。

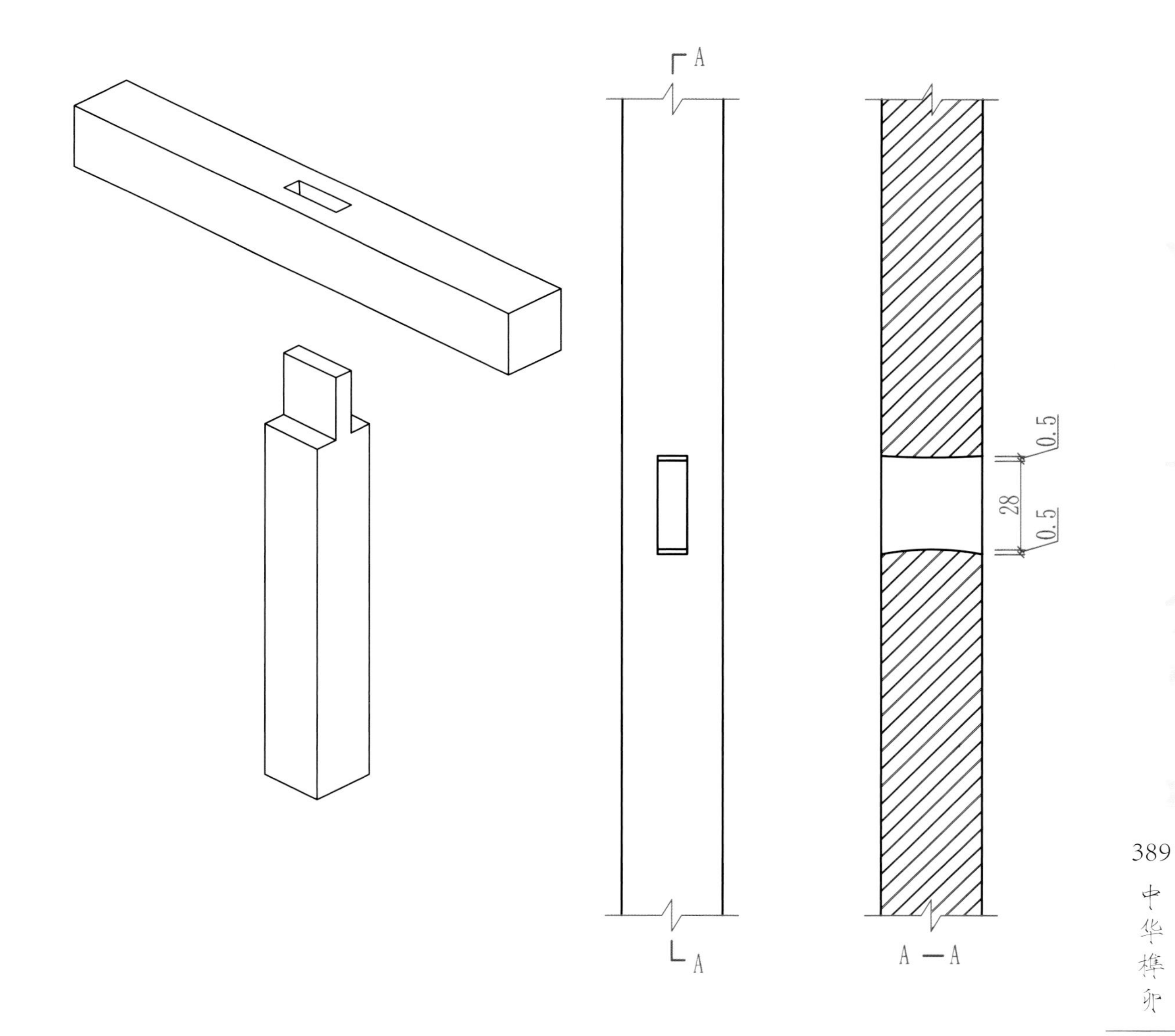

（2）榫眼横向呈燕尾形

如图所示，榫眼横向呈燕尾形，在榫头的端头锯两个小口，榫头打进榫眼后再把两个小木楔顺着锯好的小口打入，这样榫头就形成了燕尾，榫头很难从榫眼抽出。木楔的大小要根据榫头大小而定，木楔的颜色要和榫头一致，这种结构常用于不需要维修的器物，一般使用于木制门窗和建筑，红木家具不适合此种结构。虽然牢固但不能拆卸，再有榫头加两个木楔给人以做工不讲究的感觉。

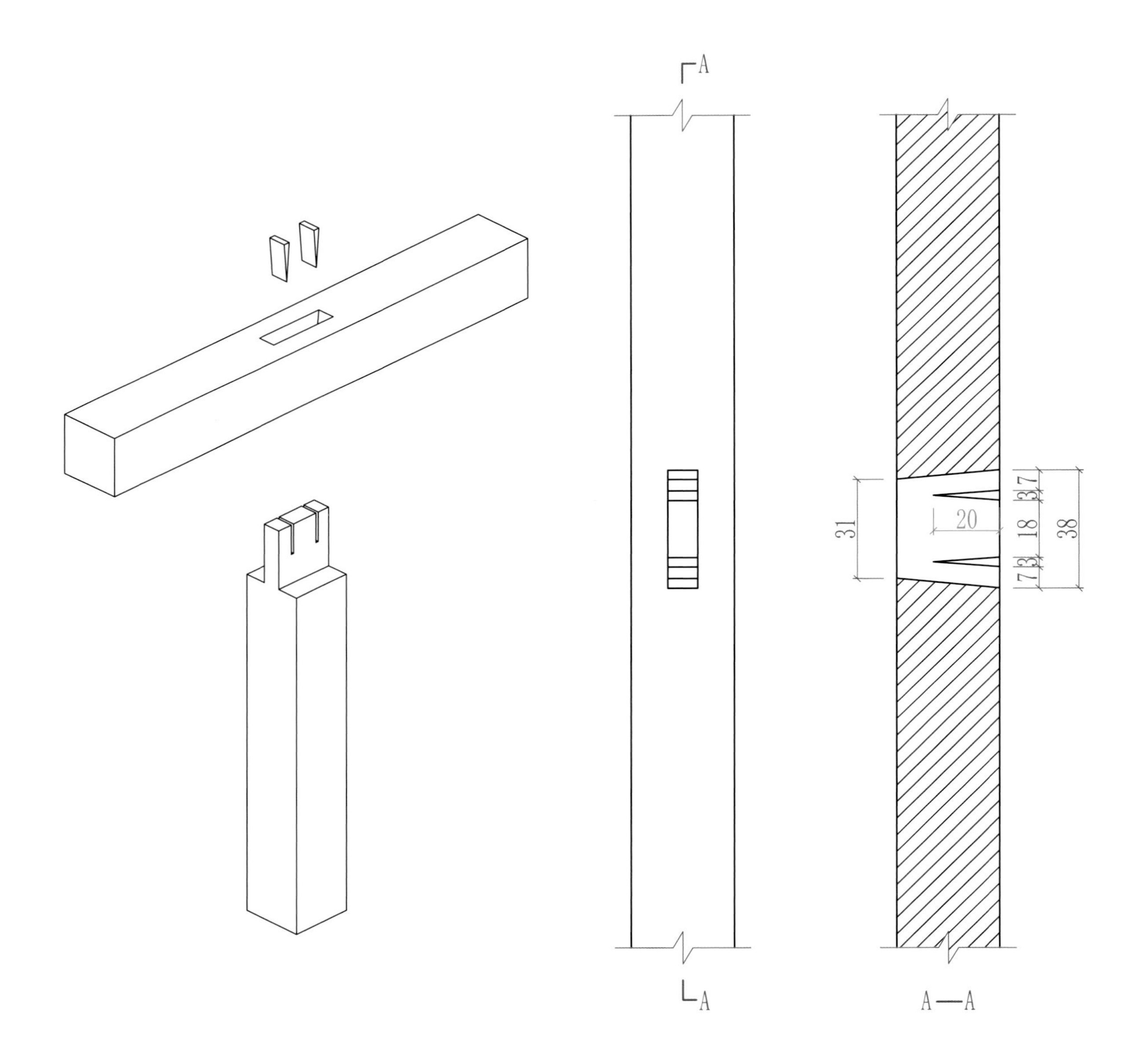

（3）榫眼横向呈燕尾的半榫

如图所示，榫眼横向呈燕尾形在特殊结构中，既要做成半榫还要受力特别强，就在榫头顶端锯两条缝，缝的长度要略比木楔的长度长一点，木楔和榫头等厚。组装时木楔提前嵌入榫头顶部，组装时靠榫头的压力使木楔嵌入榫头中，使榫头形成了燕尾形，要保证木楔嵌入榫头后两个木楔要和榫头顶部基本呈平面，这种榫头木工称之为“死闷榫”，一但榫头打进去就很难拆下来，做家具很少用到此法。

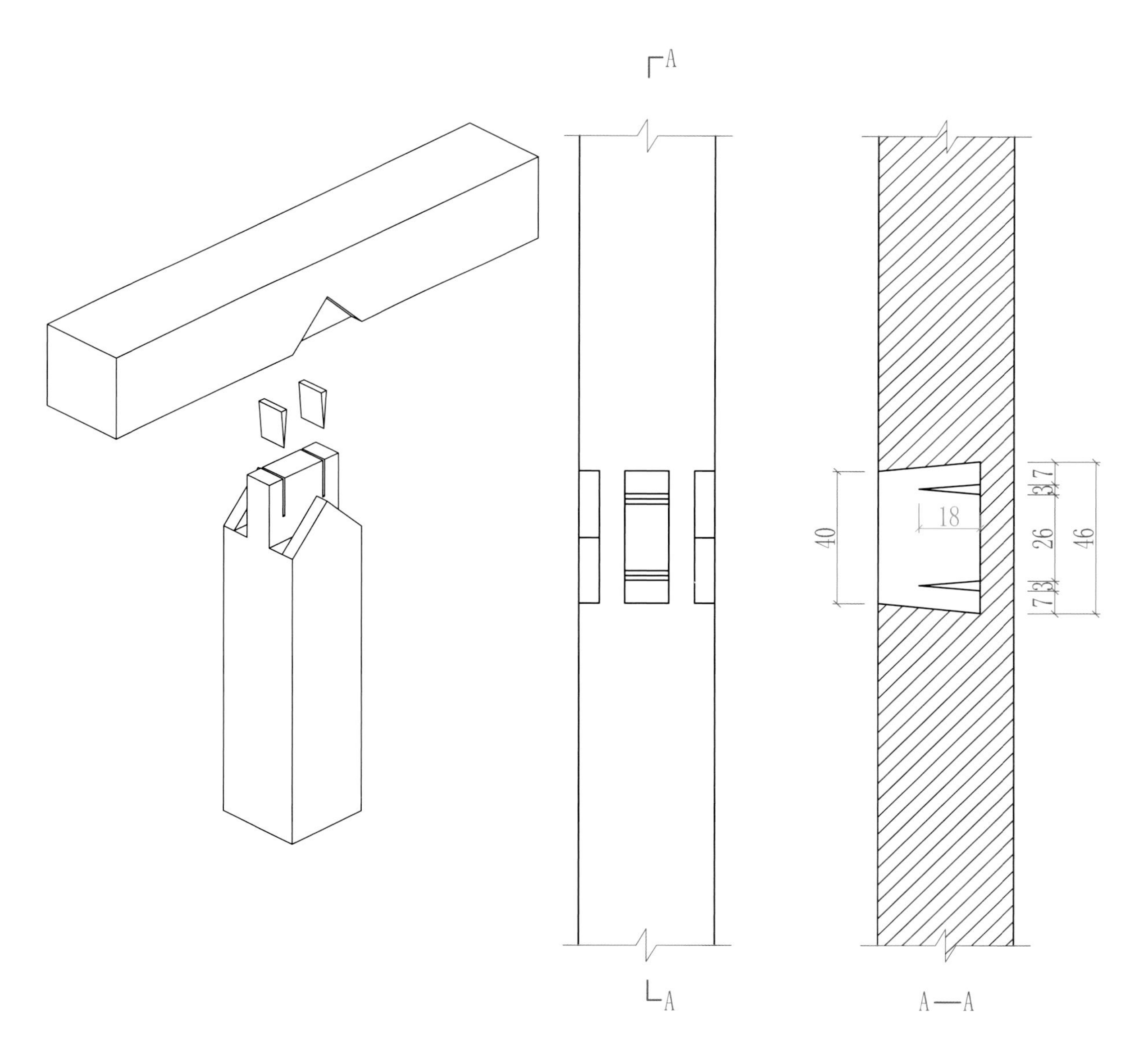

# 第三章

# 器·家具匠心

家具的“匠心”体现在一个“巧”字上，取决于匠人对家具的理解、兴致、钻研和把握，匠人的“巧”必然是综合知识的体现和用心钻研的结果，高超的匠师必须对哲学、美学、传统文化、古建知识都有全面的了解，在这个基础上掌握制作家具的精髓。

“匠心”还体现了一种执着，一种负责任的态度，一种不怕困难的精神，“匠心”体现在家具上就是让家具有了美，有了生命。

本章所有家具为“活拆”家具

榫卯 SUNMAO

壹

# 红木雕拐子纹打洼床三件套

HONGMUDIAOGUAIZIWENDAWACHUANGSANJIANTAO

此床的设计理念是现代与古典元素的融合。一方面，主体为现代造型。床头靠背弧度适合人体倚靠，床面高度加20厘米厚的软垫符合现代床的做法，使用起来舒适健康。另一方面，装饰上带有古典韵味。床头耳子形似古玩格，可摆放小物件加以点缀；整体装饰以打洼线条为主，带有苏式家具的味道。

*** 本产品有外观专利设计**

现场拆解图示

风格：清式

材质：红酸枝

尺寸

床：228cmx276cmx126cm

床头柜：55cmx48cmx55cm

床凳：155.5cmx40cmx55.5cm

# 红木几式电视柜

HONGMUJISHIDIANSHIGUI

几式电视柜是由琴几演变而来的，整体风格带着琴几的俊雅飘逸。前围板以云头衬托，雕刻蝙蝠、铜钱，寓意“福到眼前”、“上天赐福”。

**＊本产品有外观专利设计**

现场拆解图示

风格：清式
材质：红酸枝
尺寸：195cm×47.5cm×55cm

参

# 红木百宝嵌屏风

HONGMUBAIBAOQIANPINGFENG

此屏风造型别致，做工细腻，边框雕福寿纹和百宝，墩子上两个大抱鼓充当了一般屏风站牙的角色，增添了稳重感。屏心底板为软木上漆，做出龟裂纹，用几种不同的玉和几种名贵木材镶嵌成一幅《松溪钓艇图》，名曰“百宝嵌”。明清时百宝嵌经常选用象牙、犀牛角、玳瑁、各种玉石等材料做装饰，这些动物现在已经成为世界保护动物，今天不能再用。

**＊本产品有外观专利设计**

现场拆解图示

风格：明式
材质：红酸枝
尺寸：272cmx120cmx228cm

# 红木四面空多宝格

HONGMUSIMIANKONGDUOBAOGE

此多宝格格子划分错落有致，雕刻清爽飘逸，尤其是格子上部的两个回纹纹饰，给格子增添了许多美感。格子两面造型一致，一面有拉手，另一面没有。把此格子摆放在客厅中用作隔断，效果极佳。

**＊本产品有外观专利设计**

现场拆解图示

风格：清式

材质：红酸枝

尺寸：105cmx38cmx200cm

伍

# 红木云龙纹大供案

HONGMUYUNLONGWENDAGONGAN

此供案用料硕大，器型威严，造型夸张，给人以重器之感。高束腰，三弯腿，肩膀处雕以龙头，腿足雕龙爪。

**＊本产品有外观专利设计**

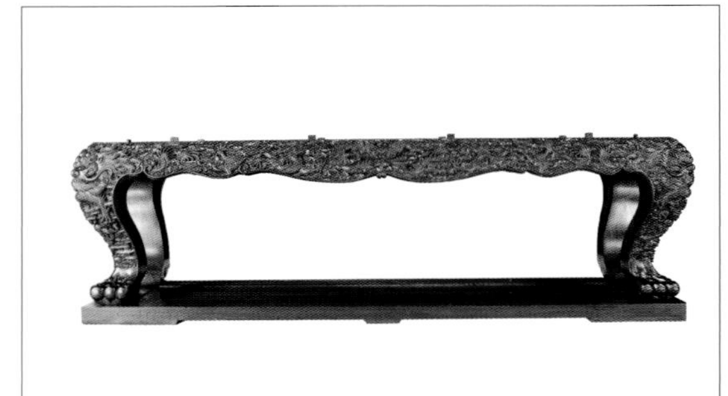

现场拆解图示

风格：清式
材质：红酸枝
尺寸：268cmx80cmx110cm

# 红木罗锅枨三层书柜（出榫）

HONGMULUOGUOZHENGSANCENGSHUGUI

这对三层书柜为明式风格家具，通体素雅，枨子倒圆，以罗锅枨作为主装饰线条，既美观又增强了搁板的承重，配以透雕草龙的拉手，虽无雕刻但不失精炼之美。

**＊本产品有外观专利设计**

现场拆解图示

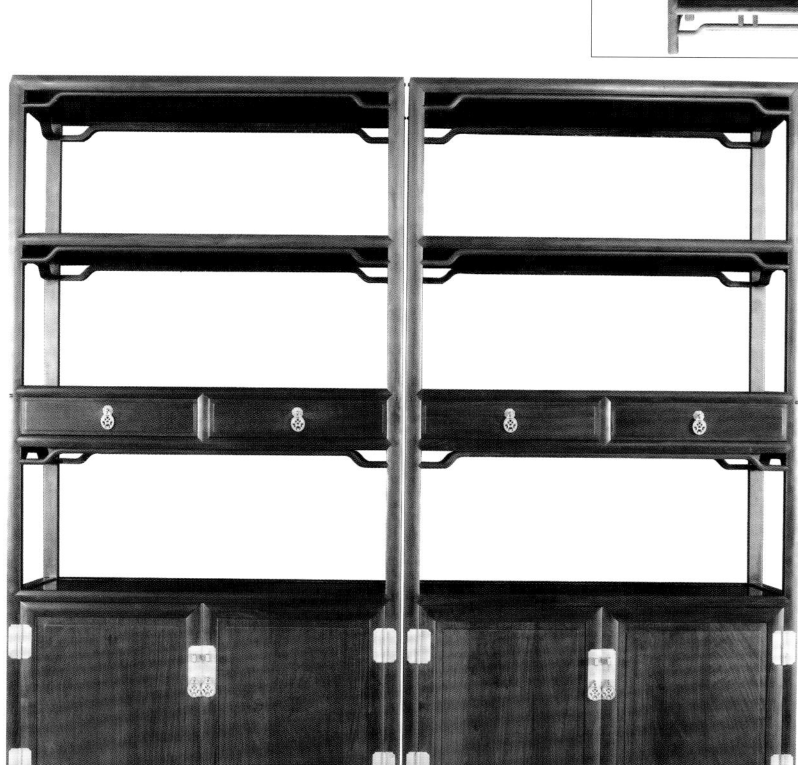

风格：明式
材质：红酸枝
尺寸：100cm×42cm×210cm

# 红木带护脚雕博古纹双人床

HONGMUDAIHUJIAODIAOBOGUWENSHUANGRENCHUANG

为了使床靠背牢固，两边装上护角，用走马销连接。床的靠背板和护脚的上角都做成委角，床腿的马蹄雕转珠。床靠背板雕博古纹，立体感强，明朗清爽，配上两个杌凳式床头柜，整体简洁大方，明式家具韵味十足。

**＊本产品有外观专利设计**

现场拆解图示

风格：明式
材质：红酸枝
尺寸
床：209cmx193cmx102cm
几：51cmx51cmx50cm

# 红木清风双人床三件套

HONGMUQINGFENGSHUANGRENCHUANGSANJIANTAO

此床风格简洁实用，通体枨子的小面倒圆，不做起线装饰，床体两侧面看似两块立墙板，实为两个大抽屉。床脚雕清式家具经典回纹，床靠背雕凤凰戏牡丹，雕工精美，寓意吉祥，实属精品。

**＊本产品有外观专利设计**

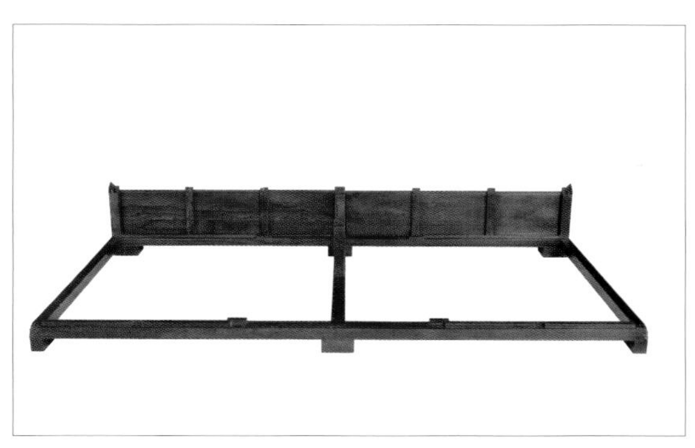

现场拆解图示

风格：清式
材质：红酸枝
尺寸
床：210cmx187.5cmx110cm
床头柜：54cmx44cmx67.5cm

玖

# 红木紫砂壶格子

HONGMUZISHAHUGEZI

格子上部分以回纹圈成镜框形式，既突出格子的层次感，又对要摆的紫砂壶实物起装饰作用。门上雕砂壶图案，上下呼应。围板以罗锅枨加矮老构成，观之清爽。格子整体设计巧妙，能使摆件和格子造型相互衬托。

*** 本产品有外观专利设计**

现场拆解图示

风格：清式
材质：红酸枝
尺寸：100cmx36cmx210cm

# 红木打洼顶箱柜

HONGMUDAWADINGXIANGGUI

此柜为苏式风格的家具，通体以打洼线条做装饰，前门独板，下围板和抽屉雕粗打洼拐子龙，和打洼柜体相呼应。柜体简洁大方，有一种质朴天然的美。

现场拆解图示

风格：明式
材质：红酸枝
尺寸：116.5cmx60cmx234cm

# 红木二联橱柜

HONGMUERLIANCHUGUI

此款家具的器型风格从传统角度划分，属于北方家具。它兼具翘头案和橱柜的功能，放在餐厅使用最为合适。

现场拆解图示

风格：清式
材质：红酸枝
尺寸：140cmx49cmx88cm

# 花梨木福寿吉庆图圆古玩格

HUALIMUFUSHOUJIQINGTUYUANGUWANGE

此古玩格的轮廓蕴含着中国传统哲学中天圆地方的理念，上部分是大圆形古玩格，下部分则是方形底座，一圆一方，一动一静，一柔一刚，完美地结合在一起。底座上面雕刻着云头和福寿等吉祥图案，增加了底座的装饰性。在多为方形家具的室内摆放此格，能够调和居室的沉闷气息，给生活带来灵动的色彩。

现场拆解图示

风格：清式
材质：花梨木
尺寸：196cmx31cmx240cm

拾叁

# 黄花梨带翘头一屉柜橱

HUANGHUALIDAIQIAOTOUYITIGUICHU

这件柜橱的设计理念来源于明式家具，是北方地区家具的风格，可放餐厅充当“接手柜”，既美观又实用。

现场拆解图示

风格：明式

材质：黄花梨

尺寸：90cmx48cmx108cm

# 红木扇面写字台

HONGMUSHANMIANXIEZITAI

写字台台面的内侧挖缺，外侧中心弧形，改变了传统长方形的僵硬造型，给人以柔和的感觉。面边、枨子不起线，牙板用罗锅枨圈边，雕灵芝图案，外侧弧形板上雕“一卷书式”竹子。写字台整体风格素雅，文气十足。

现场拆解图示

风格：清式
材质：红酸枝
尺寸：216cmx117cmx79cm

# 明式带托泥翘头案

MINGSHIDAITUONIQIAOTOUAN

此款明式翘头案是标准的明式家具。翘头较矮，牙板和牙头较窄，风格简练，器型优美。

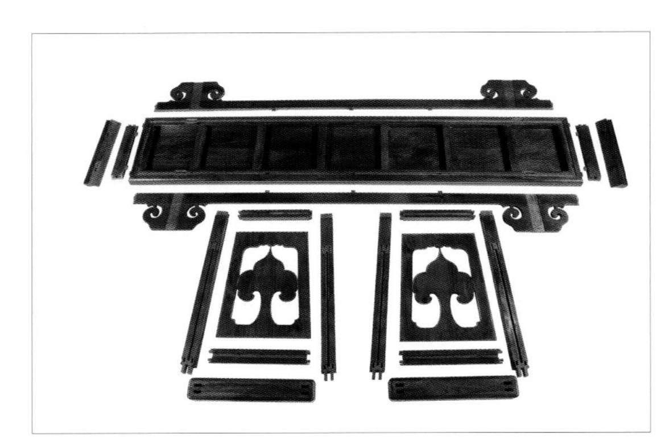

现场拆解图示

风格：明式
材质：红酸枝
尺寸：240cmx45cmx88cm

# 拾陆

## 红木地镜

HONGMUDIJING

地镜是清朝中期的产物，如今它的装饰性大于实用性。此镜两个墩子呈八字形，上雕蝌蚪纹，雕草龙的站牙随墩子有一定的斜度。镜框里雕草花和回纹，立墙雕福庆纹和八宝纹，围板雕二龙捧寿。此地镜比例得当，雕刻精湛，属地镜系列中的精品。

现场拆解图示

风格：清式
材质：红酸枝
尺寸：146cmx77cmx214cm

# 拾柒

# 紫檀打洼万字书柜

ZITANDAWAWANZISHUGUI

书柜整体造型舒朗明快，雕刻布局以柜门为中心，上帽和下围板相互呼应。柜枨和拐子龙都以打洼为主装饰手法，使雕刻和主体浑然一体。器型、风格在红木家具中自成一家。

**＊本产品有外观专利设计**

现场拆解图示

风格：清式

材质：紫檀

尺寸

玻璃柜：110cmx38cmx205cm

万字柜：125cmx38cmx205cm

拾捌

# 红木雕福庆八宝顶箱柜

HONGMUDIAOFUQINGBABAODINGXIANGGUI

在顶箱柜中这对柜子属于重器，一般顶箱柜的尺寸比它小，顶箱柜在生活中非常实用，上箱门雕“五福捧寿”，下门雕“吉庆如意”，柜仓横板雕“福到眼前”；雕刻手法采用深浮雕，立体感强，柜体造型庄重大气。

现场拆解图示

风格：清式

材质：红酸枝

尺寸：141cmx58cmx257cm

# 拾玖

# 红木雕灵芝纹小圆角柜一对

HONGMUDIAOLINGZHIWENXIAOYUANJIAOGUIYIDUI

此圆角柜器型小巧，对开门，内设隔板，柜门上雕饰通透的灵芝图案，精美秀气，做工精良。产品吸收了明代家具“气死猫”柜子的特点，它的主要功能是橱柜，但也兼具花几的作用。整体设计融实用性和观赏性于一体，无论是放在客厅、书房还是卧室，都别具有一番风情。

*** 本产品有外观专利设计**

现场拆解图示

风格：明式
材质：红酸枝
尺寸：272cmx120cmx228cm

# 红木雕葫芦纹角柜

HONGMUDIAOHULUWENJIAOGUI

角柜属于异形家具，并不多见，使用起来既节省空间，又能装饰空间角落。这款角柜柜面上雕刻了寿山和葫芦的纹饰，既美观，又带有浓浓的吉祥寓意。

**＊本产品有外观专利设计**

现场拆解图示

风格：清式
材质：红酸枝
尺寸：95cmx61cmx194cm

贰拾壹

# 红木明式沙发六件套

HONGMUMINGSHISHAFALIUJIANTAO

此沙发款式为经典的明式风格并具有现代生活气息的家具，雕刻团龙作点缀，起到了画龙点睛的效果。配有软垫，既体现了浓郁的传统文化，又具有现代实用价值，是古典与现代的完美结合，是现代人理想的时尚产品。

**＊本产品有外观专利设计**

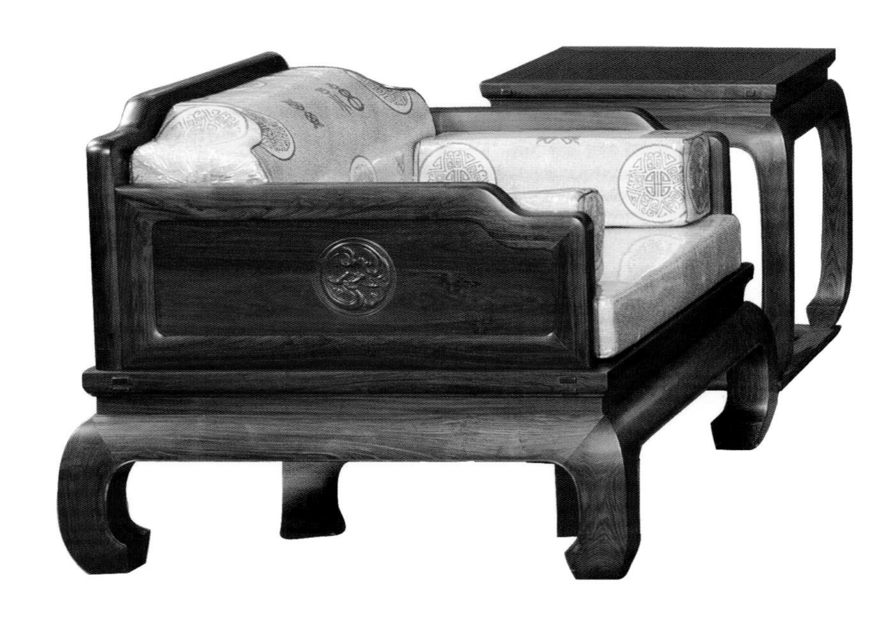

风格：明式

材质：红酸枝

尺寸

三人沙发：237cmx95cmx80cm

单人沙发：107cmx95cmx80cm

大茶几：166cmx101.5cmx46.5cm

小茶几：65.5cmx65.5cmx66cm

现场拆解图示

贰拾贰

# 红木葫芦纹小方角柜

HONGMUHULUWENXIAOFANGJIAOGUI

这是款小型家具，门和两侧板上部施以透雕葫芦图案，以一个大葫芦纹为中心，环绕重复的葫芦纹饰，多而不乱，层次分明，寓意“福寿万代”和“子孙万代”。产品的装饰性和实用性都很强，既可储存货物，又能做花几用。

风格：明式
材质：红酸枝
尺寸：60cmx40cmx101cm

贰拾叁

# 红木雕龙纹大写字台

HONGMUDIAOLONGWENDAXIEZITAI

此写字台尺寸宽大，主体四周雕锦地云龙，上下有闭合的回纹带，底座兽头三弯腿，器型庄重大气。台面上不设抽屉，字台前面装有挡板，两个墩子上一边设抽屉，一边设单开门小柜，整体设计力求实用、方便、严谨、美观。此字台适合办公室用，居家使用尺寸偏大。

**＊本产品有外观专利设计**

风格：清式
材质：红酸枝
尺寸：218.5cmx110.5cmx81.5cm

贰拾肆

# 红木五屏风宫廷榻两件套

HONGMUWUPINGFENGGONGTINGTALIANGJIANTAO

此榻选料粗壮，通体素淡，床腿内侧和围板起宽线，宽线上又起细线装饰，远看粗线霸气，近看细线精致。款式新颖，造型别致，是榻类中的精品。此款家具是由一张宫廷画得来的设计灵感，因此取名宫廷榻。

**＊本产品有外观专利设计**

风格：明式

材质：红酸枝

尺寸：210cmx115cmx91cm

# 红木葫芦纹古玩格

HONGMUHULUWENGUWANGE

此古玩格有广式家具风格，装饰精美，格子上装有上帽，雕刻葫芦纹。因格子尺寸比较大，为方便搬运，做成两段，上部分为通透格子，下部分为对开柜门。整体设计理念新颖、造型大器、寓意吉祥。

*** 本产品有外观专利设计**

风格：清式
材质：红酸枝
尺寸：125.5cmx38.5cmx235cm

# 红木云蝠沙发六件套

HONGMUYUNFUSHAFALIUJIANTAO

此套沙发以方材格肩做成透空清式回纹形状的靠背和扶手，此回纹形状又具备抽象的明式拐子龙装饰手法，结构简单，但具有丰富的想象力。背板雕刻“五福捧寿”，中心性强。沙发下座通体素雅，线条柔和，属沙发类中的精品。

**＊本产品有外观专利设计**

风格：清式
材质：红酸枝
尺寸
大茶几：148cmx93cmx45.5cm
三人沙发：230cmx74cmx99cm
单人沙发：89cmx74cmx99cm
小茶几：72cmx58cmx60.5cm

# 红木回纹镶嵌沙发六件套

HONGMUHUIWENXIANGQIANSHAFALIUJIANTAO

此套沙发以回纹做主要装饰，勾勒轮廓。背板和扶手上镶嵌黄杨木、乌木、绿檀木、鸡翅木、紫檀木、花梨木，层次分明，立体感强，美轮美奂。整套沙发庄重、华丽、大气，极具清式家具的奢侈繁复风格，是一件不可多得的珍品。

*** 本产品有外观专利设计**

风格：清式

材质：红酸枝

尺寸

大茶几：148cmx89cmx48cm

三人沙发：228cmx70.5cmx98cm

单人沙发：90.5cmx70.5cmx98cm

小茶几：73.5cmx59.5cmx67cm

贰拾捌

# 黑酸枝花瓶多宝格

HEISUANZHIHUAPINGDUOBAOGE

此格的轮廓是根据花瓶的形状设计而来，格顶以夸张的冰盘沿勾勒出线脚，格子中上部以竖棂子作为装饰，透而不漏，含蓄美观。格子底座是以四块板围成，挖云头轮廓线，使整个格子呈现出花瓶般优美圆润的曲线外廓。

风格：清式
材质：黑酸枝
尺寸：120cm×43cm×220cm

贰拾玖

# 花梨木独板下卷琴几两件套

HUALIMUDUBANXIAJUANQINJILIANGJIANTAO

整套家具用独板花梨木挖弧线制成，两侧板开灵芝头方形孔。此琴几器型优美，阿娜多姿，简单而精炼。

风格：明式

材质：花梨木

尺寸

琴几：167cmx47.5cmx70.5cm

琴凳：64cmx33.5cmx50cm

叁拾

# 红木雕福寿纹鞋柜

HONGMUDIAOFUSHOUWENXIEGUI

此柜是带有古典元素的新中式家具，柜子对开门，内设三层隔板，便于储存鞋子。柜上安置一个衣架，更加增强了它的功能性。柜身以福寿纹和灵芝头作装饰，取吉祥的寓意，美观实用。

风格：清式
材质：红酸枝
尺寸：99cmx41cmx183cm

叁拾壹

# 红木小衣架

HONGMUXIAOYIJIA

此小衣架明式家具味道十足，形体小巧、通体素雅、造型优美、耐人寻味。这件衣架是按张德祥老师提供的明式家具实物1：1仿制而成的。

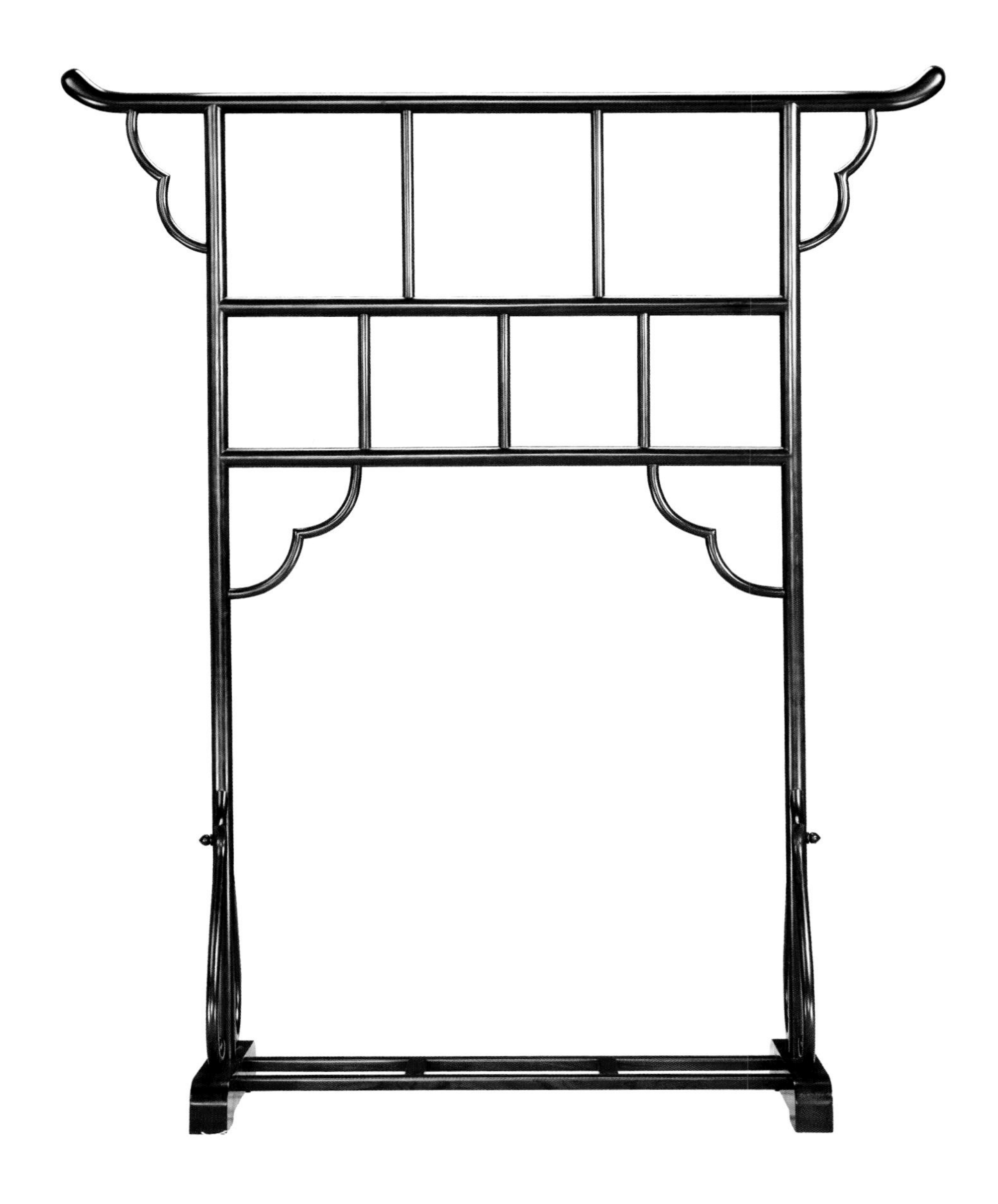

风格：明式

材质：红酸枝

尺寸：113cmx32cmx137cm

# 红木雕西番莲带软垫沙发五件套

HONGMUDIAOXIFANLIANDAIRUANDIANSHAFAWUJIANTAO

在古代，人们要站有站相，坐有坐相，中规中矩；而现代家居要求舒适实用。这款家具就是为适应现代人的需求而设计的，既有传统气息，又非常舒适。

风格：明式
材质：红酸枝
尺寸
三人沙发：197cmx83cmx103cm
单人沙发：83cmx83cmx103cm
大茶几：145cmx90cmx46.5cm
小茶几：80cmx55cmx64cm

叁拾叁

# 红木三弯腿六角桌

HONGMUSANWANTUILIUJIAOZHUO

此件家具属于多功能家具，既可以整体使用，又可以拆分成两个梯形半桌，而且靠墙摆放利于节约空间。围板雕刻草花，是明式家具中常见的一种装饰，腿足雕刻卷叶，造型优雅。

风格：明式
材质：红酸枝
尺寸：83cm×73cm×83cm

# 黄花梨五层书架

HUANGHUALIWUCENGSHUJIA

此书架为明式家具风格，属于经典的传统造型。抽屉脸上挖长方灵芝头造型，嵌紫檀木，既简洁又富于变化。

风格：明式
材质：黄花梨
尺寸：100cmx36cmx218cm

# 叁拾伍

# 红木顶箱书柜五件套

HONGMUDINGXIANGSHUGUIWUJIANTAO

顶箱书柜要比普通书柜更实用，上面有顶箱，放书多，可以把不整齐或不常用的书放在顶箱中，显得整齐干净。从设计理念上讲，以中间古玩格为中心，重点处加以雕饰，整套书柜雕刻图案上下呼应，中间部分素雅，突出书柜的整体性。雕刻题材为梅、兰、竹、菊，其寓意和书暗含联系，此种设计理念是以后家居设计的发展方向。

风格：清式

材质：红酸枝

尺寸

梅兰竹菊柜：108cmx38cmx232cm

福禄寿柜：146.5cmx38cmx232cm

# 黄花梨三层雕凤凰戏牡丹书柜

HUANGHUALISANCENGDIAOFENGHUANGXIMUDANSHUGUI

风格：明式
材质：黄花梨
尺寸：100cmx36cmx200cm

书柜较书架而言，功能更多一些。除了可放书，还可放杂物。书柜抽屉前脸挖长方形灵芝头槽，嵌紫檀木板，门板开光雕凤凰戏牡丹纹，寓意好。属明式家具设计风格。

叁拾柒

# 黄花梨鞋椅

HUANGHUALIXIEYI

此椅的设计既满足现代人的生活需要，又不失传统，在官帽椅的基本元素上，把椅面加宽，椅面下四周装板，前面加两个抽屉，便于放置杂物，方便实用。

风格：明式
材质：黄花梨
尺寸：68.5cmx49cmx118cm

# 红木回纹带玻璃书柜

HONGMUHUIWENDAIBOLISHUGUI

书柜门上装玻璃是现代人的普遍做法，可以起到很好的防尘效果。上柜门装回纹框和蝙蝠卡子花，下柜门和抽屉上雕梅、兰、竹、菊，体现了雕刻和书柜用途的和谐之美。

**＊本产品有外观专利设计**

风格：清式
材质：红酸枝
尺寸：100cm×36cm×200cm

# 叁拾玖

## 花梨木佛龛

HUALIMUFOKAN

佛龛上部分为方角柜形式，腿部为箱式座结构，弥补了一般柜子四腿直接落地的空泛感觉，突出佛龛的庄重。上部分为佛龛的主体，第一层以浮雕灵芝做壸门，用来摆放水果之类的供品，灵芝图案和水果类相呼应；第二层透雕云蝠，寓意“天赐之福”，和神位相呼应；抽屉和门雕摆宝。佛龛整体雕刻严谨，布局清晰，装饰性和功能性融为一体。

风格：清式
材质：花梨木
尺寸：89cmx58cmx205cm

# 红木曲尺罗汉床两件套

HONGMUQUCHILOUHANCHUANGLIANGJIANTAO

明式曲尺罗汉床属于明式家具的经典之作，以后也会流传下去。此曲尺罗汉床在传统的基础上有两点改动：一是床面高度比传统高度矮了一些，坐着更舒服。二是为了使曲尺罗汉床富于变化，在后背曲尺格中镶嵌两块浮雕麒麟板，既美观又大气。

风格：明式
材质：红酸枝
尺寸
面：220cmx95cmx47cm
通高：83cm

# 附录—榫卯结构检索表

| 序号 | 榫卯结构名称 | 结构图 | 应用部位 | 特点 |
|---|---|---|---|---|
| 1 | 银锭榫拼板 | | 旧时家具维修 | 银锭榫是两头大、中腰细的榫，镶入两板缝之间，可防止鱼膘胶年久失效后拼板松散开裂。 |
| 2 | 舌口拼板 1 | | 家具装板 | 此法是现代做法，接触面多，接合牢固。 |
| 3 | 舌口拼板 2 | | 家具装板 | 此法是现代做法，薄板与厚板拼合皆适用。 |
| 4 | 舌口拼板 3<br>（龙凤榫拼板） | | 家具装板 | 此法是传统做法，缺点是如果板太薄那么舌口必然也薄，舌口容易断裂。 |
| 5 | 燕尾榫拼板<br>（龙凤榫拼板） | | 特别潮湿环境的家具部件 | 此法是传统做法，用于厚度 1.5 厘米以上的厚板，对板的平整度要求非常高。 |
| 6 | 栽榫拼板 | | 厚度较厚的拼板结构 | 此法是传统做法，今红木家具制作已经不再使用此法，拼缝开裂时，看上去影响美观。 |
| 7 | 走马销拼板 | | 厚度 2 厘米以上的平板拼接 | 此法是传统做法，榫头由大的一端插入，推向小的一边，就可扣紧。 |
| 8 | 银锭条拼板 | | 经常接触潮湿环境的木结构上 | 把木条的截面加工成银锭形状，嵌入两个开银锭榫口的平板之中，接合起来比走马销拼板还要牢固。 |
| 9 | 明燕尾榫平板直角接合 | | 家具抽屉和箱体结构 | 燕尾榫根部窄，端部宽，呈大头状。这种方法很传统，是平板直角接合最常用方法。 |
| 10 | 暗燕尾榫平板直角接合<br>（闷榫） | | 箱体结构、抽屉结构、桌案围板等的平板角结合处 | 这种方法是平板角接合的最讲究方法，从外表看不到榫头，但不如明燕尾榫牢固。 |
| 11 | 独板和攒边框角接合 | | 几式家具上 | 独板和攒框角接合是粽角榫的一种接合方式。 |

(续表)

| 序号 | 榫卯结构名称 | 结构图 | 应用部位 | 特点 |
|---|---|---|---|---|
| 12 | 方材丁字形接合 1（直肩榫） |  | 家具不直观的结构上 | 此种榫卯是最基本的榫卯，被广泛应用。别的榫卯结构都是根据此种榫卯结构不断演变而来的。 |
| 13 | 方材丁字形接合 2（一面小格肩，一面直肩） |  | 家具结构中应用广泛 | 小格肩结构的应用便于两根直材表面起比较宽的相交装饰线，使其相交处美观大方。 |
| 14 | 方材丁字形接合 3（一面大格肩，一面直肩） |  | 家具结构中应用广泛 | 当料的截面比较大时才适合做大格肩结构，格肩的一面是看面，直肩一面是背面。 |
| 15 | 方材丁字形接合 4（内角倒圆，两面大格肩虚肩榫） |  | 床围子和沙发类扶手 | 大格肩虚肩是格肩结构的最佳结构，做成虚肩的目的是使榫头接触面大，达到榫卯牢固的目的。 |
| 16 | 方材丁字形接合 5（两面格肩虚肩榫） |  | 床围子和沙发类扶手 | 这是一种旧时做法，八字肩的截面呈梯形，因为旧时格肩都手工操作，这种做法可以节省工时。 |
| 17 | 方材丁字形接合 6（一面大格肩虚肩，一面直肩） |  | 家具结构中应用广泛 | 柜子里面丁字相交的料往往厚度不一样，只能做成直肩，即使厚度一样，因为直肩容易加工。 |
| 18 | 方材丁字形接合 7（大格肩虚肩暗交叉榫） |  | 家具结构中应用广泛 | 为了最大限度提高榫头的接触面，榫头在榫眼内交叉。 |
| 19 | 方材丁字形接合 8（大格肩虚肩，一面出榫一面不出榫） |  | 柜类的腿 | 采用这种结构，一般料截面都比较大，而且是出榫的一面是侧面，不出榫的一面是正面。 |
| 20 | 方材丁字形接合 9（半榫，榫头内格角相交） |  | 柜类家具腿足处 | 两个面都不要明榫，还想让两根料受力比较均匀，而且把榫头做到最长，可采用此种结构。 |
| 21 | 方材丁字形接合 10（大格肩虚肩大进小出榫） |  | 柜类腿足处 | 为使两根相交的料受力均匀，而且受力最大化，需要做成大进小出榫。 |
| 22 | 圆材丁字接合 1（飘肩） |  | 圆材和圆材相交处 | 榫头的肩是弧形的，肩的弧度大小和相交圆材的接触面弧度一致。 |
| 23 | 圆材丁字接合 2（裹腿，又称圆包圆结构） |  | 枨子与腿足相交处 | 在明式家具中应用广泛，它的结构特点是受竹器的启发，经多年的提炼已经成型。 |

(续表)

| 序号 | 榫卯结构名称 | 结构图 | 应用部位 | 特点 |
| --- | --- | --- | --- | --- |
| 24 | 圆材丁字接合 3（裹腿，又称圆包圆结构） | | 枨子与腿足相交处 | 这种丁字接合方法是明式家具结构中最规范的结构。 |
| 25 | 圆材丁字接合 4（大进小出榫） | | 圆腿椅凳类的拉枨或是圆材相交装板结构 | 三根圆材相交的大进小出榫和三根方材相交的大进小出榫基本结构一样，不同是格肩变成了飘肩。 |
| 26 | 方材角接合 1（揣揣榫） | | 椅子前腿和扶手角接合部位 | 这是一个两面格肩的方材角接合结构，不见明榫，方材的截面又不大，揣揣榫接合是比较牢固的。 |
| 27 | 方材角接合 2（揣揣榫） | | 带有装板的沙发扶手和床围子 | 这种揣揣榫是一根料做一个舌夹，另一根料做两个舌夹，这样就比两个舌夹的结构更牢固。 |
| 28 | 圆材角接合 1（夹头燕尾榫） | | 圆腿类椅子的前腿和扶手接合处 | 夹头燕尾暗榫和揣揣榫是同属一类，加工难度大，但接合最牢固，是夹头榫的最高级做法。 |
| 29 | 圆材角接合 2（挖烟袋锅榫） | | 官帽椅的前腿和扶手接合处 | 制作挖烟袋锅榫可以理解为正方形的方材直肩丁字接合，然后倒圆而成。 |
| 30 | 板材角接合（开夹榫） | | 家具的牙板 | 一边是榫舌，一边是开口的榫夹，这样做是板材角接合最简易也是最牢固的方式。 |
| 31 | 十字交叉小格肩榫 | | 几何图案的结构 | 两根料十字相交，两根料各挖去一半扣合。 |
| 32 | 三根料交叉榫 | | 腿足的连接或是几何图案造型 | 圆周概念的位置关系，60° 或 120° 的格肩角度，交叉点上三分之一的厚度均分进行咬合。 |
| 33 | 弧形大边框栽榫接合 | | 超大圆形家具的边框 | 根据边框的厚度和宽度设计榫头的多少和大小，边框的厚度和宽度越大越容易变形。 |
| 34 | 圆材弧形暗榫接合（楔钉榫结构） | | 明式圈椅椅圈的接头处 | 这种结构是明式圈椅接头的经典成型结构，制作考究、牢固、美观。 |
| 35 | 圆材弧形明榫接合（楔钉榫结构） | | 明式圈椅的扶手上和圆材弧形接合结构中 | 相对于圆材暗榫接合而言，制作比较容易，两者大体相似。 |

(续表)

| 序号 | 榫卯结构名称 | 结构图 | 应用部位 | 特点 |
| --- | --- | --- | --- | --- |
| 36 | 方材弧形暗榫接合（楔钉榫结构） |  | 圆形家具腿足的下边 | 这种结构和弧形暗榫结构相同，只是料的截面是方形的。 |
| 37 | 格角攒边榫 1（榫头附带三角） |  | 木料截面比较小的边框结构 | 在家具制作中，格角攒边结构经常用到，采用什么样的榫头攒边，要根据家具结构而定。 |
| 38 | 格角攒边榫 2（附带三角榫） |  | 打槽装板的面边结构 | 三角榫起到了一个暗销的作用，能减少两根料由于变形造成的表面不平。 |
| 39 | 格角攒边榫 3（闷榫） |  | 柜类和门框结构 | 这种格角攒边榫结构是最讲究的、最牢固的榫卯，是家具制作中最精细的做法。 |
| 40 | 格角攒边榫 4（双面格肩） |  | 柜子类的门框 | 这种双面格肩榫做成柜门后竖料上下端有横茬露出，待柜门装到柜子上时横茬就不明显了。 |
| 41 | 装板和穿带 1（现代做法） |  | 家具结构中应用广泛 | 装板在边框内要平整、严紧，并保证装板在槽口和穿带的控制下滑动，这样才能保证家具不坏。 |
| 42 | 装板和穿带 2（旧时做法穿带出梢） |  | 家具结构中应用广泛 | 穿带有大小头，也就是板的燕尾槽一头宽、一头窄，宽窄相差的值没有规律。 |
| 43 | 齐牙板和腿足接合 |  | 雕刻兽头的腿足 | 围板两面格直肩是榫卯的最基本做法，直肩牙板和腿的接合是为了满足腿部雕刻兽头而设计的。 |
| 44 | 抱肩榫 1（一木连做） |  | 有束腰的桌子和凳子 | 所谓一木连做就是束腰和围板用一块木料做出来，在明代讲究的家具都是这么做的。 |
| 45 | 抱肩榫 2（高束腰） |  | 桌案或杌凳结构 | 束腰和腿的接合不是用燕尾销或是榫头，而是在腿上打槽装上，这种方法要比燕尾销接合更牢固。 |
| 46 | 抱肩榫 3（无束腰，四面平结构） |  | 无束腰结构 | 四面平结构也是抱肩榫的一种表现形式，省略了束腰，给人以方正、简洁的感受。 |
| 47 | 抱肩榫 4（专用于家具底座或摆件底座） |  | 柜类、字台类或摆件的下座 | 为了使家具增加美感，往往不让家具的腿直接落地，家具下面配底座。 |

(续表)

| 序号 | 榫卯结构名称 | 结构图 | 应用部位 | 特点 |
|---|---|---|---|---|
| 48 | 抱肩榫 5 | | 床类和沙发类的腿足 | 这种抱肩榫是由面边、束腰、压条、围板组成的，然后用打槽和下销的方法把它们连接起来。 |
| 49 | 圆腿夹头榫结构 | | 明式家具桌案类 | 这种结构是受中国古建梁架结构的启蒙而来，特点是易加工，传导受力均匀。 |
| 50 | 方腿夹头榫结构 | | 大型翘头案 | 案子类固定结构形式之一，牙板的轮廓可根据设计需要任意改变，但牙板和腿的基本构造没法改变。 |
| 51 | 插肩榫结构 | | 桌案腿子和面结构 | 是夹头榫结构的一种，夹头榫牙板和牙头裁口的一面朝里，插肩榫牙板是两面裁口。 |
| 52 | 粽角榫 1<br>（三碰肩结构） | | 柜架类的边框 | 粽角榫因其外形仿佛粽子角而得名。三根料相交的一个结构，任何一个角度都看不到料横截面。 |
| 53 | 粽角榫 2<br>（三碰肩结构） | | 柜架类的边框 | 有时家具横竖料上需要起通体的造型线，打洼腿粽角榫就是这种情况，两面的装饰线宽窄不一样。 |
| 54 | 粽角榫 3<br>（三碰肩结构） | | 柜架类的边框 | 有时为了满足设计的需要，三根料的外看面宽窄悬殊大，内部结构也发生了很大的变化。 |
| 55 | 霸王枨结构<br>（勾挂榫） | | 椅子、桌子的腿足与桌面之间 | 围板需要一定的厚度和高度，对腿起的作用大，对传导桌面的重量不大，装饰性大受力作用不大。 |
| 56 | 有束腰带托泥圈椅座面和腿足的接合 1 | | 有束腰带托泥圈椅上下腿足和座面相交处 | 这个结构腿足以椅子座面分上下腿，上下腿接头藏在座面边框内，组装后让人有通腿的感觉。 |
| 57 | 有束腰带托泥圈椅座面和腿足的接合 2 | | 有束腰带托泥圈椅上下腿足和座面相交处 | 这个结构和上一款榫卯结构是同一个款式，不同的是这个结构中腿足是一木连做，也叫通腿。 |
| 58 | 椅面和腿刻口接合 | | 较粗的椅腿与坐面接合处 | 在利用这种结构做椅子时，座面和腿的接合处、椅腿的方形截面尽量做大，这样椅子会更牢固。 |
| 59 | 明式圈椅腿足与座面的接合 1 | | 明式圈椅座面和腿足的接合 | 它的结构形式被固定了下来，很难改变，这个结构是制作明式圈椅最常见的结构。 |

（续表）

| 序号 | 榫卯结构名称 | 结构图 | 应用部位 | 特点 |
| --- | --- | --- | --- | --- |
| 60 | 明式圈椅腿足与座面的接合 2 | | 明式圈椅座面和腿足的接合 | 椅腿从椅面中穿过，椅腿下有拉枨和圈口支撑，上有椅圈连接，使椅子的结构非常牢固。 |
| 61 | 案子类方腿足和托泥接合 | | 比较大的翘头案的腿足处 | 有的腿足不直接着地，另有横木在下承托，称为托泥，有防潮作用、装饰作用和管脚枨的作用。 |
| 62 | 圆形托泥和腿足接合 | | 圆形家具的托泥 | 把腿足设计成弧线形，必须有拉枨，在围板下设拉枨不美观，因而使用托泥固定腿足且美观。 |
| 63 | 方形托泥和腿足接合 | | 方形家具的底部托泥 | 此种方形托泥和腿足是用燕尾榫来连接的，这种做法非常适合做不上胶水的家具。 |
| 64 | 圆形围板和腿足接合 1 | | 圆桌的围板与腿足接合处 | 在这个结构中，虽然构件外部轮廓是一个弧面，但里侧榫卯接触面是一个平面。 |
| 65 | 圆形围板和腿足接合 2 | | 圆形家具，如香几、花架的围板 | 它的制作和上一款基本相同，因为围板太厚，在格肩上又增加了一个三角榫，使连接更稳固。 |
| 66 | 圆形围板和腿足接合 3 | | 圆形家具，如香几、坐墩的围板与腿足接合处 | 这个结构中主要还是靠胶粘，圆销的作用不是很大。 |
| 67 | 圆形围板和腿足接合 4 | | 圆形家具，如香几、坐墩的围板与腿足接合处 | 围板上格一个三角舌，腿上相应的做一个三角槽，这种结构做法非常实用。 |
| 68 | 一木连做翘头结构 1（案板独板） | | 翘头案翘头部分 | 这是明式家具定型的独板翘头结构，明清家具大部分独板案子结构都采用此法，用料、做工讲究。 |
| 69 | 一木连做翘头结构 2（案面攒边） | | 翘头案翘头部分 | 这种翘头结构和独板翘头案结构相似，造型也大致相同，但是攒框面要比独板变形小。 |
| 70 | 走马销连接翘头结构 | | 适用于任何案类家具上 | 这个结构造法中翘头用走马销和横边连接，易加工，省料。 |
| 71 | 圆角柜门及腿和柜帽的结构 1 | | 明式圆角柜柜门 | 于柜门倾斜于柜中心，使柜门可自动关上，圆角柜一大特点，且柜门的转动不靠合页，是靠门轴。 |

(续表)

| 序号 | 榫卯结构名称 | 结构图 | 应用部位 | 特点 |
|---|---|---|---|---|
| 72 | 圆角柜门及腿和柜帽的结构 2 | | 圆角柜柜门 | 这是明式圆角柜上最常见的结构，和上一款瓜棱腿圆角柜的基本结构是一样的。 |
| 73 | 箱盖结构 1 | | 箱盒类 | 箱体结构是传统家具中的细木工，结构采用暗燕尾榫来连接，要求加工要精致。 |
| 74 | 箱盖结构 2 | | 箱盒类 | 这种箱盖结构是比较简易的结构，是工匠们常说的 " 偷活 "。 |
| 75 | 角牙栽榫接合 | | 家具横、竖材交接处 | 角牙的作用有两个：一是装饰作用，二是增加家具的牢固程度。 |
| 76 | 角牙裁口接合 | | 适合所有家具装饰 | 一般情况下，牙板比较薄，适合用裁口装板的方式和边框连接。 |
| 77 | 单榫走马销连接 1 | | 连接枨截面不大的情况 | 为了便于拆装，古人发明了走马销，榫头从方口插入推向有斜面的一端，从而达到锁住的作用。 |
| 78 | 单榫走马销连接 2 | | 床类和沙发类后背围子和座面边的接合 | 走马销应用的位置不同它的形状也有所改变，这一款是专用在床类和沙发类后背与座面的接合。 |
| 79 | 双榫走马销连接 | | 接触面比较大的部件 | 双榫走马销与单榫走马销外形相似，制作方法类似。 |
| 80 | 穿销 1 | | 比较长的围板 | 这个形状的燕尾穿销很常见，制作也比较简单，应用广泛，围板和束腰的背面在一个平面上。 |
| 81 | 穿销 2 | | 比较长的围板 | 当桌案、床类座面下和沙发座面下的围板有一定长度时，就应装燕尾穿销，它的形状是下大上小。 |

中華榫卯

# 编后语

出版这本榫卯的书也属于巧合，笔者本也缺乏出书的能力，只有制作古典家具的经验，从二十几岁经营古典家具发展到修复古典家具，接着又建厂仿制古典家具，到后来成立红木家具有限公司，走过了三十多年的历程，逐渐对古典家具和古典家具的灵魂——榫卯结构，产生了浓厚的兴趣。笔者对榫卯结构进行潜心的研究和推敲，为了使我们厂做红木家具有标准可参考，便组织心灵手巧、有经验的木工做了一套榫卯大样陈列在工厂中，目的是为了以后给新来的木工学徒作为学习材料，并没有出书的想法。

2014 年夏天，中国林业出版社的编辑纪亮老师来公司做客，发现了我们厂这套榫卯结构，说可以编辑成册，有一定的传承意义。于是，在林业出版社纪亮老师的鼓励下便开始了这项工作，其间数易其稿，经过两年多的时间才完成。编辑这本书的初衷是希望引起人们对榫卯结构的重视，书中所列举的实例也只能算是基本榫卯接合形式。榫卯结构是多种多样的，相信还有很多的榫卯我没有发现或是还没有创出来。榫卯没有固定标准式样可寻，只要符合力学、美学，家具的各部件接合不靠胶粘，不用金属件，任何榫卯形式都是合理的。在编写过程中得到了中国林业出版社各位编辑和北京林业大学张帆教授、山东工艺美术学院薛坤教授、南京林业大学彭红教授的大力支持，还得到了张德祥老师、田燕波老师和鲁班馆老行家赵小贝先生的指点，在此一并表示感谢，本书的编写难免有缺点和错误，并且有一定局限性，请大家批评指正。

叶双陶

2016 年 9 月 15 日